工程技术（初、中级）专业技术资格（职称）考试教材

建筑施工专业基础与实务

苗云森　阚咏梅　编

中国建筑工业出版社

图书在版编目（CIP）数据

建筑施工专业基础与实务/苗云森，阚咏梅编. —北京：中国
建筑工业出版社，2020.1
工程技术（初、中级）专业技术资格（职称）考试教材
ISBN 978-7-112-24769-1

Ⅰ.①建… Ⅱ.①苗…②阚… Ⅲ.①建筑施工-资格考试-教材
Ⅳ.①TU7

中国版本图书馆 CIP 数据核字（2020）第 022375 号

本书结合各地工程技术（初、中级）专业技术资格（职称）考试大纲进行编
写，内容主要包括：建筑施工专业知识、法律法规及技术标准、工程技术专业实
务，按大纲罗列讲解各考试要点，并配以在线题库，希望能帮助考生顺利通过建
筑施工专业职称考试。

本书适用于建筑施工专业参加工程技术（初、中级）专业技术资格（职称）
考试的考生，也可作为建筑施工专业人员的技术参考书。

责任编辑：万　李　范业庶
责任校对：芦欣甜

工程技术（初、中级）专业技术资格（职称）考试教材
建筑施工专业基础与实务
苗云森　阚咏梅　编
*
中国建筑工业出版社出版、发行（北京海淀三里河路9号）
各地新华书店、建筑书店经销
北京科地亚盟排版公司制版
廊坊市海涛印刷有限公司印刷
*
开本：787×1092毫米　1/16　印张：14¾　字数：363千字
2020年5月第一版　2020年5月第一次印刷
定价：**45.00**元
ISBN 978-7-112-24769-1
（35287）

前　言

专业技术职务是根据实际工作需要设置的有明确职责、任职条件要求，需要具备专门的业务知识和技术水平才能具备相应的任职资格，由国务院有关部门根据需要提出，经中央职称改革领导小组审核后报国务院批准。

职称是专业技术人员和管理人员的一种任职资格，是从事专业技术和管理岗位的人员达到一定专业年限、取得一定工作业绩后，经过考评授予的资格。职称也称专业技术资格，是专业技术人员学术、技术水平的标志，代表着一个人的学识水平和工作实绩，表明劳动者具有从事某一职业所必备的学识和技能的证明，同时也是对自身专业素质的一个被社会广泛接受、认可的评价，为专业技术人员的职业发展，提供目标和努力的方向。职称对企业来说，是企业资质等级评定、升级、年审的必备条件，也是企业投标的必须条件，因此受到企业青睐。

建筑类职称等级划分为初级、中级和高级，为了方便参加职称考试人员复习准备，在广泛调研的基础上，组织行业专家编制本套建筑类职称考试指导教材。

本套教材在内容的安排上，从对建筑类专业技术资格人员的工作需要和综合素质要求出发，涵盖了专业基础知识、专业理论知识和相关知识，同时突出解决实际问题能力的提升，具有较强的针对性、实用性和可操作性，既可以作为专业技术人员参加职称考试复习之用，也可用于提升建设行业专业技术人员的技术和管理水平，指导工作实践。为更好地帮助考生复习，本书配有大量练习题，可扫描以下二维码，每次随机抽取 90 道题作答。

本套教材编写过程中，很多专家做了大量的工作，付出了辛勤的劳动，在此表示衷心感谢！由于时间和水平的限制，教材难免存在不足之处，敬请读者批评指正，以便持续改进！

微信扫码做题

目　　录

第一章　建筑施工专业知识

第一节　建筑力学知识

一、建筑力学基础知识

（一）力学基础知识

1. 力的作用效果

促使或限制物体运动状态的改变，称为力的运动效果；促使物体发生变形或破坏，称为力的变形效果。

2. 力的三要素

力的大小、力的方向和力的作用点位置称为力的三要素。

3. 作用与反作用原理

力是物体之间的作用，其作用力与反作用力总是大小相等、方向相反，并沿同一作用线相互作用于两个物体。

4. 力的合成与分解

作用在物体上的两个力用一个力来代替称为力的合成。力可以用线段表示，线段长短表示力的大小，起点表示力的作用点，箭头表示力的作用方向。力的合成可用平行四边形法则（见图 1-1），P_1 与 P_2 合成 R。利用平行四边形法则也可将一个力分解为两个力，如将 R 分解为 P_1、P_2。力的合成只有一个结果，而力的分解会有多种结果。

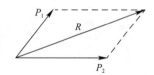

图 1-1　力的合成与分解

5. 约束与约束反力

工程结构是由很多杆件组成的一个整体，其中每一个杆件的运动都要受到相连杆件、节点或支座的限制或称为约束。约束杆件对被约束杆件的反作用力，称为约束反力。

（二）平面力系的平衡条件及其应用

1. 平衡条件

物体在许多力的共同作用下处于平衡状态时，这些力（称为力系）之间必须满足一定的条件，这个条件称为力系的平衡条件。

（1）二力的平衡条件

作用于同一物体上的两个力大小相等、方向相反、作用线相重合，这就是二力的平衡条件。

（2）平面汇交力系的平衡条件

一个物体上的作用力系，作用线都在同一平面内，且汇交于一点，这种力系称为平面汇交力系。平面汇交力系的平衡条件是$\sum X=0$和$\sum Y=0$，见图1-2。

（3）一般平面力系的平衡条件

一般平面力系的平衡条件还要加上力矩的平衡，所以一般平面力系的平衡条件是$\sum X=0$、$\sum Y=0$和$\sum M=0$。

2. 利用平衡条件求未知力

一个物体，重量为W，通过两条绳索AC和BC吊着，计算AC、BC拉力的步骤为：首先取隔离体，做出隔离体受力图；然后再列平衡方程，$\sum X=0$和$\sum Y=0$，求未知力T_1、T_2。见图1-3。

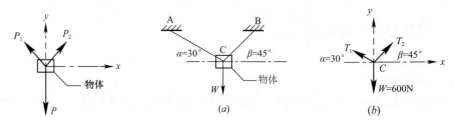

图1-2　平面汇交力系　　　　图1-3　利用平衡条件求未知力

3. 静定桁架的内力计算

（1）桁架的计算简图（见图1-4）

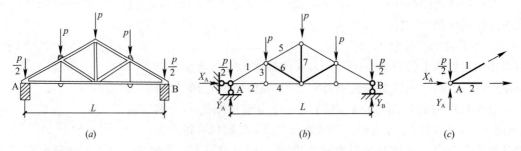

图1-4　桁架的计算简图

（a）桁架受力图；（b）计算简图；（c）隔离体图

首先对桁架的受力图进行如下假设：

1）桁架的节点是铰接；

2）每个杆件的轴线是直线，并通过铰的中心；

3）荷载及支座反力都作用在节点上。

（2）用节点法计算桁架轴力

先用静定平衡方程式求支座反力X_A、Y_A、Y_B，再截取节点A为隔离体进行受力平衡，利用$\sum X=0$和$\sum Y=0$求杆1和杆2的未知力。

二力杆：力作用于杆件的两端并沿杆件的轴线，称为轴力。轴力分为拉力和压力两种。只有轴力的杆称为二力杆。

（3）用截面法计算桁架轴力

截面法是求桁架杆件内力的另一种方法，见图1-5。

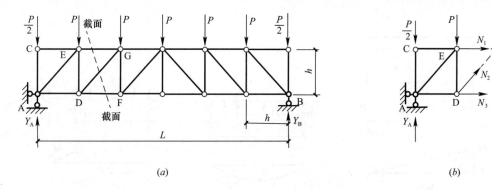

图 1-5　截面法计算桁架杆件内力

(a) 桁架受力图；(b) 隔离体图

首先，求支座反力 Y_A、Y_B、X_A；然后，在桁架中作一截面，截断三个杆件，出现三个未知力，即 N_1、N_2、N_3。可利用 $\sum X=0$、$\sum Y=0$ 和 $\sum M_G=0$ 求出 N_1、N_2、N_3。

4. 用截面法计算单跨静定梁的内力

杆件结构可以分为静定结构和超静定结构两类。可以用静力平衡条件确定全部反力和内力的结构叫静定结构。

(1) 梁在荷载作用下的内力

图 1-6 为一简支梁。梁受弯后，上部受压，产生压缩变形；下部受拉，产生拉伸变形。V 为 1-1 截面的剪力，$\sum Y=0$，$V=Y_A$。1-1 截面上有一拉力 N 和一压力 N，形成一力偶 M，此力偶称为 1-1 截面的弯矩。根据 $\sum M_0=0$，可求得 $M=Y_A \cdot a$。梁的截面上有两种内力，即弯矩 M 和剪力 V。

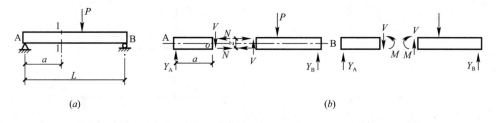

图 1-6　简支梁受力图

(a) 梁的受力图；(b) 隔离体图

(2) 剪力图和弯矩图

如图 1-7 所示，为找出悬臂梁上各截面的内力变化规律，可取距节点 A 为 x 的任意截面进行分析。首先取隔离体，根据 $\sum Y=0$，剪力 $V(x)=P$；$\sum M=0$，弯矩 $M(x)=-P \cdot x$。不同荷载下不同支座梁的剪力图（V）和弯矩图（M），见图 1-8 和图 1-9。

(三) 力偶、力矩的特性

1. 力矩的概念

力使物体绕某点转动的效果要用力矩来度量。"力矩＝力×力臂"，即 $M=P \cdot a$。转动中心称为力矩中心，力臂是力矩中心 O 点至力 P 的作用线的垂直距离 a，见图 1-10。力矩的单位是 N·m 或 kN·m。

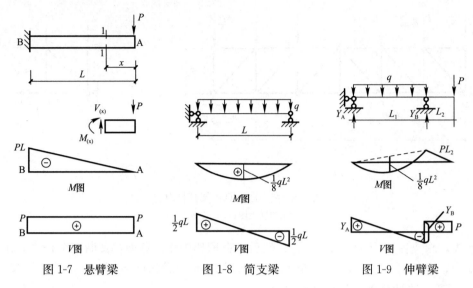

图 1-7 悬臂梁   图 1-8 简支梁   图 1-9 伸臂梁

2. 力矩的平衡

物体绕某点没有转动的条件是，对该点的顺时针力矩之和等于逆时针力矩之和，即 $\sum M=0$，称为力矩平衡方程。

3. 力矩平衡方程的应用

利用力矩平衡方程求杆件的未知力，见图 1-11。

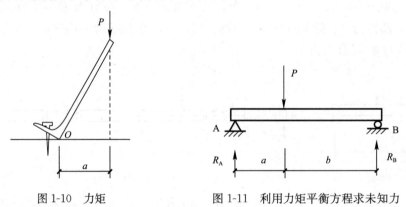

图 1-10 力矩   图 1-11 利用力矩平衡方程求未知力

$\sum M_A=0$，求 R_B；

$\sum M_B=0$，求 R_A。

4. 力偶的特性

两个大小相等、方向相反、作用线平行的特殊力系称为力偶，如图 1-12 所示。力偶矩等于力偶的一个力乘以力偶臂，即 $M=\pm P \cdot d$。力偶矩的单位是 N·m 或 kN·m。

5. 力的平移法则

作用在物体某一点的力可以平移到另一点，但必须同时附加一个力偶，使其作用效果相同，如图 1-13 所示。

6. 防止构件（或机械）倾覆的技术要求

对于悬挑构件（如阳台、雨篷、探头板等）、挡土墙、起重机械防止倾覆的基本要求是：引起倾覆的力矩 $M_{(倾)}<$ 抵抗倾覆的力矩 $M_{(抗)}$。为了安全，可取 $M_{(抗)} \geqslant (1.2 \sim 1.5) M_{(倾)}$。

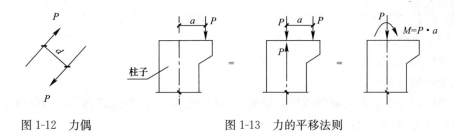

图 1-12 力偶　　　　　　　　图 1-13 力的平移法则

（四）杆件的受力形式

结构杆件的基本受力形式按其变形特点可归纳为以下五种：拉伸、压缩、弯曲、剪切和扭转，见图 1-14。

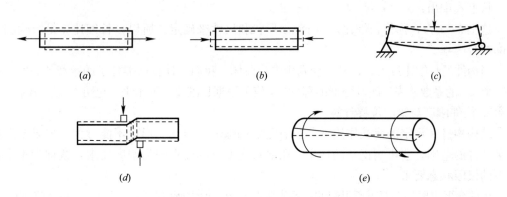

图 1-14 结构杆件的基本受力形式
(*a*) 拉伸；(*b*) 压缩；(*c*) 弯曲；(*d*) 剪切；(*e*) 扭转

实际结构中的构件往往是几种受力形式的组合，如梁承受弯曲与剪力；柱子受到压力与弯矩等。

1. 材料强度的基本概念

结构杆件所用材料在规定的荷载作用下，材料发生破坏时的应力称为强度，使其不破坏的要求，称为强度要求。根据外力作用方式不同，材料有抗拉强度、抗压强度、抗剪强度等。对有屈服点的钢材还有屈服强度和极限强度的区别。

在相同条件下，材料的强度越高，则结构杆件的承载力越高。

2. 杆件稳定的基本概念

在工程结构中，受压杆件如果比较细长，受力达到一定的数值（这时一般未达到强度破坏）时，杆件突然发生弯曲，以致引起整个结构的破坏，这种现象称为失稳。因此，受压杆件要有稳定的要求。

图 1-15 为一个细长的压杆，承受轴向压力 P，当压力 P 增加到 P_{ij} 时，压杆的直线平衡状态失去了稳定。P_{ij} 具有临界的性质，因此称为临界力。两端铰接的压杆，临界力的计算公式为：$P_{ij}=\pi^2 EI/l^2$。

临界力 P_{ij} 的大小与下列因素有关：

（1）压杆的材料：钢柱的 P_{ij} 比木柱大，因为钢柱的弹性模量 E 大；

（2）压杆的截面形状与大小：截面大不易失稳，因为惯性矩 I 大；

（3）压杆的长度 l：长度大，P_{ij} 小，易失稳；

（4）压杆的支承情况：两端固定的与两端铰接的相比，前者 P_{ij} 大。

不同支座情况的临界力的计算公式为：$P_{ij} = \pi^2 EI/l_0^2$，l_0 称为压杆的计算长度。

当柱的两端固定时，$l_0 = 0.51$；一端固定一端铰支时，$l_0 = 0.71$；两端铰支时，$l_0 = 1$；一端固定一端自由时，$l_0 = 21$。

临界应力等于临界力除以压杆的横截面面积 A。临界应力 σ_{ij} 是指临界力作用下压杆仍处于直线状态时的应力：

$$\sigma_{ij} = P_{ij}/A = (\pi^2 E/l_0^2) \cdot (I/A)$$

I/A 的单位是长度的平方，$i = \sqrt{I/A}$ 是一个与截面形状和尺寸有关的长度，称作截面的回转半径或惯性半径。矩形截面的 $i = h/\sqrt{12}$，圆形截面的 $i = d/4$。

从上式推出：$\sigma_{ij} = \pi^2 E/(l_0/i)^2 = \pi^2 E/\lambda^2$

这里 $\lambda = l_0/i$，称作长细比。i 由截面形状和尺寸来确定。所以，长细比 λ 是影响临界力的综合因素。

当构件的长细比过大时，常常会发生失稳破坏，我们在计算这类柱子的承载能力时，引入一个 <1 的系数 ϕ 来反映其降低的程度。ϕ 值可根据长细比 λ 算出来，也可查表得出来。

3. 构件刚度与梁的位移计算

结构构件在规定的荷载作用下，虽有足够的强度，但其变形也不能过大，如果变形超过了允许的范围，会影响正常的使用。限制过大变形的要求即为刚度要求，或称为正常使用下的极限状态要求。

梁的变形主要是由弯矩所引起的，称为弯曲变形，剪力所引起的变形很小，可忽略不计。

通常我们都是计算梁的最大变形，如图 1-16 所示悬臂梁端部的最大位移为：

$$f = \frac{ql^4}{8EI}$$

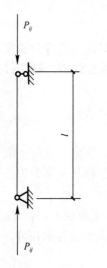

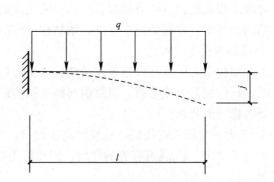

图 1-15　压杆受力　　　　　　　　图 1-16　梁由弯矩引起的变形图

从公式中可以看出，影响位移的因素除荷载外，还有：

（1）材料的性能：与材料的弹性模量 E 成反比；

（2）构件的截面：与截面的惯性矩 I 成反比，矩形截面梁惯性矩 $I_z = bh^3/12$；

（3）构件的跨度：与跨度 l 的 n 次方成正比，此因素的影响最大。

4. 混凝土结构的裂缝控制

裂缝控制主要针对混凝土梁（受弯构件）及受拉构件，裂缝控制分为三个等级：

（1）构件不出现拉应力；

（2）构件虽然有拉应力，但不超过混凝土的抗拉强度；

（3）允许出现裂缝，但裂缝宽度不超过允许值。

对（1）、（2）等级的混凝土构件，一般只有预应力构件才能达到。

二、建筑结构专业知识

（一）结构的功能要求

结构设计的主要目的是要保证所建造的结构安全适用，能够在规定的期限内满足各种预期的功能要求，并且要经济合理。具体说，结构应具有以下几项功能：

（1）安全性

在正常施工和正常使用条件下，结构应能承受可能出现的各种荷载作用和变形而不发生破坏；在偶然事件发生后，结构仍能保持必要的整体稳定性。例如，厂房结构平时受自重、吊车、风和积雪等荷载作用时，均应坚固不坏，在遇到强烈地震、爆炸等偶然事件时，允许有局部的损伤，但应保持结构的整体稳定而不发生倒塌。

（2）适用性

在正常使用时，结构应具有良好的工作性能。如吊车梁变形过大会使吊车无法正常运行，水池出现裂缝便不能蓄水等，都影响正常使用，需要对变形、裂缝进行必要的控制。

（3）耐久性

在正常维护的条件下，结构应能在预计的使用年限内满足各项功能要求，也即应具有足够的耐久性。例如，不致因混凝土的老化、腐蚀或钢筋的锈蚀等而影响结构的使用寿命。

安全性、适用性和耐久性概括称为结构的可靠性。

（二）荷载对结构的影响

引起结构失去平衡或破坏的外部作用主要有两类：一类是直接施加在结构上的各种力，习惯上亦称为荷载，例如结构自重（恒载）、活荷载、积灰荷载、雪荷载、风荷载等；另一类是间接作用，指在结构上引起外加变形和约束变形的其他作用，例如混凝土收缩、温度变化、焊接变形、地基沉降等。荷载有不同的分类方法。

1. 按时间的变异分类

（1）永久作用（永久荷载或恒载）

在设计基准期内，其值不随时间变化；或其变化可以忽略不计。如结构自重、土压力、预加应力、混凝土收缩、基础沉降、焊接变形等。

（2）可变作用（可变荷载或活荷载）

在设计基准期内，其值随时间变化。如安装荷载、屋面与楼面活荷载、雪荷载、风荷载、吊车荷载、积灰荷载等。

（3）偶然作用（偶然荷载、特殊荷载）

在设计基准期内可能出现，也可能不出现，而一旦出现其值很大，且持续时间较短。如爆炸力、撞击力、雪崩、严重腐蚀、地震、台风等。

2. 按结构的反应分类

（1）静态作用或静力作用

不使结构或结构构件产生加速度或所产生的加速度可以忽略不计，如结构自重、住宅与办公楼的楼面活荷载、雪荷载等。

（2）动态作用或动力作用

使结构或结构构件产生不可忽略的加速度，如地震作用、吊车设备振动、高空坠物冲击作用等。

3. 按荷载作用面的大小分类

（1）均布面荷载

建筑物楼面上的均布荷载，如铺设的木地板、地砖、花岗石、大理石面层等重量引起的荷载。均布面荷载 Q 值的计算，可用材料单位体积的重度 γ 乘以面层材料的厚度 d 得出，即 $Q=\gamma \cdot d$。

（2）线荷载

建筑物原有的楼面或层面上的各种面荷载传到梁上或条形基础上时，可简化为单位长度上的分布荷载，称为线荷载 q。

（3）集中荷载

指荷载作用的面积相对于总面积而言很小，可简化为作用在一点的荷载。

4. 按荷载的作用方向分类

（1）垂直荷载

如结构自重、雪荷载等。

（2）水平荷载

如风荷载、水平地震作用等。

5. 施工和检修荷载

在建筑结构工程施工和检修过程中引起的荷载，习惯上称为施工和检修荷载。施工荷载包括施工人员、施工工具、设备和材料等重量及设备运行的振动与冲击作用。检修荷载包括检修人员及其所携带检修工具的重量。施工和检修荷载一般作为集中荷载。

6. 荷载对结构的影响

荷载对结构的影响主要是安全性和适用性。对结构形式、构造及经济性也有很大影响。

（1）永久荷载对结构的影响

永久荷载也可称为恒载，特点是：在设计基准期内，荷载值的大小及其作用位置不随时间的变化而变化，并且作用时间长。它会引起结构的徐变，致使结构构件的变形和裂缝加大，引起结构的内力重分布。在预应力混凝土结构中，由于混凝土的徐变，钢筋的预应力会有相应的损失。只有全面并正确地计算出预应力钢筋的预应力损失值，才会在混凝土中建立相应的有效预应力。

（2）可变荷载对结构的影响

可变荷载的特点是：在设计基准期内，荷载值的大小和作用位置等经常变化，对结构构件的作用时有时无。荷载对构件作用位置的变化，可能引起结构各部分产生不同影响，甚至产生完全相反的效应。所以，在连续梁的内力计算中、在框架结构的框架内力计算中、在单层排架的内力计算中都要考虑活荷载作用位置的不利组合，找出构件各部分最大内力值，以求构件的安全。

（3）偶然荷载对结构的影响

偶然荷载的特点是：在设计基准期内，可能发生也可能不发生，而一旦发生其值可能很大，且持续时间很短。结构材料的塑性变形来不及发展，材料的实际强度表现会略有提高。另一方面，这种荷载发生的概率较小，对于结构是瞬时作用，结构的可靠度可适当地取得小一点。

地震荷载与台风荷载也有不同的特点。地震力是地震时，地面运动加速度引起的建筑质量的惯性力。地震力的大小与建筑质量的大小成正比。所以，抗震建筑的材料最好选用轻质高强的材料。这样不仅可以降低地震力，结构的抗震能力还强。

在非地震区，风荷载是建筑结构的主要水平力。建筑体型直接影响风的方向和速度，改变着风压的大小。实验证明，平面为圆形的建筑与平面为方形或矩形的建筑相比，其风压可减小近40％。所以在高层建筑中，常看到圆形建筑。它不仅风压小，而且各向的刚度比较接近，有利于抵抗水平力的作用。

（4）地面的大面积超载对结构的影响

在土质不太好的地面上堆土和砂、石等重物时，不要靠近已有建筑，且不可堆得太重，以免造成大面积超载，致使地面下沉，给邻近已建房屋的地基造成很大的附加应力。如若靠得太近还有可能造成严重不良后果。

（5）装修对结构的影响及对策

1）装修时不能自行改变原来的建筑使用功能。如若必须改变时，应该取得原设计单位的许可。

2）在进行楼面和屋面装修时，新的装修构造做法产生的荷载值不能超过原有建筑装修构造做法的荷载值。如若超过，应对楼盖和屋盖结构的承载能力进行分析计算，控制在允许的范围内。

3）装修时不允许在原有承重结构构件上开洞凿孔，以免降低结构构件的承载能力。如果实在需要，应该经原设计单位的书面有效文件许可，方可施工。

4）装修时不得自行拆除任何承重构件，或改变结构的承重体系；更不能自行做夹层或增加楼层。如果必须增加面积，使用方应委托原设计单位或有相应资质的设计单位进行设计。改建结构的施工也必须由具有相应资质的施工单位进行。

5）装修时不允许在建筑内的楼面上堆放大量建筑材料，如水泥、砂石等，以免引起结构的破坏。

6）装修时应注意对建筑结构变形缝的维护：

① 变形缝间的模板和杂物应该清除干净，确保结构的自由变形。

② 对于沉降缝现在常采用后浇带的处理方式来解决沉降差的问题。但有时仍会产生微小的沉降差，为了防止装修时开裂，最好还设缝。

③ 防震缝的宽度应满足相邻结构单元可能出现方向相反的振动而不致相撞的要求。当房屋高度在15m以下时，其宽度也应≥5cm。

建筑结构变形缝的装修构造，必须满足建筑结构单元的自由变形，以防结构的破坏。

（三）两种极限状态

为了使设计的结构既可靠又经济，必须进行两方面的研究：一方面研究各种"作用"在结构中产生的各种效应；另一方面研究结构或构件抵抗这些效应的内在能力。这里所谓的"作用"主要是指各种荷载，如构件自重、人群重量、风压和积雪重量等；此外，还有外加变形或约束变形，如温度变化、支座沉降和地震作用等。后者中有一些往往被简化为等效的荷载作用，如地震荷载等。本书主要讨论荷载以及荷载所产生的各种效应，即荷载效应。荷载效应是在荷载作用下结构或构件内产生的内力（如轴力、剪力、弯矩等）、变形（如梁的挠度、柱顶位移等）和裂缝等的总称。抵抗

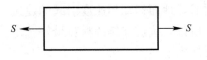

图 1-17　中心受拉构件示意图

能力是指结构或构件抵抗上述荷载效应的能力，它与截面的大小和形状以及材料的性质和分布有关。为了说明这两方面的相互关系，现举一个中心受拉构件的例子（见图 1-17）。

这里，荷载效应是外荷载在构件内产生的轴向拉力 S。设构件截面面积为 A，构件材料单位面积的抗拉强度为 f_1，则构件对轴向拉力的抵抗能力为 $R=f_1A$。显然：

若 $S>R$，则构件将破坏，即处于不可靠状态；

若 $S<R$，则构件处于可靠状态；

若 $S=R$，则构件处于即将被破坏的边缘，称为极限状态。

很明显，$S>R$ 是不可靠的，R 比 S 超出很多是不经济的。我国的设计就是基于极限状态的设计。

推广到一般情况，如果结构或构件超过某一特定状态就不能满足上述某项规定的功能要求，则称这一状态为极限状态。极限状态通常可分为如下两类：承载力极限状态与正常使用极限状态。

承载力极限状态是对应于结构或构件达到最大承载能力或不适于继续承载的变形，它包括结构构件或连接因强度超过而破坏，结构或其一部分作为刚体而失去平衡（如倾覆、滑移），以及在反复荷载下构件或连接发生疲劳破坏等。这一极限状态关系到结构全部或部分的破坏或倒塌，会导致人员的伤亡或严重的经济损失，所以对所有结构和构件都必须按承载力极限状态进行计算，施工时应严格保证施工质量，以满足结构的安全性。

（四）建筑结构耐久性的含义

建筑结构在自然环境和人为环境的长期作用下，发生着极其复杂的物理化学反应而造成损伤，随着时间的延续，损伤的积累使结构的性能逐渐恶化，以致不再能满足其功能要求。所谓结构的耐久性是指结构在规定的工作环境中，在预期的使用年限内，在正常维护条件下不需进行大修就能完成预定功能的能力。在建筑结构中，混凝土结构耐久性是一个复杂的多因素综合问题，我国规范增加了混凝土结构耐久性设计的基本原则和有关规定，现简述如下。

1. 设计使用年限分类

我国国家标准《建筑结构可靠性设计统一标准》GB 50068—2018 对建筑结构的设计使用年限作了规定，见表 1-1。设计使用年限是设计规定的一个时期，在这一时期内，只需正常维修（不需大修）就能完成预定功能，即房屋建筑在正常设计、正常施工、正常使用和维护下所应达到的使用年限。

建筑结构的设计使用年限 表1-1

类别	设计使用年限（年）
临时性建筑结构	5
易于替换的结构构件	25
普通房屋和构筑物	50
标志性建筑和特别重要的建筑结构	100

2. 混凝土结构耐久性的环境类别

在不同环境中，混凝土的劣化与损伤速度是不一样的，因此应针对不同环境提出不同要求。根据《混凝土结构耐久性设计规范》GB/T 50476—2008 的规定，结构所处环境按其对钢筋和混凝土材料的腐蚀机理，可分为五类，见表1-2。

环境类别 表1-2

环境类别	名称	腐蚀机理
Ⅰ	一般环境	保护层混凝土碳化引起钢筋锈蚀
Ⅱ	冻融环境	反复冻融导致混凝土损伤
Ⅲ	海洋氯化物环境	氯盐引起钢筋锈蚀
Ⅳ	除冰盐等其他氯化物环境	氯盐引起钢筋锈蚀
Ⅴ	化学腐蚀环境	硫酸盐等化学物质对混凝土的腐蚀

注：一般环境系指无冻融、氯化物和其他化学腐蚀物质作用。

3. 混凝土结构环境作用等级

根据《混凝土结构耐久性设计规范》GB/T 50476—2008 的规定，环境对配筋混凝土结构的作用程度见表1-3。

环境作用等级 表1-3

环境类别	环境作用等级					
	A 轻微	B 轻度	C 中度	D 严重	E 非常严重	F 极端严重
一般环境	Ⅰ-A	Ⅰ-B	Ⅰ-C			
冻融环境			Ⅱ-C	Ⅱ-D	Ⅱ-E	
海洋氯化物环境			Ⅲ-C	Ⅲ-D	Ⅲ-E	Ⅲ-F
除冰盐等其他氯化物环境			Ⅳ-C	Ⅳ-D	Ⅳ-E	
化学腐蚀环境			Ⅴ-C	Ⅴ-D	Ⅴ-E	

当结构构件受到多种环境类别共同作用时，应分别满足每种环境类别单独作用下的耐久性要求。

4. 混凝土结构耐久性的要求

（1）混凝土最低强度等级

结构构件的混凝土强度等级应同时满足耐久性和承载能力的要求，故《混凝土结构耐久性设计规范》GB/T 50476—2008 中对配筋混凝土结构满足耐久性要求的混凝土最低强度等级作出了相应规定，见表1-4。

满足耐久性要求的混凝土最低强度等级 表1-4

环境类别与作用等级	设计使用年限		
	100 年	50 年	30 年
Ⅰ-A	C30	C25	C25
Ⅰ-B	C35	C30	C25

续表

环境类别与作用等级	设计使用年限		
	100 年	50 年	30 年
I-C	C40	C35	C30
II-C	C_a35、C45	C_a30、C45	C_a30、C40
II-D	C_a40	C_a35	C_a35
II-E	C_a45	C_a40	C_a40
III-C、IV-C、V-C、III-D、IV-D	C45	C40	C40
V-D、III-E、IV-E	C50	C45	C45
V-E、III-F	C55	C50	C50

注：预应力混凝土构件最低强度等级应≥C40；C_a 为引气混凝土。

（2）一般环境中混凝土材料与钢筋最小保护层厚度

一般环境中的配筋混凝土结构构件，其普通钢筋的最小保护层厚度与相应的混凝土强度等级、最大水胶比应符合表 1-5 的要求。

一般环境中混凝土材料与钢筋最小保护层厚度 表 1-5

环境作用等级		设计使用年限								
		100 年			50 年			30 年		
		混凝土强度等级	最大水胶比	最小保护层厚度（mm）	混凝土强度等级	最大水胶比	最小保护层厚度（mm）	混凝土强度等级	最大水胶比	最小保护层厚度（mm）
板、墙等面形构件	I-A	≥C30	0.55	20	≥C25	0.60	20	≥C25	0.60	20
	I-B	C35	0.50	30	C30	0.55	25	C25	0.60	25
		≥C40	0.45	25	≥C35	0.50	20	≥C30	0.55	20
	I-C	C40	0.45	40	C35	0.50	35	C30	0.55	30
		C45	0.40	35	C40	0.45	30	C35	0.50	25
		≥C50	0.36	30	≥C45	0.40	25	≥C40	0.45	20
梁、柱等条形构件	I-A	C30	0.55	25	C25	0.60	25	≥C25	0.60	20
		≥C35	0.50	20	≥C30	0.55	20			
	I-B	C35	0.50	35	C30	0.55	30	C25	0.60	30
		≥C40	0.45	30	≥C35	0.50	25	≥C30	0.55	25
	I-C	C40	0.45	45	C35	0.50	40	C30	0.55	35
		C45	0.40	40	C40	0.45	35	C35	0.50	30
		≥C50	0.36	35	≥C45	0.40	30	≥C40	0.45	25

注：1. I-A 环境中使用年限低于 100 年的板、墙，当混凝土骨料最大公称粒径≤15mm 时，最小保护层厚度可降为 15mm，但最大水胶比不应大于 0.55。

2. 年平均气温>20℃且年平均湿度>75％的环境，除 I-A 环境中的板、墙构件外，混凝土最低强度等级应比表中规定提高一级，或将最小保护层厚度增大 5mm。

3. 直接接触土体浇筑的构件，其混凝土保护层厚度应≥70mm，有混凝土垫层时可按上表确定。

4. 处于流动水中或同时受水中泥沙冲刷的构件，其保护层厚度宜增加 10~20mm。

5. 预制构件的保护厚度可比表中规定减少 5mm。

6. 当胶凝材料中粉煤灰和矿渣等掺量<20％时，表中水胶比低于 0.45 的，可适当增加。

大截面混凝土墩柱在加大钢筋混凝土保护层厚度的前提下，其混凝土强度等级可低于

表 1-5 的要求，但降低幅度应≤两个强度等级，且设计使用年限为 100 年和 50 年的构件，其强度等级应分别≥C25 和≥C20。

当采用的混凝土强度等级比表 1-5 的规定低一个等级时，混凝土保护层厚度应增加 5mm；当低两个等级时，混凝土保护层厚度应增加 10mm。

具有连续密封套管的后张预应力钢筋，其混凝土保护层厚度可与普通钢筋相同且应≥孔道直径的 1/2；否则应比普通钢筋增加 10mm。

先张法构件中预应力钢筋在全预应力状态下的保护层厚度可与普通钢筋相同，否则应比普通钢筋增加 10mm。

直径＞16mm 的热轧预应力钢筋的保护层厚度可与普通钢筋相同。

（五）常见建筑结构及应用

1. 混合结构

混合结构房屋一般是指楼盖和屋盖采用钢筋混凝土或钢木结构，而墙和柱采用砌体结构建造的房屋，大多用在住宅、办公楼、教学楼建筑中。因为砌体的抗压强度高而抗拉强度很低，所以住宅建筑最适合采用混合结构，一般在 6 层以下。混合结构不宜建造大空间的房屋。混合结构根据承重墙所在的位置，划分为纵墙承重和横墙承重两种方案。纵墙承重方案的特点是楼板支承于梁上，梁把荷载传递给纵墙。横墙的设置主要是为了满足房屋刚度和整体性的要求。其优点是房屋的开间相对大些，使用灵活。横墙承重方案的主要特点是楼板直接支承在横墙上，横墙是主要承重墙。其优点是房屋的横向刚度大，整体性好，但平面使用灵活性差。

2. 框架结构

框架结构是利用梁、柱组成的纵、横两个方向的框架形成的结构体系。它同时承受竖向荷载和水平荷载。其主要优点是建筑平面布置灵活，可形成较大的建筑空间，建筑立面处理也比较方便；主要缺点是侧向刚度较小，当层数较多时，会产生过大的侧移，易引起非结构性构件（如隔墙、装饰等）破坏，影响使用。在非地震区，框架结构一般不超过 15 层。框架结构的内力分析通常是用计算机进行精确分析。常用的手工近似法是：竖向荷载作用下用分层计算法；水平荷载作用下用反弯点法。风荷载和地震力可简化成节点上的水平集中力进行分析。

框架结构梁和柱节点的连接构造直接影响结构的安全性、经济性及施工的方便。因此，对于梁与柱节点的混凝土强度等级、梁与柱纵向钢筋伸入节点内的长度、梁与柱节点区域的钢筋的布置等，都应符合规范的构造规定。

3. 剪力墙结构

剪力墙结构是利用建筑物的墙体（内墙和外墙）做成剪力墙来抵抗水平力。剪力墙一般为钢筋混凝土墙，厚度≥160mm。剪力墙的墙段长度不宜＞8m，适用于小开间的住宅和旅馆等。在 180m 高度范围内都可以适用。剪力墙结构的优点是侧向刚度大，水平荷载作用下侧移小；缺点是剪力墙的间距小，建筑平面布置不灵活，不适用于大空间的公共建筑，另外结构自重也较大。

因为剪力墙既承受垂直荷载，也承受水平荷载，而对于高层建筑主要荷载为水平荷载，墙体既受剪又受弯，所以称为剪力墙。

剪力墙按受力特点又分为两种：

（1）整体墙和小开口整体墙

没有门窗洞口及门窗洞口较小可以忽略其影响的墙称为整体墙，门窗洞口稍大一点的墙称为小开口整体墙。整体墙和小开口整体墙基本上可以采用材料力学的计算公式进行内力分析。

（2）双肢剪力墙和多肢剪力墙

开一排较大洞口的剪力墙称为双肢剪力墙。开多排较大洞口的剪力墙称为多肢剪力墙。由于洞口开得较大，截面的整体性已经破坏，通常用计算机进行剪力墙的分析，精确度较高。剪力墙呈片状（高度远远大于厚度），两端配置较粗钢筋并配置箍筋形成暗柱，并应配置腹部分布钢筋。暗柱的竖筋和腹部的竖向分布筋共同抵抗弯矩。水平分布筋抵抗剪力。当剪力墙的厚度＞160mm时应采用双层双向配筋，钢筋直径应≥8mm。

连梁的配筋非常重要，纵向钢筋除满足配筋量以外，还要有足够的锚固长度。箍筋除满足配筋量以外，还有加密的要求。

4. 框架-剪力墙结构

框架-剪力墙结构是在框架结构中设置适当剪力墙的结构。它具有框架结构平面布置灵活、有较大空间的优点，又具有侧向刚度较大的优点。在框架-剪力墙结构中，剪力墙主要承受水平荷载，框架主要承受竖向荷载。框架-剪力墙结构适用于高度不超过170m的建筑。

横向剪力墙宜均匀对称布置在建筑物端部附近、平面形状变化处。纵向剪力墙宜布置在房屋两端附近。在水平荷载的作用下，剪力墙好比固定于基础上的悬臂梁，其变形为弯曲型变形，框架为剪切型变形。框架与剪力墙通过楼盖连接在一起，并通过楼盖的水平刚度使两者具有共同的变形。一般情况下，整个建筑的全部剪力墙至少承受80％的水平荷载。

5. 筒体结构

在高层建筑中，特别是超高层建筑中，水平荷载越来越大，起着控制作用。筒体结构便是抵抗水平荷载最有效的结构。它的受力特点是，整个建筑犹如一个固定于基础上的空心封闭筒式悬臂梁来抵抗水平力，见图1-18。筒体结构可分为框架-核心筒结构、筒中筒结构及多筒结构等，见图1-19。框筒结构由密排柱和窗下裙梁组成，亦可视为开窗洞的筒体。内筒一般由电梯间、楼梯间组成。内筒与外筒由楼盖连接成整体，共同抵抗水平荷载及竖向荷载。这种结构适用于高度不超过300m的建筑。多筒结构是将多个筒组合在一起，使结构具有更大的抵抗水平荷载的能力。美国芝加哥西尔斯大楼就是9个筒结合在一起的多筒结构。该建筑总高为442m，为钢结构。

6. 桁架结构

桁架结构是由杆件组成的结构。在进行内力分析时，节点一般假定为铰节点，当荷载作用在节点上时，杆件只有轴向力，其材料的强度可得到充分发挥。桁架结构的优点是可利用截面较小的杆件组成截面较大的构件。单层厂房的屋架常选用桁架结构，见图1-20。

屋架的弦杆外形和腹杆布置对屋架内力变化规律起决定性作用。同样高跨比的屋架，当上下弦成三角形时，弦杆内力最大；当上弦节点在拱形线上时，弦杆内力最小。屋架的高跨比在1/6～1/8范围内较为合理。一般屋架为平面结构，平面外刚度非常弱。在制作、运输、安装过程中，大跨屋架必须进行吊装验算。桁架结构在其他结构体系中也得到了采用。如拱式结构、单层钢架结构等体系中，当断面较大时，亦可用桁架的形式，见图1-21。

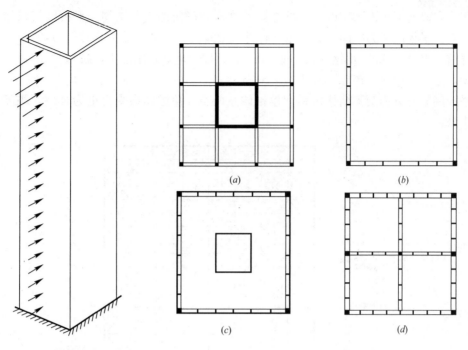

图 1-18 筒体在水平力
作用下的计算简图

图 1-19 不同类型的筒体结构
（a）内筒结构；（b）框筒结构；（c）筒中筒结构；（d）成束筒结构

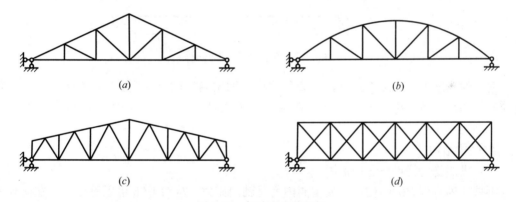

图 1-20 各种形式的屋架
（a）三角形屋架；（b）拱形屋架；（c）梯形屋架；（d）矩形屋架

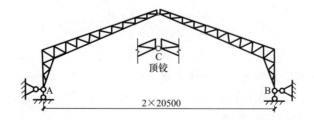

图 1-21 断面较大情况下采用桁架的形式

7. 网架结构

网架结构是由许多杆件按照一定规律组成的网状结构。网架结构可分为平板网架和曲面网架。它改变了平面桁架的受力状态，是高次超静定的空间结构。平板网架采用较多，其优点是：平板网架为空间受力体系，杆件主要承受轴向力，受力合理，节约材料（如上海体育馆，直径 110m，用钢量仅 49kg/m²），整体性能好，刚度大，抗震性能好。杆件类型较少，适于工业化生产。

平板网架可分为交叉桁架体系和角锥体系两类。角锥体系受力更为合理，刚度更大，见图 1-22。

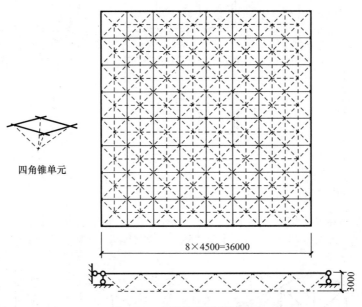

图 1-22 角锥体系平板网架

网架的高度主要取决于跨度，网架尺寸应与网架高度配合决定，腹杆的角度以 45°为宜。网架的高度与短跨之比一般为 1/15 左右。网架杆件一般采用钢管，节点一般采用球节点。网架制作精度要求高，安装方法可分为高空拼装和整体安装两类。

8. 拱式结构

（1）拱的受力特点与适用范围

拱是一种有推力的结构，它的主要内力是轴向压力。从图 1-23 可以看出，梁在荷载 P 的作用下，向下弯曲；拱在荷载 P 的作用下，拱脚产生支座水平反力 H，也叫推力。水平反力 H 起着减少荷载 P 引起的弯曲作用。以三铰拱为例，拱杆的内力为：

$$M = M_0 - H \cdot y$$
$$N = V_0 \cdot \sin a + H \cdot \cos a$$
$$V = V_0 \cdot \cos a - H \cdot \sin a$$

M_0、V_0 分别为相应的简支梁的弯矩和剪力。

$H \cdot y$ 的值越大，拱杆截面的弯矩越小。我们可以改变拱杆的轴线，使拱杆各截面的弯矩为零，这样就可使拱杆只受轴力。

拱式结构的主要内力为压力，可利用抗压性能良好的混凝土建造大跨度的拱式结构。

由于拱式结构受力合理，在建筑和桥梁中被广泛应用。它适用于体育馆、展览馆等建筑中。巴黎国家工业与技术展览中心的拱式结构跨度 206m，为当今世界有名的大跨度建筑。

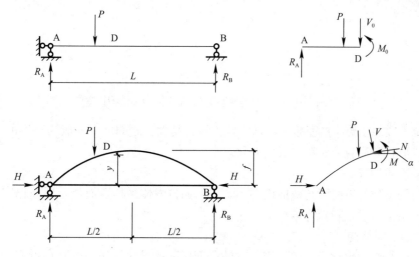

图 1-23　拱形结构受力分析

（2）拱的类型

按照结构的组成和支承方式，拱可分为三铰拱、两铰拱和无铰拱，见图 1-24。工程中，两铰拱和无铰拱采用较多。拱是一种有推力的结构，拱脚必须能够可靠地传承水平推力。解决这个问题非常重要，通常可采用下列措施：

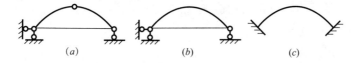

图 1-24　拱的类型

（a）三铰拱；（b）两铰拱；（c）无铰拱

1）推力由拉杆承受；

2）推力由两侧框架承受。

9. 悬索结构

悬索结构是比较理想的大跨度结构形式之一，在桥梁中被广泛应用。目前，悬索屋盖结构的跨度已达 160m，主要用于体育馆、展览馆中。索是中心受拉构件，既无弯矩也无剪力。悬索结构的主要承重构件是受拉的钢索，钢索采用高强度的钢绞线或钢丝绳制成。

（1）悬索结构的受力特点

悬索结构包括三部分：索网、边缘构件和下部支承结构。

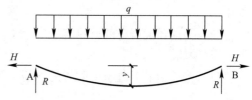

悬索结构的受力分析见图 1-25。边梁是索的不动铰支座，跨度为 l，索上荷载为 g。索非常柔软，其抗弯刚度忽略不计。索的形状随荷载性质而变。索是中心受拉构件，既无弯矩也无剪力。水平反力为 H，方向向外。

图 1-25　悬索结构受力分析

$$R = \frac{1}{2} \cdot q \cdot l$$

$$H = M_0/y$$

$$N = H/\cos a$$

$$M_0 = \frac{1}{8} \cdot q \cdot l^2 \text{（与索跨度相同的简支梁跨中弯矩）}$$

索的拉力取决于跨中的垂度 y，垂度越小拉力越大。索的垂度一般为跨度的 1/30。索的合理轴线形状随荷载的作用方式而变化。

（2）悬索的类型

悬索结构可分为单曲面与双曲面两类。单曲面拉索体系构造简单，屋面稳定性差。双曲面拉索体系由承重索和稳定索组成。

10. 薄壁空间结构

薄壁空间结构，也称为壳体结构。它的厚度比其他尺寸（如跨度）小得多，所以称为薄壁。

它属于空间受力结构，主要承受曲面内的轴向压力，弯矩很小。它的受力比较合理，材料强度能得到充分利用。薄壳结构常用于大跨度的屋盖，如展览馆、俱乐部、飞机库等。

薄壳结构多采用现浇钢筋混凝土，费模板、费工时。

（六）结构构造要求

1. 混凝土结构的受力特点及其构造

（1）混凝土结构的优缺点

1）混凝土结构的优点

① 强度较高，钢筋和混凝土两种材料的强度都能充分利用；

② 可模性好，适用面广；

③ 耐久性和耐火性较好，维护费用低；

④ 现浇混凝土结构的整体性和延性好，适用于抗震抗爆结构，同时防震性能和防辐射性能较好，适用于防护结构；

⑤ 易于就地取材。

2）混凝土结构的缺点

自重大，抗裂性较差，施工复杂，工期较长。

由于钢筋混凝土结构有很多优点，适用于各种结构形式，因而在房屋建筑中得到了广泛应用。

（2）钢筋和混凝土的材料性能

1）钢筋

我国普通钢筋混凝土中配置的钢筋主要是热轧钢筋，预应力筋常用中、高强钢丝和钢绞线。

① 热轧钢筋由普通低碳钢（含碳量≤0.25%）和普通低合金钢（合金元素≤5%）制成。其常用种类、代表符号和直径范围见表1-6。

② 钢筋的力学性能：

建筑钢筋分为两类，一类为有明显流幅的钢筋，另一类为没有明显流幅的钢筋。

钢筋常用种类、代表符号和直径范围　　　　　　　　　　表 1-6

强度等级代号	钢种	符号	d(mm)
HPB300	Q300	ϕ	8～20
HRB335	20MnSi	$\varPhi$	6～50
HRB400	20MnSiV，20MnSiNb，20MnTi	$\varPhi$	6～50
HRB400	K20MnSi	$\varPhi R$	8～40

有明显流幅的钢筋含碳量少，塑性好，延伸率大。

无明显流幅的钢筋含碳量多，强度高，塑性差，延伸率小，没有屈服台阶，脆性破坏。

对于有明显流幅的钢筋，其性能的基本指标有屈服强度、延伸率、强屈比和冷弯性能四项。冷弯性能是反映钢筋塑性性能的另一个指标。

③ 钢筋的成分：

铁是主要元素，还有少量的碳、锰、硅、钒、钛等；另外，还有少量有害元素，如硫、磷。

2）混凝土

① 立方体强度 f_{cu} 作为混凝土的强度等级，单位是 N/mm^2，C20 表示抗压强度为 20N/mm^2。规范共分 14 个等级，即 C15～C80，级差为 5N/mm^2。

② 棱柱体抗压强度 f_c，是采用 150mm×150mm×300mm 的棱柱体作为标准试件试验所得。

③ 抗拉强度 f_t，是计算抗裂的重要指标。混凝土的抗拉强度很低。

3）钢筋与混凝土的共同工作

钢筋与混凝土的相互作用称为粘结。钢筋与混凝土能够共同工作是依靠它们之间的粘结强度。混凝土与钢筋接触面的剪应力称为粘结应力。

影响粘结强度的主要因素有混凝土的强度、保护层的厚度和钢筋之间的净距离等。

① 极限状态设计方法的基本概念

我国现行规范采用以概率理论为基础的极限状态设计方法，其基本原则如下：

a. 结构功能：建筑结构必须满足安全性、适用性和耐久性的要求。

b. 可靠度：结构在规定的时间内，在规定的条件下，完成预定功能要求的能力，称为结构的可靠性，可靠度是可靠性的定量指标。

c. 极限状态设计的实用表达式：为了满足可靠度的要求，在实际设计中采取如下措施：

（a）一般情况下在计算杆件内力时，对荷载标准值乘以一个＞1 的系数，称为荷载分项系数。

（b）在计算结构的抗力时，将材料的标准值除以一个＞1 的系数，称为材料分项系数。

（c）对安全等级不同的建筑结构，采用一个重要性系数进行调整。

采用上述措施后，可靠度指标便得到了满足。这就是以分项系数表达的极限状态设计方法。

② 钢筋混凝土梁的配筋原理及构造要求

a. 梁的正截面受力阶段分析（见图 1-26）

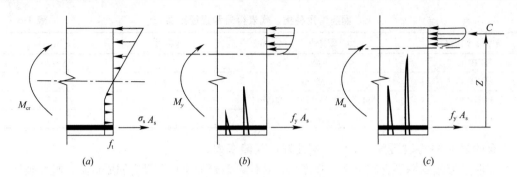

图 1-26 梁正截面各阶段应力分析

(a) 第Ⅰ阶段；(b) 第Ⅱ阶段；(c) 第Ⅲ阶段

第Ⅰ阶段：M 很小，混凝土、钢筋都处于弹性工作阶段。第Ⅰ阶段结束时拉区混凝土达到 f_t，混凝土开裂。

第Ⅱ阶段：M 增大，拉区混凝土开裂，逐渐退出工作。中和轴上移。压区混凝土出现塑性变形，压应变呈曲线，第Ⅱ阶段结束时钢筋应力刚达到屈服值。此阶段梁带裂缝工作，这个阶段是计算正常使用极限状态变形和裂缝宽度的依据。

第Ⅲ阶段：钢筋屈服后，应力不再增加，应变迅速增大，混凝土裂缝向上发展，中和轴迅速上移，混凝土压区高度减小，梁的挠度急剧增大。当混凝土达到极限压应变时，混凝土被压碎，梁即破坏。此阶段是承载能力极限状态计算的依据。

b. 梁的正截面受力简图（见图 1-27）

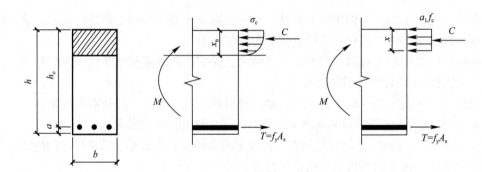

图 1-27 梁正截面受力简图

正截面承载力的计算是依据上述第Ⅲ阶段的截面受力状态建立的。为了简化计算，压区混凝土的应力图形用一等效（合力 C 的高度位置不变）矩形应力图形代替。同时，引入了截面应变保持平面的假定及不考虑混凝土抗拉强度的假定。

c. 梁的正截面承载力计算公式

根据静力平衡条件，建立平衡方程式：

$$\sum N = 0 \quad a_1 f_c \cdot b \cdot x = f_y \cdot A_s$$

对拉区纵向受力钢筋的合力作用点取矩：

$$\sum M_s = 0 \quad M \leqslant a_1 f_c \cdot b \cdot x (h_0 - x/2)$$

对压区混凝土压应力的合力作用点取矩：

$$\sum MS=0 \quad M\leqslant f_y \cdot A_s(h_0-x/2)$$

式中 M——荷载在该截面产生的弯矩设计值；

　　a_1——等效矩形应力系数。

对梁的配筋量在规范中有明确的规定，不允许设计成超筋梁和少筋梁，对最大、最小配筋率均有限值，它们的破坏是没有预兆的脆性破坏。

d. 梁的斜截面承载能力保证措施

受弯构件截面上除作用有弯矩 M 外，通常还作用有剪力 V。在弯矩 M 和剪力 V 的共同作用下，有可能产生斜裂缝，并沿斜裂缝截面发生破坏。

影响斜截面受力性能的主要因素有：

(a) 剪跨比和高跨比；

(b) 混凝土的强度等级；

(c) 腹筋的数量，箍筋和弯起钢筋统称为腹筋。

为了防止斜截面的破坏，通常采取下列措施：

(a) 限制梁的截面最小尺寸，其中包含混凝土强度等级因素；

(b) 适当配置箍筋，并满足规范的构造要求；

(c) 当采取上述两项措施后还不能满足要求时，可适当配置弯起钢筋，并满足规范的构造要求。

（3）单向板和双向板的受力特点

梁、板按支承情况分，有简支梁、板与多跨连续梁、板之分。板按其受弯情况又有单向板与双向板之分。

1）单向板与双向板的受力特点

有两对边支承的板是单向板，一个方向受弯；而双向板为四边支承，双向受弯。当长边与短边之比≤2时，应按双向板计算；当长边与短边之比＞2但＜3时，宜按双向板计算；当按沿短边方向受力的单向板计算时，应沿长边方向布置足够数量的构造筋；当长边与短边之比≥3时，可按沿短边方向受力的单向板计算。

2）连续梁、板的受力特点

现浇肋形楼盖中的板、次梁和主梁，一般均为多跨连续梁（板）。连续梁（板）的内力计算是主要内容，配筋计算与简支梁相同。内力计算有两种方法。主梁按弹性理论计算，次梁和板可考虑按塑性变形内力重分布的方法计算。按弹性理论的计算是把材料看成弹性的，用结构力学的方法，考虑荷载的不利组合，计算内力，并画出包络图，进行配筋计算。

在均布荷载下，等跨连续板和连续次梁的内力计算，可考虑塑性变形的内力重分布。允许支座出现塑性铰，将支座截面的负弯矩调低，即减少负弯矩，调整的幅度必须遵守一定的原则。

连续梁、板的受力特点是，跨中有正弯矩，支座有负弯矩。因此，跨中按最大正弯矩计算正筋，支座按最大负弯矩计算负筋。钢筋的截断位置按规范要求截断。

板的配筋构造如图 1-28 所示。

当，$p/q\leqslant3$ 时，$a=l_0/4$；当 $p/q＞3$ 时，$a=l_0/3$。其中 p 和 q 分别为均布活载和恒载（kN/m）。

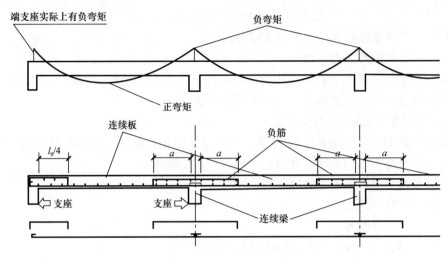

图 1-28　板的配筋构造

3）梁、板的构造要求

梁最常用的截面形式有矩形和 T 形。梁的截面高度一般按跨度来确定，宽度一般是高度的 1/3。梁的支承长度不能小于规范规定的长度。纵向受力钢筋宜优先选用 HRB335、HRB400 钢筋，常用直径为 10～25mm，钢筋之间的间距应≥25mm，也应≥直径。保护层的厚度与梁所处环境有关，一般为 25～40mm。

板的厚度与计算跨度有关，屋面板一般≥60mm，楼板一般≥80mm，板的支承长度不能小于规范规定的长度，板的保护层厚度一般为 15～30mm。受力钢筋直径常用 6mm、8mm、10mm、12mm。间距宜≤250mm。

梁、板混凝土的强度等级一般采用 C20 以上。

2. 砌体结构的受力特点

采用砖、砌块和砂浆砌筑而成的结构称为砌体结构。

砌体结构有以下优点：砌体材料抗压性能好，保温、耐火、耐久性能好；材料经济，就地取材；施工简便，管理、维护方便。砌体结构的应用范围广，它可用作住宅、办公楼、学校、旅馆、跨度<15m 的中小型厂房的墙体、柱和基础。

砌体结构的缺点：砌体的抗压强度相对于块材的抗压强度来说还很低，抗弯、抗拉强度则更低；黏土砖所需土源要占用大片良田，更要耗费大量的能源；自重大，施工劳动强度高，运输损耗大。

（1）砌体材料及砌体的力学性能

1）砌块

砖、砌块根据其原料、生产工艺和孔洞率来分类。以黏土、石岩、煤矸石或粉煤灰为主要原料，经焙烧而成的实心或孔洞率≤规定值且外形尺寸符合规定的砖，称为烧结普通砖；孔洞率≥25%，孔的尺寸小而数量多，主要用于承重部位的砖称为烧结多孔砖，简称多孔砖。烧结普通砖按原料又分为烧结黏土砖、烧结页岩砖、烧结煤矸石砖和烧结粉煤灰砖。以石灰和砂为主要原料，或以粉煤灰、石灰并掺石膏和骨料为主要原料，经坯料制备、压制成型、高压蒸汽养护而成的实心砖，称为蒸压灰砂砖或蒸压粉煤灰砖，简称灰砂砖或粉煤灰砖。

砖的强度等级用"MU"表示，单位为 MPa（N/mm²）。烧结普通砖、烧结多孔砖等的强度等级分为 MU30、MU25、MU20、MU15 和 MU10 五级。承重结构的蒸压灰砂砖、蒸压粉煤灰砖的强度等级分为 MU25、MU20、MU15 三级。

2）砂浆

砂浆可使砌体中的块体和砂浆之间产生一定的粘结强度，保证两者能较好地共同工作，使砌体受力均匀，从而具有相应的抗压、抗弯、抗剪和抗拉强度。砂浆按组成材料的不同，可分为：水泥砂浆；水泥混合砂浆；石灰、石膏、黏土砂浆。

砂浆强度等级符号为"M"。规范给出了五种砂浆的强度等级，即 M15、M10、M7.5、M5 和 M2.5。当验算正在砌筑或砌完不久但砂浆尚未硬结，以及在严寒地区采用冻结法施工的砌体抗压强度时，砂浆强度取 0。

3）砌体

按照标准规定的方法砌筑的砖砌体试件，轴压试验分三个阶段：

第Ⅰ阶段，从加载开始直到在个别砖块上出现初始裂缝，该阶段属于弹性阶段，出现裂缝时的荷载约为 0.5～0.7 倍极限荷载；

第Ⅱ阶段，继续加载后个别砖块的裂缝陆续发展成少数平行于加载方向的小段裂缝，试件变形增加较快，此时的荷载不到极限荷载的 0.8 倍；

第Ⅲ阶段，继续加载时小段裂缝会较快沿竖向发展成上下贯通整个试件的纵向裂缝。试件被分割成若干个小的砖柱，直到小砖柱因横向变形过大发生失稳，体积膨胀，导致整个试件破坏。

由于砂浆铺砌不均，砖块不仅受压，还受弯、剪、局部压力的联合作用；另外，砖和砂浆受压后横向变形不同，还使砖处于受拉状态；同时，因为有竖缝存在，砖块在该处又有一个较高的应力区。因此，砌体中砖所受的应力十分复杂，特别是拉、弯作用产生的内力使砖较早出现竖向裂缝。以上原因正是砌体抗压强度比砖抗压强度小得多的原因。规范根据试验资料给出了不同砌体的强度设计值。

影响砖砌体抗压强度的主要因素包括：砖的强度等级；砂浆的强度等级及其厚度；砌筑质量，包括饱满度、砌筑时砖的含水率、操作人员的技术水平等。

（2）砌体结构静力计算的原理

1）静力计算的原理

砌体墙、柱静力计算的支承条件和基本计算方法是根据房屋的空间工作性能确定的。房屋的空间工作性能与下列因素有关：屋盖或楼盖类别、横墙间距。《砌体结构设计规范》GB 50003—2011 对砌体结构房屋静力计算方案的规定见表 1-7 和表 1-8。刚性、刚弹性、弹性方案的计算简图见图 1-29。

砌体结构房屋静力计算方案的横墙间距 s（m）　　　　表 1-7

楼盖或屋盖类别	刚性方案	刚弹性方案	弹性方案
整体式、装配整体式和装配式无檩体系钢筋混凝土屋盖或钢筋混凝土楼盖	$s<32$	$32\leqslant s\leqslant72$	$s>72$
装配式有檩体系钢筋混凝土屋盖、轻钢屋盖和有密铺望板的木屋盖或木楼盖	$s<20$	$20\leqslant s\leqslant48$	$s>48$
瓦材屋面的木屋盖和轻钢屋盖	$s<16$	$16\leqslant s\leqslant36$	$s>36$

砌体受压构件的计算高度 H_0（s 为房屋横墙间距）　　　表 1-8

房屋跨度和静力计算方案		柱		带壁柱墙或周边拉结的墙		
		排架方向	垂直排架方向	$s>2H$	$2H\geqslant s>H$	$s\leqslant 3H$
单跨	弹性方案	1.5H	1.0H	1.5H		
	刚弹性方案	1.2H	1.0H	1.2H		
两跨或多跨	弹性方案	1.25H	1.0H	1.25H		
	刚弹性方案	1.1H	1.0H	1.1H		
刚性方案		1.0H	1.0H	1.0H	0.4s+0.2H	0.6s

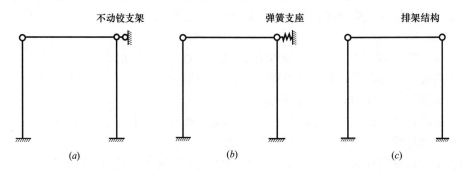

图 1-29　静力计算简图
（a）刚性方案；（b）刚弹性方案；（c）弹性方案

砌体的受力特点是抗压强度较高而抗拉强度很低，所以砌体结构房屋的静力计算简图大多设计成刚性方案。因为这种方案的砌体所受拉力较小、压力较大，可以很好地发挥砌体的受力特点。开间较小的住宅、中小型办公楼即属于这类结构。

2）墙、柱高厚比验算

高厚比 β 是指墙、柱的计算高度 H_0 与其相应厚度 h 的比值，$\beta=H_0/h$。

① 墙、柱的允许高厚比 $[\beta]$

《砌体结构设计规范》GB 50003—2011 所确定的墙、柱允许高厚比 $[\beta]$ 是总结大量工程实践经验并经理论校核和分析得出的，见表 1-9。

墙、柱的允许高厚比 $[\beta]$ 值　　　表 1-9

砂浆强度等级	墙	柱
M2.5	22	15
M5.0	24	16
$\geqslant$M7.5	26	17

影响允许高厚比的主要因素有：砂浆强度；构件类型；砌体种类；支承约束条件、截面形式；墙体开洞、承重和非承重。对于上述因素的影响通过相应的修正系数对允许高厚比 $[\beta]$ 予以降低和提高。

② 墙、柱的高厚比验算

矩形截面墙、柱的高厚比验算应满足下式：

$$\beta = H_0/h \leqslant \mu_1\mu_2[\beta] \tag{1-1}$$

式中　H_0——墙、柱的计算高度，见表 1-8；

　　　　h——墙厚或矩形柱与相对应的边长；

　　　　μ_1——自承重墙允许高厚比的修正系数；

　　　　μ_2——有门窗洞口墙允许高厚比的修正系数。

因为表 1-9 中的允许高厚比 $[\beta]$ 值是按没有开洞的承重墙制定的。因此，非承重墙的允许高厚比 $[\beta]$ 可乘以 >1 的修正系数 μ_1，有门窗洞口墙的允许高厚比 $[\beta]$ 可乘以 <1 的修正系数 μ_2。μ_1 和 μ_2 的具体数值可按规范的规定确定出来。

3）墙体受压承载力计算

砌体受压构件承载力的计算用下式表示：

$$N \leqslant \psi \cdot f \cdot A \tag{1-2}$$

式中　N——轴向力设计值；

　　　　ψ——高厚比 β 和轴向力的偏心距对受压构件承载力的影响系数；

　　　　f——砌体的抗压强度设计值；

　　　　A——砌体的截面面积。

墙体作为受压构件的验算分三个方面：

① 稳定性。通过高厚比验算满足稳定性要求，按公式（1-1）验算。

② 墙体极限状态承载力验算。按公式（1-2）验算。

③ 受压构件在梁、柱等承压部位处的局部受压承载力验算。按公式（1-3）验算。

4）砌体局部受压承载力计算

当砌体局部受压时，由于受周围非受荷砌体对其的约束作用，其局部抗压强度有所提高。当受到均匀的局部压力时，砌体截面的局部受压承载力按下式计算：

$$N_1 \leqslant \gamma \cdot f \cdot A_1 \tag{1-3}$$

式中　N_1——局部受压面积上的轴向力设计值；

　　　　f——砌体的抗压强度设计值；

　　　　A_1——局部受压面积；

　　　　γ——砌体局部抗压强度提高系数，其值可按现行规范确定。

一般情况下，只有砌体基础有可能承受上部墙体或柱传来的均匀局部压应力。在大多数情况下，搁置于砌体墙或柱上的梁或板，由于其弯曲变形，使得传至砌体的局部压应力均为非均匀分布。当梁端下砌体的局部受压承载力不满足要求时，常采用设置混凝土或钢筋混凝土垫块的方法。

（3）砌体房屋结构的主要构造要求

砌体结构的构造是确保房屋结构整体性和结构安全的可靠措施。墙体的构造措施主要包括三个方面，即伸缩缝、沉降缝和圈梁。

由于温度改变，容易在墙体上形成裂缝，可用伸缩缝将房屋分成若干单元，使每个单元的长度限制在一定范围内。《砌体结构设计规范》GB 50003—2011 称此长度为温度收缩缝的最大间距，见表 1-10。伸缩缝应设置在温度变化和收缩变形可能引起应力集中、砌体产生裂缝的地方。伸缩缝两侧宜设承重墙体，其基础可不分开。

<table>
<tr><th colspan="2">砌体结构房屋伸缩缝的最大间距</th><th>表 1-10</th></tr>
<tr><th colspan="2">屋盖或楼盖类别</th><th>间距（m）</th></tr>
<tr><td rowspan="2">整体式或装配整体式钢筋混凝土结构</td><td>有保温层或隔热层的屋盖、楼盖</td><td>50</td></tr>
<tr><td>无保温层或隔热层的屋盖</td><td>40</td></tr>
<tr><td rowspan="2">装配式无檩体系钢筋混凝土结构</td><td>有保温层或隔热层的屋盖、楼盖</td><td>60</td></tr>
<tr><td>无保温层或隔热层的屋盖</td><td>50</td></tr>
<tr><td rowspan="2">装配式有檩体系钢筋混凝土结构</td><td>有保温层或隔热层的屋盖</td><td>75</td></tr>
<tr><td>无保温层或隔热层的屋盖</td><td>60</td></tr>
<tr><td colspan="2">瓦材屋盖、木屋盖或楼盖、轻钢屋盖</td><td>100</td></tr>
</table>

当地基土质不均匀时，房屋将出现过大不均匀沉降，造成房屋开裂，严重影响建筑物的正常使用，甚至危及其安全。为防止沉降裂缝的产生，可用沉降缝在适当部位将房屋分成若干刚度较好的单元，沉降缝的基础必须分开。

墙体的另一构造措施是在墙体内设置钢筋混凝土圈梁。圈梁可以抵抗基础不均匀沉降引起墙体内产生的拉应力，同时可以增加房屋结构的整体性，防止因振动（包括地震）产生的不利影响。因此，圈梁宜连续地设在同一水平面上，并形成封闭状。

纵横墙交接处的圈梁应有可靠的连接。刚弹性和弹性方案房屋，圈梁应与屋架、大梁等构件可靠连接。钢筋混凝土圈梁的宽度宜与墙厚相同，当墙厚 $h \geqslant 240mm$ 时，其宽度宜 $\geqslant 2h/3$。圈梁高度应 $\geqslant 120mm$。纵向钢筋应 $\geqslant 4$ 根，直径 $\geqslant 10mm$，绑扎接头的搭接长度按受拉钢筋考虑，箍筋间距应 $\leqslant 300mm$。

3. 钢结构构件的受力特点及其连接类型

钢结构的抗拉、抗压强度都很高，构件断面小，自重较轻，结构性能好，所以它适用于多种结构形式，如梁、桁架、刚架、拱、网架、悬索等，应用非常广泛。在高层建筑及桥梁中的应用越来越多。用作钢结构的材料必须具有较高的强度、塑性韧性较好、适宜于冷加工和热加工；同时，还必须具有很好的可焊性。钢结构的钢材宜采用 Q235、Q345（16Mn）、Q390（15MnⅤ）和 Q420。

（1）钢结构的连接

钢结构是由钢板、型钢通过必要的连接形成的结构。钢结构的连接方法可分为焊缝连接、铆钉连接和螺栓连接三种，见图 1-30。

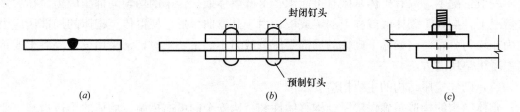

图 1-30　钢结构的连接方法
（a）焊缝连接；（b）铆钉连接；（c）螺栓连接

1）焊缝连接：焊缝连接是目前钢结构的主要连接方法。其优点是构造简单、节约钢材、加工方便、易于采用自动化操作，在直接承受动力荷载的结构中，垂直于受力方向的焊缝不宜采用部分焊头的对接焊缝。

2）铆钉连接：铆钉连接由于构造复杂、用钢量大，现已很少采用。因为铆钉连接的塑性和韧性较好、传力可靠、易于检查，在一些重型和直接承受动力荷载的结构中，有时仍然采用。

3）螺栓连接：螺栓连接又分为普通螺栓连接和高强度螺栓连接两种。普通螺栓连接施工简单，拆、装方便。普通螺栓一般由Q235制成。高强度螺栓用合金钢制成，制作工艺精准，操作工序多，要求高。目前，在我国桥梁及大跨度结构房屋及工业厂房中已广泛采用。

（2）钢结构的受力特点

1）受弯构件

钢梁是最常见的受弯构件。

① 钢梁的截面形式

钢梁的截面形式一般有型钢梁和钢板组合梁两类。型钢梁多采用工字钢和H型钢，钢板组合梁常采用焊接工字形截面。

② 钢梁的强度、刚度和稳定性计算

a．抗弯强度计算：取梁内塑性发展到一定深度作为极限状态。对需要计算疲劳的梁，不考虑梁的塑性发展。

为保证梁的受压翼缘不致产生局部失稳，应限制其自由外伸宽度 b_1 与其厚度 t 之比。见图 1-31。

b．抗剪强度计算：梁的抗剪强度按弹性设计。

c．刚度计算：梁必须具有一定的刚度才能有效地工作，刚度不足将导致梁挠度过大，影响结构正常使用。因此，设计钢梁除应满足各项强度要求之外，还应满足刚度要求。

在进行梁的挠度计算时采用荷载标准值，可不考虑螺栓孔引起的截面削弱。

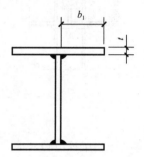

图 1-31　梁外伸宽度与厚度示意图

d．整体稳定性计算：当有铺板（各种钢筋混凝土板或钢板）密铺在梁的受压翼缘上与其牢固相连，能阻止梁受压翼缘的侧向位移时，或者工字形截面简支梁受压翼缘的自由长度 l_1 与其宽度 b_1 之比满足相应要求时，梁的整体稳定性可不计算。除此之外，应验算梁的整体稳定性。

e．局部稳定性计算：梁腹板通常采用加劲肋来加强其局部稳定性，梁翼缘的局部稳定性一般是通过限制板件的宽厚比来保证的。轧制的工字钢和槽钢等型钢一般不会发生局部失稳。

2）受拉构件、受压构件

① 受拉构件

根据受力情况，可分为轴心受拉构件和偏心受拉构件（拉弯构件）。

a．轴心受拉构件：轴心受拉构件常见于桁架中。轴心受拉构件须按净截面面积进行强度计算。构件的刚度是通过限制长细比来保证的。

b．偏心受拉构件：偏心受拉构件应用较少，桁架受拉杆同时承受节点之间横向荷载时为偏心受拉构件。

② 受压构件

柱、桁架的压杆等都是常见的受压构件。根据受力情况，受压构件可分为轴心受压构件和偏心受压构件（压弯构件）。主要介绍轴心受压构件。

按截面构造形式，受压构件可分为实腹式和格构式两类。前者构造简单、制作方便；后者制作费时，但节省钢材。当构件比较高大时，可采用格构式，增加截面刚度，节省钢材。

和轴心受拉构件一样，轴心受压构件的截面设计也需要满足强度和刚度要求。除此之外，轴心受压构件还要进行整体稳定性和局部稳定性计算：通过考虑整体稳定系数进行轴心受压构件的整体稳定性计算，通过限制板件的宽厚比来保证局部稳定性。

3）梁柱节点

梁和柱连接时，可将梁支承在柱顶上或连接于柱的侧面。二者均可做成铰接或刚接。

① 梁柱铰接节点：图 1-32（a）、（b）为梁铰接支承于柱顶的构造。图 1-32（a）中，当两相邻梁的反力不相等时，柱将偏心受压；图 1-32（b）中，即使两相邻梁的反力不相等，柱仍接近于轴心受压。

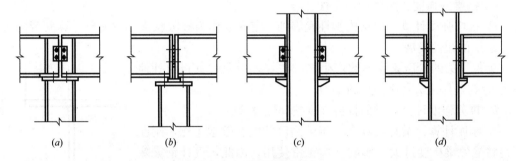

图 1-32　梁柱铰接节点

当梁连续设置时，梁柱也可以形成柱顶刚接节点。

图 1-32（c）中，梁铰接支承于柱侧面的牛腿上。为了防止梁端顶部向侧方向偏移或发生扭转，梁端靠近顶部处设钢板并用构造螺栓将梁和柱相连。梁支座反力较大时，梁端用凸缘支座板，柱侧面焊以厚钢板制成的承托，凸缘支座板下端与承托上端刨平顶紧，传递梁端反力。

② 梁柱刚接节点：图 1-33 是梁和柱刚接的构造示例，翼缘通过连接板或直接用全焊透的坡口焊缝与柱连接，腹板通过连接板用高强度螺栓与柱连接。一般可以考虑梁端弯矩由翼缘连接承受，梁端剪力由腹板连接承受，或考虑由翼缘连接和腹板连接共同承受梁端弯矩。

4）柱脚节点

如图 1-34 所示，柱脚节点通常由底板、中间传力结构（包括靴梁、肋板和隔板）和锚栓组成。底板承受柱脚反力。底板较大时，须设置中间传力结构以降低底板厚度。

图 1-34（a）为铰接柱脚，常用于轴心受压柱，锚栓只起固定位置和安装的作用，可按构造设置。为接近铰接的假设，锚栓应尽量布置在底板中央部位。

图 1-34（b）为刚接柱脚，一般用于偏心受压柱，锚栓须按计算确定。

4. 钢结构构件的制作、运输、安装、防火与防锈

（1）制作

钢结构构件制作包括放样、号料、切割、校正等诸多环节。高强度螺栓处理后的摩擦面的抗滑移系数应符合设计要求。

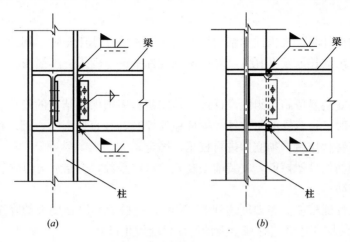

图 1-33　梁外伸宽度与厚度示意图

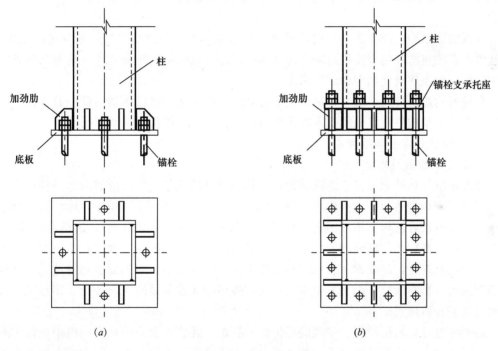

图 1-34　柱脚节点

（a）铰接；（b）刚接

　　制作质量检验合格后进行除锈和涂装。一般安装焊缝处留出 30～50mm 暂不涂装。

（2）焊接

　　焊工必须经考试合格并取得合格证书方可在其证书项目范围内施焊。焊缝施焊后须在工艺规定的部位打上焊工钢印。

　　焊接材料与母材应匹配，全焊透的一、二级焊缝应采用超声波探伤进行内部缺陷检验，超声波探伤不能对缺陷作出判断时，采用射线探伤。

　　施工单位首次采用的钢材、焊接材料、焊接方法等，应进行焊接工艺评定。

（3）运输

运输钢结构构件时，要根据钢结构构件的长度和质量选用车辆。钢结构构件在车辆上的支点、两端伸出的长度及绑扎方法均应保证构件不产生变形、不损伤涂层。

（4）安装

钢结构构件安装要按施工组织设计进行，安装程序须保证结构的稳定性和不导致永久性变形。安装柱时，每节柱的定位轴线须从地面控制轴线直接引上。钢结构的柱、梁、屋架等主要构件安装就位后，须立即进行校正、固定。

由工厂处理的构件摩擦面，安装前须复验抗滑移系数，合格后方可安装。

（5）防火与防锈

钢结构防火性能较差。当温度达到550℃时，钢材的屈服强度大约降至正常温度时屈服强度的0.7，结构即达到它的强度设计值而可能发生破坏。

设计时应根据有关防火规范的规定，使建筑结构能满足相应防火标准的要求。在防火标准要求的时间内使钢结构的温度不超过临界温度，以保证钢结构的正常承载能力。

外露的钢结构可能会受到大气，特别是被污染的大气的严重腐蚀，最常见的是生锈。这就要求必须对构件的表面进行防腐蚀处理，以保证钢结构的正常使用。防腐蚀处理方法根据构件表面条件及使用寿命的要求决定。

在进行构造设计时，应对构造做法妥善处理，避免诸如将槽钢槽口朝上放置，造成积水等情况；大型构件应有人能进入的观察口，以便检查维护构件内部情况等。

（七）结构抗震的构造要求

1. 地震的震级及烈度

地震是由于某种原因引起的强烈地动，是一种自然现象。地震的成因有三种：火山地震、塌陷地震和构造地震。火山地震是火山爆发时地下岩浆迅猛冲出地面而引起的地动；塌陷地震是石灰岩层地下溶洞或古旧矿坑的大规模崩塌而引起的地动，该类地震数量少、震源浅。以上两种地震释放的能量较小，影响范围和造成的破坏程度也较小。构造地震是地壳运动推挤岩层，造成地下岩层的薄弱部位突然发生错动、断裂而引起的地动。此种地震破坏性大、影响面广，而且发生频繁，约占破坏性地震总量的95％以上。房屋结构抗震主要是研究构造地震。

地壳深处发生岩层断裂、错动的部位称为震源。震源正上方的地方叫震中。震中附近地面震动最厉害，也是破坏最严重的地区，称为震中区。地面某处至震中的水平距离称为震中距。震中至震源的垂直距离称为震源深度。如图1-35所示。

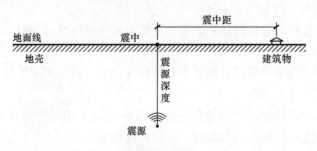

图1-35　震源

　　我国发生的绝大多数地震属于浅源地震，一般深度为 5～40km；浅源地震造成的危害最大。如唐山大地震断裂岩层深度约 11km，属于浅源地震。

　　震级是按照地震强度而定的等级标度，用以衡量某次地震的大小，用符号 M 表示。震级的大小是地震释放能量多少的尺度，也是地震规模的指标，其数值是根据地震带记录到的地震波图来确定的。一次地震只有一个震级。目前，国际上比较通用的是里氏震级。

　　地震发生后，各地区的影响程度不同，通常用地震烈度来描述。如人的感觉、器物反应、地表现象、建筑物的破坏程度。世界上多数国家采用 12 个等级划分的烈度表。一般来说，$M<2$ 的地震，人是感觉不到的，称为无感地震或微震；$M=2～5$ 的地震称为有感地震；$M>5$ 的地震，对建筑物造成不同程度的破坏，统称为破坏性地震；$M>7$ 的地震称为强烈地震或大震；$M>8$ 的地震称为特大地震。

　　地震烈度是指某一地区的地面及建筑物遭受一次地震影响的强弱程度。一般来说，距震中越远，地震影响越小，烈度就越小；反之，距震中越近，烈度就越大。此外，地震烈度还与地震大小、震源深浅、地震传播介质、表土性质、建筑物的动力特性、施工质量等许多因素有关。

　　一个地区的基本烈度是指该地区今后一定时间内，在一般场地条件下可能遭遇的最大地震烈度。基本烈度大体为在设计基准期超越概率为 10% 的地震烈度。为了进行建筑结构的抗震设计，按国家规定的权限批准作为一个地区抗震设防的地震烈度称为抗震设防烈度。一般情况下，抗震设防烈度可采用中国地震参数区划图的地震基本烈度。

　　2. 抗震设防

　　抗震设防是指房屋进行抗震设计和采用抗震措施，来达到抗震效果。

　　（1）抗震设防的基本思想

　　抗震设防的依据是抗震设防烈度。现行抗震设计规范适用于抗震设防烈度为 6、7、8、9 度地区建筑工程的抗震设计、隔震、消能减震设计。抗震设防是以现有的科技水平和经济条件为前提的。以北京地区为例，抗震设防烈度为 8 度，超越 8 度的概率为 10% 左右。

　　我国抗震设防的基本思想和原则是以"三个水准"为抗震设防目标。简单地说就是"小震不坏、中震可修、大震不倒"。

　　"三个水准"的抗震设防目标是：当遭受低于本地区抗震设防烈度的多遇地震影响时，建筑物一般不受损坏或不需修理仍可继续使用；当遭受相当于本地区抗震设防烈度的地震影响时，可能损坏，经一般修理或不需修理仍可继续使用；当遭受高于本地区抗震设防烈度预估的罕遇地震影响时，不会倒塌或发生危及生命的严重破坏。

　　（2）建筑抗震设防分类

　　建筑物的抗震设计根据其使用功能的重要性分为甲、乙、丙、丁四个抗震设防类别。大量的建筑物属于丙类，这类建筑物的地震作用和抗震措施均应符合本地区抗震设防烈度的要求。

　　（3）抗震结构的概念设计

　　在强烈地震作用下，建筑物的破坏机理和过程是十分复杂的。对一个建筑物进行精确的抗震计算也是非常困难的。因此，在对建筑物进行抗震设防的设计时，根据以往地震灾害的经验和科学研究的成果首先进行"概念设计"。概念设计可以提高建筑物总体上的抗震能力。数值设计是对地震作用效应进行定量计算，而概念设计是根据地震灾害和工程经验所形成的基本设计原则和设计思想，进行建筑和结构总体布置并确定细部构造的过程。概念设计要考虑以下因素：

1）选择对抗震有利的场地，避开不利的场地。开阔、平坦、密实、均匀、中硬土地段是有利场地。不利场地一般是指软弱土、易液化土、山嘴孤丘、陡坡河岸、采空区和土质不均匀的场地。

2）建筑物的形状力求简单、规则，平面上的质量中心和刚度中心尽可能靠近，以避免地震时发生扭转和应力集中而形成薄弱部位。

3）选择技术先进且经济合理的抗震结构体系，地震力的传递路线合理明确，并有多道抗震防线。

4）保证结构的整体性，并使结构和连接部位具有较好的延性。

5）选择抗震性能比较好的建筑材料。

6）非结构构件应与承重结构有可靠的连接以满足抗震要求。

3. 抗震构造措施

（1）多层砌体房屋的抗震构造措施

多层砌体房屋是我国目前的主要结构类型之一。但是这种结构材料脆性大，抗拉、抗剪能力低，抵抗地震的能力差。震害调查表明，在强烈地震作用下，多层砌体房屋的破坏部位主要是墙身，楼盖本身的破坏较轻。因此，采取如下措施：

1）设置钢筋混凝土构造柱，减少墙身的破坏，并改善其抗震性能，提高延性。

2）设置钢筋混凝土圈梁与构造柱连接起来，增强房屋的整体性，改善房屋的抗震性能，提高房屋的抗震能力。

3）加强墙体的连接，楼板和梁应有足够的支承长度和可靠连接。

4）加强楼梯间的整体性等。

5）设防震缝。

（2）框架结构的抗震构造措施

钢筋混凝土框架结构是我国工业与民用建筑较常用的结构形式。震害调查表明，框架结构震害的严重部位多发生在框架梁柱节点和填充墙处；一般是柱的震害重于梁，柱顶的震害重于柱底，角柱的震害重于内柱，短柱的震害重于一般柱。为此采取了一系列措施，把框架设计成延性框架，遵守强柱、强节点、强锚固，避免短柱、加强角柱，框架沿高度不宜突变，避免出现薄弱层，控制最小配筋率，限制配筋最小直径等原则。构造上采取受力筋锚固适当加长、节点处箍筋适当加密等措施。

（3）设置必要的防震缝

不论什么结构形式，防震缝可以将不规则的建筑物分割成几个规则的结构单元，每个单元在地震作用下受力明确合理，避免产生扭转或应力集中的薄弱部位，有利于抗震。

第二节　建筑工程施工技术

一、水泥的性能及应用

水泥为无机水硬性胶凝材料，是重要的建筑材料之一，在建筑工程中有着广泛的应用。水泥品种非常多，按其主要水硬性物质名称分为硅酸盐水泥、铝酸盐水泥、硫铝酸盐水泥、氟铝酸盐水泥、磷酸盐水泥等。根据国家标准《水泥的命名原则和术语》GB/T 4131—2014 的规定，水泥按其用途及性能可分为通用水泥、专用水泥及特性水泥三类。目前，我国建筑工程中常用的是通用硅酸盐水泥，它是以硅酸盐水泥熟料和适量的石膏及规定的混合材料制成的水硬性胶凝材料。国家标准《通用硅酸盐水泥》GB 175—2007 规定，按混合材料的品种和掺量，通用硅酸盐水泥可分为硅酸盐水泥、普通硅酸盐水泥、矿渣硅酸盐水泥、火山灰质硅酸盐水泥、粉煤灰硅酸盐水泥和复合硅酸盐水泥（见表 1-11）。

通用硅酸盐水泥的代号和强度等级　　　　表 1-11

水泥名称	简称	代号	强度等级
硅酸盐水泥	硅酸盐水泥	P·Ⅰ·P·Ⅱ	42.5、42.5R、52.5、52.5R、62.5、62.5R
普通硅酸盐水泥	普通水泥	P·O	42.5、42.5R、52.5、52.5R
矿渣硅酸盐水泥	矿渣水泥	P·S·A、P·S·B	32.5、32.5R、42.5、42.5R、52.5、52.5R
火山灰质硅酸盐水泥	火山灰水泥	P·P	
粉煤灰硅酸盐水泥	粉煤灰水泥	P·F	
复合硅酸盐水泥	复合水泥	P·C	

注：强度等级中，R 表示早强型。

1. 常用水泥的技术要求

（1）凝结时间

水泥的凝结时间分为初凝时间和终凝时间。初凝时间是从水泥加水拌合起至水泥浆开始失去可塑性所需的时间；终凝时间是从水泥加水拌合起至水泥浆完全失去可塑性并开始产生强度所需的时间。水泥的凝结时间在施工中具有重要意义。为了保证有足够的时间在初凝之前完成混凝土的搅拌、运输和浇捣及砂浆的粉刷、砌筑等施工工序，初凝时间不宜过短；为使混凝土、砂浆能尽快地硬化达到一定的强度，以利于下道工序及早进行，终凝时间也不宜过长。

国家标准规定，六大常用水泥的初凝时间均≥45min，硅酸盐水泥的终凝时间≤6.5h，其他五类常用水泥的终凝时间≤10h。

（2）体积安定性

水泥的体积安定性是指水泥在凝结硬化过程中，体积变化的均匀性。如果水泥硬化后产生不均匀的体积变化，即所谓体积安定性不良，就会使混凝土构件产生膨胀性裂缝，降低建筑工程质量，甚至引起严重事故。因此，施工中必须使用体积安定性合格的水泥。

引起水泥体积安定性不良的原因有：水泥熟料矿物组成中游离氧化钙或氧化镁过多，或者水泥粉磨时石膏掺量过多。水泥熟料中所含的游离氧化钙或氧化镁都是过烧的，熟化很慢，在水泥已经硬化后还在慢慢水化并产生体积膨胀，引起不均匀的体积变化，导致水泥石开裂。石膏掺量过多时，水泥硬化后过量的石膏还会继续与已固化的水化铝酸钙作用，生成高硫型水化硫铝酸钙（俗称钙矾石），体积约增大 1.5 倍，引起水泥石开裂。

国家标准规定，游离氧化钙对水泥体积安定性的影响用煮沸法来检验，测试方法可采用试饼法或雷氏法。由于游离氧化镁及过量石膏对水泥体积安定性的影响不便于检验，故国家标准对水泥中的氧化镁和三氧化硫含量分别作了限制。

（3）强度及强度等级

水泥的强度是评价和选用水泥的重要技术指标，也是划分水泥强度等级的重要依据。水泥的强度除受水泥熟料的矿物组成、混合料的掺量、石膏掺量、细度、龄期和养护条件等因素影响外，还与试验方法有关。国家标准规定，采用胶砂法来测定水泥的 3d 和 28d 抗压强度和抗折强度，根据测定结果来确定该水泥的强度等级。

不同品种、不同强度等级的通用硅酸盐水泥，其不同龄期的强度应符合表 1-12 的规定。

通用硅酸盐水泥不同龄期的强度（MPa）   表 1-12

品种	强度等级	抗压强度		抗折强度	
		3d	28d	3d	28d
硅酸盐水泥	42.5	≥17.0	≥42.5	≥3.5	≥6.5
	42.5R	≥22.0		≥4.0	
	52.5	≥23.0	≥52.5	≥4.0	≥7.0
	52.5R	≥27.0		≥5.0	
	62.5	≥28.0	≥62.5	≥5.0	≥8.0
	62.5R	≥32.0		≥5.5	
普通硅酸盐水泥	42.5	≥17.0	≥42.5	≥3.5	≥6.5
	42.5R	≥22.0		≥4.0	
	52.5	≥23.0	≥52.5	≥4.0	≥7.0
	52.5R	≥27.0		≥5.0	
矿渣硅酸盐水泥 火山灰质硅酸盐水泥 粉煤灰硅酸盐水泥 复合硅酸盐水泥	32.5	≥10.0	≥32.5	≥2.5	≥5.5
	32.5R	≥15.0		≥3.5	
	42.5	≥15.0	≥42.5	≥3.5	≥6.5
	42.5R	≥19.0		≥4.0	
	52.5	≥21.0	≥52.5	≥4.0	≥7.0
	52.5R	≥23.0		≥4.5	

（4）其他技术要求

其他技术要求包括标准稠度用水量、水泥的细度及化学指标。水泥的细度属于选择性指标。国家标准规定，硅酸盐水泥和普通硅酸盐水泥的细度以比表面积表示，其比表面积≥300m²/kg；其他四类常用水泥的细度以筛余表示，其 80μm 方孔筛筛余≤10% 或 45μm 方孔筛筛余≤30%。通用硅酸盐水泥的化学指标有不溶物、烧失量、三氧化硫、氧化镁、氯离子和碱含量。碱含量属于选择性指标，水泥中的碱含量以 $Na_2O+0.658K_2O$ 计算值来表示。水泥中的碱含量高时，如果配制混凝土的骨料具有碱活性，可能产生碱骨料反应，导致混凝土因不均匀膨胀而破坏。因此，若使用活性骨料，用户要求提供低碱水泥时，则水泥中的碱含量应≤水泥质量的 0.6% 或由买卖双方协商确定。

2. 常用水泥的特性及应用

常用水泥的选用见表 1-13。

常用水泥的选用 表 1-13

混凝土工程特点或所处环境条件		优先选用	可以使用	不宜使用
普通混凝土	在普通气候环境中的混凝土	普通水泥	矿渣水泥、火山灰水泥、粉煤灰水泥、复合水泥	
	在干燥环境中的混凝土	普通水泥	矿渣水泥	火山灰水泥、粉煤灰水泥
	在高湿度环境中或长期处于水中的混凝土	矿渣水泥、火山灰水泥、粉煤灰水泥、复合水泥	普通水泥	
	厚大体积的混凝土	矿渣水泥、火山灰水泥、粉煤灰水泥、复合水泥		硅酸盐水泥
有特殊要求的混凝土	要求快硬早强的混凝土	硅酸盐水泥	普通水泥	矿渣水泥、火山灰水泥、粉煤灰水泥、复合水泥
	高强（＞C50级）的混凝土	硅酸盐水泥	普通水泥、矿渣水泥	火山灰水泥、粉煤灰水泥
	严寒地区的露天混凝土，寒冷地区处在水位升降范围内的混凝土	普通水泥	矿渣水泥	火山灰水泥、粉煤灰水泥
	严寒地区处在水位升降范围内的混凝土	普通水泥（≥42.5级）		矿渣水泥、火山灰水泥、粉煤灰水泥、复合水泥
	有抗渗要求的混凝土	普通水泥、火山灰水泥		矿渣水泥
	有耐磨性要求的混凝土	硅酸盐水泥、普通水泥	矿渣水泥	火山灰水泥、粉煤灰水泥
	受侵蚀介质作用的混凝土	矿渣水泥、火山灰水泥、粉煤灰水泥、复合水泥		硅酸盐水泥

3. 常用水泥的包装及标志

水泥可以散装或袋装，袋装水泥每袋净含量为 50kg，且应≥标志质量的 99％；随机抽取 20 袋总质量（含包装袋）应≥1000kg。水泥包装袋上应清楚标明：执行标准、水泥品种、代号、强度等级、生产者名称、生产许可证标志（QS）及编号、出厂编号、包装日期、净含量。包装袋两侧应根据水泥的品种采用不同的颜色印刷水泥名称和强度等级，硅酸盐水泥和普通硅酸盐水泥采用红色，矿渣硅酸盐水泥采用绿色，火山灰质硅酸盐水泥、粉煤灰硅酸盐水泥和复合硅酸盐水泥采用黑色或蓝色。散装发运时应提交与袋装标志相同内容的卡片。

二、建筑钢材的性能及应用

建筑钢材可分为钢结构用钢、钢筋混凝土结构用钢和建筑装饰用钢材制品。

1. 建筑钢材的主要钢种

钢材是以铁为主要元素，含碳量为 0.02％～2.06％，并含有其他元素的合金材料。钢材按化学成分分为碳素钢和合金钢两大类，碳素钢根据含碳量又可分为低碳钢（含碳量＜0.25％）、中碳钢（含碳量 0.25％～0.6％）和高碳钢（含碳量＞0.6％）。合金钢是在炼钢过程中加入一种或多种合金元素，如硅（Si）、锰（Mn）、钛（Ti）、钒（V）等而得到的钢种。按合金元素的总含量不同，合金钢又可分为低合金钢（总含量＜5％）、中合金钢（总含量5％～10％）和高合金钢（总含量＞10％）。

根据钢中有害杂质硫、磷的多少，工业用钢可分为普通钢、优质钢、高级优质钢和特级优质钢。根据用途的不同，工业用钢常分为结构钢、工具钢和特殊性能钢。

建筑钢材的主要钢种有碳素结构钢、优质碳素结构钢和低合金高强度结构钢。

国家标准《碳素结构钢》GB/T 700—2006规定，碳素结构钢的牌号由代表屈服强度的字母Q、屈服强度数值、质量等级符号、脱氧方法符号4个部分按顺序组成。其中，质量等级以磷、硫杂质含量由多到少分别用A、B、C、D表示，D级钢质量最好，为优质钢；脱氧方法符号的含义为：F—沸腾钢，Z—镇静钢，TZ—特殊镇静钢，牌号中符号Z和TZ可以省略。例如，Q235—AF表示屈服强度为235MPa的A级沸腾钢。除常用的Q235外，碳素结构钢的牌号还有Q195、Q215和Q275。碳素结构钢为一般结构和工程用钢，适用于生产各种型钢、钢板、钢筋、钢丝等。

优质碳素结构钢按冶金质量等级分为优质钢、高级优质钢（牌号后加"A"）和特级优质钢（牌号后加"E"）。优质碳素结构钢一般用于生产预应力混凝土用钢丝、钢绞线、锚具，以及高强度螺栓、重要结构的钢铸件等。

低合金高强度结构钢的牌号与碳素结构钢类似，不过其质量等级分为A、B、C、D、E五级，牌号有Q345、Q390、Q420、Q460几种。主要用于轧制各种型钢、钢板、钢管及钢筋，广泛用于钢结构和钢筋混凝土结构中，特别适用于各种重型结构、高层结构、大跨度结构及桥梁工程等。

2. 常用的建筑钢材

（1）钢结构用钢

钢结构用钢主要是热轧成型的钢板和型钢等。薄壁轻型钢结构中主要采用薄壁型钢、圆钢和小角钢。钢材所用的母材主要是普通碳素结构钢及低合金高强度结构钢。

钢结构常用的热轧型钢有：工字钢、H型钢、T型钢、槽钢、等边角钢、不等边角钢等。型钢是钢结构中采用的主要钢材。

钢板材包括钢板、花纹钢板、建筑用压型钢板和彩色涂层钢板等。钢板规格表示方法为宽度×厚度×长度（单位为mm）。钢板分为厚板（厚度＞4mm）和薄板（厚度≤4mm）两种。厚板主要用于结构，薄板主要用作屋面板、楼板和墙板等。在钢结构中，单块钢板一般较少使用，而是用几块钢板组合成工字形、箱形等结构形式来承受荷载。

（2）钢管混凝土结构用钢管

钢管混凝土结构即在薄壁钢管内填充普通混凝土，将两种不同性质的材料组合而形成的复合结构。近年来，随着理论研究的深入和新施工工艺的产生，钢管混凝土结构工程应用日益广泛。钢管混凝土结构按照截面形式的不同可分为矩形钢管混凝土结构、圆钢管混凝土结构和多边形钢管混凝土结构等，其中矩形钢管混凝土结构和圆钢管混凝土结构应用较广。从现已建成的众多建筑来看，目前钢管混凝土的使用范围还主要限于柱、桥墩、拱架等。

钢管混凝土结构用钢管可采用直缝焊接管、螺旋缝焊接管和无缝钢管。按设计施工图要求由工厂提供的钢管应有出厂合格证。钢管内不得有油渍等污物，以保证钢管内壁与核心混凝土紧密粘结。钢管焊接必须采用对接焊缝，并达到与母材等强的要求。焊缝质量应满足《钢结构工程施工质量验收规范》GB 50205—2001 二级焊缝质量标准的要求。

由施工单位自行卷制的钢管，其钢板必须平直，不得使用表面锈蚀或受过冲击的钢板，并应有出厂证明书或试验报告单。卷管方向应与钢板压延方向一致。卷制钢管前，应根据要求将板端开好坡口。为适应钢管拼接的轴线要求，钢管坡口端应与管轴线严格垂直。卷板过程中，应注意保证管端平面与管轴线垂直。根据不同的板厚，焊接坡口应符合规范的有关要求。

（3）钢筋混凝土结构用钢

钢筋混凝土结构用钢主要品种有热轧钢筋、预应力混凝土用热处理钢筋、预应力混凝土用钢丝和钢绞线等。热轧钢筋是建筑工程中用量最大的钢材品种之一，主要用作钢筋混凝土结构和预应力混凝土结构的配筋。目前我国常用的热轧钢筋品种、强度标准值见表 1-14。

常用热轧钢筋的品种及强度标准值　　　　　　表 1-14

表面形状	等级	牌号	常用符号	屈服强度 R_{eL}（MPa）	抗拉强度 R_m（MPa）
光圆	Ⅰ级钢	HPB300	ϕ	≥300	≥420
带肋	Ⅱ级钢	HRB335	Φ	≥335	≥455
		HRBF335	ΦF		
	Ⅲ级钢	HRB400	Φ	≥400	≥540
		HRBF400	ΦF		
	Ⅳ级钢	HRB500	Φ	≥500	≥630
		HRBF500	ΦF		

注：热轧带肋钢筋牌号中，HRB 属于普通热轧钢筋，HRBF 属于细晶粒热轧钢筋。

热轧光圆钢筋强度较低，与混凝土的粘结强度也较低，主要用作板的受力钢筋、箍筋以及构造钢筋。热轧带肋钢筋与混凝土之间的握裹力大，共同工作性能较好，其中 HRB335 和 HRB400 级钢筋是钢筋混凝土用的主要受力钢筋。HRB400 又常称为新Ⅲ级钢，是我国规范提倡使用的钢筋品种。

国家标准还规定，热轧带肋钢筋应在其表面轧上牌号标志，还可依次轧上经注册的厂名（或商标）和公称直径毫米数字。钢筋牌号以阿拉伯数字或阿拉伯数字加英文字母表示，HRB335、HRB400、HRB500 分别以 3、4、5 表示，HRBF335、HRBF400、HRBF500 分别以 C3、C4、C5 表示。厂名以汉语拼音首字母表示。公称直径毫米数以阿拉伯数字表示。对公称直径≤10mm 的钢筋，可不轧制标志，可采用挂标牌方法。

（4）建筑装饰用钢材制品

在现代建筑装饰工程中，钢材制品得到了广泛应用。常用的主要有不锈钢钢板和钢管、彩色不锈钢板、彩色涂层钢板和彩色涂层压型钢板，以及镀锌钢卷帘门板和轻钢龙骨等。

1）不锈钢及其制品

不锈钢是指含铬量在 12% 以上的铁基合金钢。铬的含量越高，钢的抗腐蚀性越好。建筑装饰工程中使用的是要求具有较好的耐大气和水蒸气侵蚀性的普通不锈钢。用于建筑装饰的不锈钢材主要有薄板（厚度<2mm）和用薄板加工制成的管材、型材等。

2）轻钢龙骨

轻钢龙骨是用镀锌钢带或薄钢板由特制轧机经多道工艺轧制而成的，断面有 U 形、C

形、T形和L形。主要用于装配各种类型的石膏板、钙塑板、吸声板等，用作室内隔墙和吊顶的龙骨支架。与木龙骨相比，轻钢龙骨具有强度高、防火、耐潮、便于施工安装等特点。

轻钢龙骨主要分为吊顶龙骨（代号D）和墙体龙骨（代号Q）两大类。吊顶龙骨又分为主龙骨（承载龙骨）、次龙骨（覆面龙骨）。墙体龙骨分为竖龙骨、横龙骨和通贯龙骨等。

3. 建筑钢材的力学性能

钢材的主要性能包括力学性能和工艺性能。其中力学性能是钢材最重要的使用性能，包括拉伸性能、冲击性能、疲劳性能等。工艺性能表示钢材在各种加工过程中的行为，包括弯曲性能和焊接性能等。

（1）拉伸性能

反映建筑钢材拉伸性能的指标包括屈服强度、抗拉强度和伸长率。屈服强度是结构设计中钢材强度的取值依据。抗拉强度与屈服强度之比（强屈比）是评价钢材使用可靠性的一个参数。强屈比越大，钢材受力超过屈服点工作时的可靠性越大，安全性越高；但强屈比太大，钢材强度利用率偏低，浪费材料。

钢材在受力破坏前可以经受永久变形的性能，称为塑性。在工程应用中，钢材的塑性指标通常用伸长率表示。伸长率是钢材发生断裂时所能承受永久变形的能力。伸长率越大，说明钢材的塑性越大。试件拉断后标距长度的增量与原标距长度的百分比即为断后伸长率。对常用的热轧钢筋而言，还有一个最大力总伸长率的指标要求。

预应力混凝土用高强度钢筋和钢丝具有硬钢的特点，抗拉强度高，无明显的屈服阶段，伸长率小。由于屈服现象不明显，不能测定屈服点，故常以发生残余变形为0.2%标距长度时的应力作为屈服强度，称为条件屈服强度，用$\sigma_{0.2}$表示。

（2）冲击性能

冲击性能是指钢材抵抗冲击荷载的能力。钢的化学成分及冶炼、加工质量都对冲击性能有明显的影响。除此之外，钢的冲击性能受温度影响较大，冲击性能随温度的下降而减小；当温度降到一定范围时，冲击值急剧下降，从而使钢材出现脆性断裂，这种性质称为钢的冷脆性，这时的温度称为脆性临界温度。脆性临界温度的数值越小，钢材的低温冲击性能越好。所以，在负温下使用的结构，应当选用脆性临界温度较使用温度为低的钢材。

（3）疲劳性能

受交变荷载反复作用时，钢材在应力远低于其屈服强度的情况下突然发生脆性断裂破坏的现象，称为疲劳破坏。疲劳破坏是在低应力状态下突然发生的，所以危害极大，往往造成灾难性的事故。钢材的疲劳极限与其抗拉强度有关，一般抗拉强度高，则其疲劳极限也较高。

4. 钢材的化学成分及其对钢材性能的影响

钢材中除主要化学成分铁（Fe）以外，还含有少量的碳（C）、硅（Si）、锰（Mn）、磷（P）、硫（S）、氧（O）、氮（N）、钛（Ti）、钒（V）等元素，这些元素虽然含量很少，但对钢材性能的影响很大。

（1）碳：碳是决定钢材性能的最重要元素。建筑钢材的含碳量≤0.8%，随着含碳量的增加，钢材的强度和硬度提高，塑性和韧性下降。含碳量超过0.3%时钢材的可焊性显著降低。碳还增加了钢材的冷脆性和时效敏感性，降低了抗大气锈蚀性。

（2）硅：当含量<1％时，可提高钢材的强度，对钢材的塑性和韧性影响不明显。硅是我国钢筋用钢材中的主加合金元素。

（3）锰：锰能消减硫和氧引起的热脆性，使钢材的热加工性能得到改善，同时也可提高钢材的强度。

（4）磷：磷是碳素结构钢中很有害的元素之一。随着磷含量增加，钢材的强度、硬度提高，塑性和韧性显著下降。特别是温度越低，对塑性和韧性的影响越大，从而显著加大钢材的冷脆性，也使钢材的可焊性显著降低。但磷可提高钢材的耐磨性和耐蚀性，在低合金钢中可配合其他元素作为合金元素使用。

（5）硫：硫也是很有害的元素，呈非金属硫化物夹杂物存在于钢中，降低钢材的各种机械性能。硫化物所造成的低熔点使钢材在焊接时易产生热裂纹，形成热脆现象，称为热脆性。硫使钢的可焊性、冲击韧性、耐疲劳性和抗腐蚀性等均降低。

（6）氧：氧是钢中的有害元素，会降低钢材的机械性能，特别是韧性。氧有促进时效倾向的作用。氧化物所造成的低熔点亦使钢材的可焊性变差。

（7）氮：氮对钢材性质的影响与碳、磷相似，会使钢材的强度提高，塑性特别是韧性显著下降。

国家标准《钢筋混凝土用钢》GB/T 1499 系列规范规定，各牌号钢筋的化学成分和碳当量（熔炼分析）应符合表 1-15 的规定。钢筋的成品化学成分允许偏差应符合《钢的成品化学成分允许偏差》GB/T 222—2006 的规定，碳当量 C_{eq} 的允许偏差为＋0.03％。

钢筋化学成分和碳当量要求

表 1-15

牌号	化学成分（质量分数）（％），≤					
	C	Si	Mn	P	S	C_{eq}
HPB300	0.25	0.55	1.50		0.050	—
HRB335 HRBF335	0.25	0.80	1.60	0.045	0.045	0.52
						0.54
HRB400 HRBF400						0.55
HRB500 HRBF500						

5. 钢筋检查与验收

（1）一般规定

1）当钢筋的品种、级别或规格需作变更时，应办理设计变更文件。

2）在浇筑混凝土之前，应进行钢筋隐蔽工程验收，其内容包括：

① 纵向受力钢筋的品种、规格、数量、位置等；

② 箍筋、横向钢筋的品种、规格、数量、间距等；

③ 钢筋的连接方式、接头位置、接头数量、接头面积百分率等；

④ 预埋件的规格、数量、位置等。

（2）原材料

1）主控项目

① 钢筋进场时，应按国家现行相关标准的规定抽取试件做力学性能和质量偏差检验，

检验结果必须符合有关标准的规定。

检验方法：检查产品合格证、出厂检验报告和进场复验报告。

② 对有抗震设防要求的结构，当设计无具体要求时，对按一、二、三级抗震等级设计的框架和斜撑构件（含梯段）中的纵向受力钢筋应采用 HRB335E、HRB400E、HRB500E、HRBF335E、HRBF400E 或 HRBF500E 钢筋，并应符合下列规定：

a. 钢筋的抗拉强度实测值与屈服强度实测值的比值应≥1.25；

b. 钢筋的屈服强度实测值与屈服强度标准值的比值应≤1.30；

c. 钢筋的最大力总伸长率应≥9%。

检验方法：检查进场复验报告。

③ 当发现钢筋脆断、焊接性能不良或力学性能显著不正常等现象时，应对该批钢筋进行化学成分检验或其他专项检验。

2）一般项目

钢筋应平直、无损伤，表面不得有裂纹、油污、颗粒状或片状老锈。

（3）钢筋加工

1）主控项目

受力钢筋的弯钩和弯折应符合下列规定：

① HPB300 级钢筋末端应做 180°弯钩，其弯弧内直径应≥钢筋直径的 2.5 倍，弯钩的弯后平直部分长度应≥钢筋直径的 3 倍；

② 当设计要求钢筋末端做 135°弯钩时，HRB335、HRB400 级钢筋的弯弧内直径应≥钢筋直径的 4 倍，弯钩的弯后平直部分长度应符合设计要求；

③ 钢筋做≤90°的弯折时，弯折处的弯弧内直径应≥钢筋直径的 5 倍。

除焊接封闭环式箍筋外，箍筋的末端应做弯钩，弯钩形式应符合设计要求；当设计无具体要求时，应符合下列规定：

① 箍筋弯钩的弯弧内直径除应满足上述①的规定外，尚应≥受力钢筋直径；

② 箍筋弯钩的弯折角度：对于一般结构应≥90°，对于有抗震等要求的结构应为 135°；

③ 箍筋弯后平直部分长度：对于一般结构宜≥箍筋直径的 5 倍，对于有抗震等要求的结构应≥箍筋直径的 10 倍。

2）一般项目

钢筋宜采用无延伸功能的机械设备进行调直，也可采用冷拉调直。当采用冷拉调直时，HPB300 光圆钢筋的冷拉率宜≤4%；HRB335、HRB400、HRB500、HRBF335、HRBF400、HRBF500 及 RRB400 带肋钢筋的冷拉率宜≤1%。

（4）钢筋连接

1）主控项目

① 纵向受力钢筋的连接方式应符合设计要求，其质量应符合有关规程的规定。

② 在施工现场，应按现行行业标准《钢筋机械连接技术规程》JGJ 107—2016、《钢筋焊接及验收规程》JGJ 18—2012 的规定抽取钢筋机械连接接头、焊接接头试件做力学性能检验，其质量应符合有关规程的规定。

2）一般项目

① 钢筋的接头宜设置在受力较小处。同一纵向受力钢筋不宜设置两个或两个以上接

头。接头末端至钢筋弯起点的距离应≥钢筋直径的 10 倍。

② 当受力钢筋采用机械连接接头或焊接接头时，设置在同一构件内的接头宜相互错开。

纵向受力钢筋机械连接接头及焊接接头连接区段的长度为 35d（d 为纵向受力钢筋的较大直径）且≥500mm，凡接头中点位于该连接区段长度内的接头均属于同一连接区段。同一连接区段内，纵向受力钢筋机械连接及焊接的接头面积百分率为该区段内有接头的纵向受力钢筋截面面积与全部纵向受力钢筋截面面积的比值。

同一连接区段内，纵向受力钢筋的接头面积百分率应符合设计要求；当设计无具体要求时，应符合下列规定：

a. 在受拉区宜≤50%；

b. 接头不宜设置在有抗震设防要求的框架梁端、柱端的箍筋加密区；当无法避开时，对于等强度高质量机械连接接头，应≤50%；

c. 直接承受动力荷载的结构构件中，不宜采用焊接接头；当采用机械连接接头时，应≤50%。

③ 同一构件中相邻纵向受力钢筋的绑扎搭接接头宜相互错开。绑扎搭接接头中钢筋的横向净距应≥钢筋直径，且应≥25mm。

钢筋绑扎搭接接头连接区段的长度为 $1.3L_1$（L_1 为搭接长度），凡搭接接头中点位于该连接区段长度内的搭接接头均属于同一连接区段。同一连接区段内，纵向受力钢筋搭接接头面积百分率为该区段内有搭接接头的纵向受力钢筋截面面积与全部纵向受力钢筋截面面积的比值。

同一连接区段内，纵向受力钢筋搭接接头面积百分率应符合设计要求；当设计无具体要求时，应符合下列规定：

a. 对于梁类、板类及墙类构件，宜≤25%；

b. 对于柱类构件，宜≤50%；

c. 当工程中确有必要增大接头面积百分率时，对于梁类构件，应≤50%；对于其他构件，可根据实际情况放宽。

三、混凝土的性能及应用

普通混凝土（以下简称混凝土）一般由水泥、砂、石和水组成。为改善混凝土的某些性能，还常加入适量的外加剂和掺合料。在混凝土中，砂、石起骨架作用，称为骨料；水泥与水形成水泥浆，包裹在骨料的表面并填充其空隙。在混凝土硬化前，水泥浆、外加剂与掺合料起润滑作用，赋予拌合物一定的流动性，便于施工操作。水泥浆硬化后，则将砂、石骨料胶结成一个结实的整体。砂、石一般不参与水泥与水的化学反应，其主要作用是节约水泥、承担荷载和限制硬化水泥的收缩。外加剂、掺合料除了起改善混凝土性能的作用外，还有节约水泥的作用。

1. 混凝土组成材料的技术要求

（1）水泥

配制普通混凝土的水泥，可采用六大常用水泥（见表 1-11），必要时也可采用快硬硅酸盐水泥或其他品种水泥。水泥品种的选用应根据混凝土工程特点、所处环境条件及设计施工的要求进行，常用水泥品种的选择可参照表 1-13。

水泥强度等级的选择，应与混凝土的设计强度等级相适应。一般以水泥强度等级为混凝土强度等级的 1.5～2.0 倍为宜，对于高强度等级混凝土可取 0.9～1.5 倍。用低强度等级水泥配制高强度等级混凝土时，会使水泥用量过大，不经济，而且还会影响混凝土的其他技术性质。用高强度等级水泥配制低强度等级混凝土时，会使水泥用量偏少，影响混凝土的和易性及密实度，导致该混凝土耐久性差，故必须这么做时应掺入一定数量的混合材料。

（2）细骨料

粒径在 4.75mm 以下的骨料称为细骨料，在普通混凝土中指的是砂。砂可分为天然砂和人工砂两类。天然砂包括河砂、湖砂、山砂和淡化海砂。人工砂是经除土处理的机制砂、混合砂的统称。因河砂干净，又符合有关标准的要求，所以在配制混凝土时最常用。混凝土用细骨料的技术要求有以下几方面：

1）颗粒级配及粗细程度

砂的颗粒级配是指砂中大小不同的颗粒相互搭配的比例情况，大小颗粒搭配得好时砂粒之间的空隙最少。砂的粗细程度是指不同粒径的砂粒混合在一起后总体的粗细程度，通常有粗砂、中砂与细砂之分。在相同质量条件下，细砂的总表面积较大，而粗砂的总表面积较小。在混凝土中，砂子的表面需要由水泥浆包裹，砂粒之间的空隙需要由水泥浆填充，为达到节约水泥和提高强度的目的，应尽量减少砂的总表面积和砂粒间的空隙，即选用级配良好的粗砂或中砂比较好。

砂的颗粒级配和粗细程度，常用筛分析的方法进行测定。根据 0.63mm 筛孔的累计筛余量，将砂分成Ⅰ、Ⅱ、Ⅲ三个级配区。用所处的级配区来表示砂的颗粒级配状况，用细度模数来表示砂的粗细程度。细度模数越大，表示砂越粗，按细度模数砂可分为粗、中、细三级。

在选择混凝土用砂时，砂的颗粒级配和粗细程度应同时考虑。配制混凝土时宜优先选用Ⅱ区砂。当采用Ⅰ区砂时，应提高砂率，并保持足够的水泥用量，以满足混凝土的和易性要求；当采用Ⅲ区砂时，宜适当降低砂率，以保证混凝土的强度。对于泵送混凝土，宜选用中砂，且砂中＜0.315mm 的颗粒应≥15％。

2）有害杂质和碱活性

混凝土用砂要求洁净、有害杂质少。砂中所含有的泥块、淤泥、云母、有机物、硫化物、硫酸盐等，都会对混凝土的性能有不利影响，属于有害杂质，需要控制其含量不超过有关规范的规定。重要工程混凝土所使用的砂，还应进行碱活性检验，以确定其适用性。

3）坚固性

砂的坚固性是指砂在气候、环境变化或其他物理因素作用下抵抗破裂的能力。砂的坚固性用硫酸钠溶液检验，试样经 5 次循环后其质量损失应符合有关标准的规定。

（3）粗骨料

粒径＞5mm 的骨料称为粗骨料。普通混凝土常用的粗骨料有碎石和卵石。由天然岩石或卵石经破碎、筛分而得到的粗骨料，称为碎石或碎卵石。岩石由于自然条件作用而形成的粗骨料，称为卵石。混凝土用粗骨料的技术要求有以下几方面：

1）颗粒级配及最大粒径

普通混凝土用碎石或卵石的颗粒级配情况有连续粒级和单粒级两种。其中，单粒级的骨料一般用于组合成具有要求级配的连续粒级，它也可与连续粒级的碎石或卵石混合使用，以改善其级配。如资源受限必须使用单粒级骨料时，则应采取措施避免混凝土发生离析。

粗骨料中公称粒级的上限称为最大粒径。当骨料粒径增大时，其比表面积减小，混凝土的水泥用量也减少，故在满足技术要求的前提下，粗骨料的最大粒径应尽量选大一些。在钢筋混凝土结构工程中，粗骨料的最大粒径≤结构截面最小尺寸的 1/4，同时≤钢筋间最小净距的 3/4。对于混凝土实心板，允许采用最大粒径达 1/3 板厚的骨料，但最大粒径应≤40mm。对于泵送混凝土，碎石的最大粒径应≤输送管径的 1/3，卵石的最大粒径应≤输送管径的 1/2.5。

2）强度和坚固性

碎石或卵石的强度可用岩石抗压强度和压碎指标两种方法表示。当混凝土强度等级为 C60 及以上时，应进行岩石抗压强度检验。用于制作粗骨料的岩石的抗压强度与混凝土强度等级之比应≥1.5。对于经常性的生产质量控制则可用压碎指标值来检验。

有抗冻要求的混凝土所用粗骨料，要求测定其坚固性。即用硫酸钠溶液检验，试样经 5 次循环后其质量损失应符合有关标准的规定。

3）有害杂质和针、片状颗粒

粗骨料中所含的泥块、淤泥、细屑、硫酸盐、硫化物和有机物等是有害物质，其含量应符合有关标准的规定。另外，粗骨料中严禁混入煅烧过的白云石或石灰石块。

重要工程混凝土所使用的碎石或卵石，还应进行碱活性检验，以确定其适用性。

粗骨料中针、片状颗粒含量过多，会使混凝土的和易性变差，强度降低，故粗骨料中的针、片状颗粒含量应符合有关标准的规定。

（4）水

混凝土拌合及养护用水的水质应符合《混凝土用水标准》JGJ 63—2006 的有关规定。对于设计使用年限为 100 年的结构混凝土，氯离子含量应≤500mg/L；对使用钢丝或经热处理钢筋的预应力混凝土，氯离子含量应≤350mg/L。地表水、地下水、再生水的放射性应符合现行国家标准《生活饮用水卫生标准》GB 5749—2006 的规定。

混凝土拌合用水的水质检验项目包括：pH 值、不溶物、可溶物、Cl^-、SO_4^{2-}、碱含量（采用碱活性骨料时检验）。被检验水样还应与饮用水水样进行水泥凝结时间和水泥胶砂强度对比试验。此外，混凝土拌合用水不应有漂浮明显的油脂和泡沫，不应有明显的颜色和异味；混凝土企业设备洗刷水不宜用于预应力混凝土、装饰混凝土、加气混凝土和暴露于腐蚀环境的混凝土，不得用于使用碱活性或潜在碱活性骨料的混凝土。未经处理的海水严禁用于钢筋混凝土和预应力混凝土。在无法获得水源的情况下，海水可用于素混凝土，但不宜用于装饰混凝土。

混凝土养护用水的水质检验项目包括 pH 值、Cl^-、SO_4^{2-}、碱含量（采用碱活性骨料时检验），可不检验不溶物和可溶物、水泥凝结时间和水泥胶砂强度。

2. 混凝土的技术性能

混凝土在未凝结硬化前，称为混凝土拌合物（或称为新拌混凝土）。它必须具有良好的和易性，便于施工，以保证能获得良好的浇筑质量。混凝土拌合物凝结硬化后，应具有足够的强度，以保证建筑物能安全地承受设计荷载，并应具有必要的耐久性。

（1）混凝土拌合物的和易性

和易性是指混凝土拌合物易于施工操作（搅拌、运输、浇筑、捣实）并能获得质量均匀、成型密实的性能，又称工作性。和易性是一项综合的技术性质，包括流动性、黏聚性和保水性三方面的含义。流动性是指混凝土拌合物在自重或机械振捣的作用下，能产生流动，并均匀密实地填满模板的性能；黏聚性是指在混凝土拌合物的组成材料之间有一定的黏聚力，在施工过程中不致发生分层和离析现象的性能；保水性是指混凝土拌合物具有一定的保水能力，在施工过程中不致产生严重的泌水现象的性能。

工地上常用坍落度试验来测定混凝土拌合物的坍落度或坍落扩展度作为流动性指标，坍落度或坍落扩展度越大表示流动性越大。对坍落度值＜10mm的干硬性混凝土拌合物，则用维勃稠度试验测定其稠度作为流动性指标，稠度值越大表示流动性越小。混凝土拌合物的黏聚性和保水性主要通过目测结合经验进行评定。

影响混凝土拌合物和易性的主要因素包括单位体积用水量、砂率、组成材料的性质、时间和温度等。单位体积用水量决定水泥浆的数量和稠度，它是影响混凝土拌合物和易性的最主要因素。砂率是指混凝土中砂的质量占砂、石总质量的百分率。组成材料的性质包括水泥的需水量和泌水性、骨料的特性、外加剂和掺合料的特性等。

（2）混凝土的强度

1）混凝土立方体抗压强度

按国家标准《普通混凝土力学性能试验方法标准》GB/T 50081—2002制作边长为150mm的立方体试件，在标准条件（温度（20±2）℃，相对湿度95％以上）下养护到28d龄期，测得的抗压强度值为混凝土立方体抗压强度，以f_{cu}表示，单位为N/mm^{2}或MPa。

2）混凝土立方体抗压标准强度与强度等级

混凝土立方体抗压标准强度（或称立方体抗压强度标准值）是指按标准方法制作和养护的边长为150mm的立方体试件，在28d龄期时，用标准试验方法测得的抗压强度总体分布中具有≥95％保证率的抗压强度值，以$f_{cu,k}$表示。

混凝土强度等级是按混凝土立方体抗压标准强度来划分的，采用符号C与立方体抗压强度标准值（单位为MPa）表示。普通混凝土划分为C15、C20、C25、C30、C35、C40、C45、C50、C55、C60、C65、C70、C75和C80共14个等级。C30即表示混凝土立方体抗压强度标准值30MPa≤$f_{cu,k}$＜35MPa。混凝土强度等级是混凝土结构设计、施工质量控制和工程验收的重要依据。

3）混凝土轴心抗压强度

混凝土轴心抗压强度的测定采用150mm×150mm×300mm棱柱体作为标准试件。试验表明，在立方体抗压强度f_{cu}＝10～55MPa范围内，轴心抗压强度f_c＝(0.70～0.80)f_{cu}。

结构设计中混凝土受压构件的计算采用混凝土轴心抗压强度，更加符合工程实际。

4）混凝土抗拉强度

混凝土抗拉强度只有抗压强度的1/20～1/10，且随着混凝土强度等级的提高，比值有所降低。在结构设计中抗拉强度是确定混凝土抗裂度的重要指标，有时也用它来间接衡量混凝土与钢筋的粘结强度等。我国采用立方体的劈裂抗拉试验来测定混凝土的劈裂抗拉强度f_{ts}，并可换算得到混凝土的轴心抗拉强度f_t。

5）影响混凝土强度的因素

影响混凝土强度的因素主要有原材料及生产工艺方面的因素。原材料方面的因素包括水泥强度与水灰比，骨料的种类、质量和数量，外加剂和掺合料；生产工艺方面的因素包括搅拌与振捣，养护的温度和湿度，龄期。

（3）混凝土的变形性能

混凝土的变形主要分为两大类：非荷载型变形和荷载型变形。非荷载型变形指物理化学因素引起的变形，包括化学收缩、碳化收缩、干湿变形、温度变形等。荷载作用下的变形又可分为在短期荷载作用下的变形和在长期荷载作用下的徐变。

（4）混凝土的耐久性

混凝土的耐久性是指混凝土抵抗环境介质作用并长期保持其良好的使用性能和外观完整性的能力。它是一个综合性概念，包括抗渗、抗冻、抗侵蚀、碳化、碱骨料反应及混凝土中的钢筋锈蚀等性能，这些性能均决定着混凝土经久耐用的程度，故称为耐久性。

1）抗渗性

混凝土的抗渗性直接影响到混凝土的抗冻性和抗侵蚀性。混凝土的抗渗性用抗渗等级表示，分为 P4、P6、P8、P10 和 P12 五个等级；混凝土的抗渗性主要与其密实度及内部孔隙的大小和构造有关。

2）抗冻性

混凝土的抗冻性用抗冻等级表示，分为 F10、F15、F25、F50、F100、F150、F200、F250 和 F300 九个等级。抗冻等级 F50 以上的混凝土简称抗冻混凝土。

3）抗侵蚀性

当混凝土所处环境中含有侵蚀性介质时，要求混凝土具有抗侵蚀能力。侵蚀性介质包括软水、硫酸盐、镁盐、碳酸盐、一般酸、强碱、海水等。

4）混凝土的碳化

混凝土的碳化是环境中的二氧化碳与水泥石中的氢氧化钙反应，生成碳酸钙和水。碳化使混凝土的碱度降低，削弱混凝土对钢筋的保护作用，可能导致钢筋锈蚀；碳化显著增加混凝土的收缩，使混凝土的抗压强度增大，但可能产生细微裂缝，从而使混凝土的抗拉、抗折强度降低。

5）碱骨料反应

碱骨料反应是指水泥中的碱性氧化物含量较高时，会与骨料中所含的活性二氧化硅发生化学反应，并在骨料表面生成碱-硅酸凝胶，吸水后会产生较大的体积膨胀，导致混凝土胀裂的现象。

3. 混凝土外加剂的功能、种类及应用

外加剂是在混凝土拌合前或拌合时掺入，掺量一般≤水泥质量的 5％（特殊情况除外），并能按要求改善混凝土性能的物质。各种混凝土外加剂的应用改善了新拌合硬化混凝土的性能，促进了混凝土新技术的发展，促进了工业副产品在胶凝材料系统中更多地应用，还有助于节约资源和保护环境，已经逐步成为优质混凝土必不可少的材料。

混凝土外加剂的质量应符合现行国家标准《混凝土外加剂》GB 8076—2008、《混凝土外加剂应用技术规范》GB 50119—2013、《混凝土外加剂中释放氨的限量》GB 18588—2001 的有关规定。各类具有室内使用功能的混凝土外加剂中释放的氨量必须≤0.10％（质量分数）。

根据《混凝土外加剂》GB 8076—2008，混凝土外加剂的技术要求包括受检混凝土性能指标和匀质性指标。受检混凝土性能指标具体包括减水率、泌水率比、含气量、凝结时间之差、1h经时变化量等推荐性指标和抗压强度比、收缩率比、相对耐久性（200次）等强制性指标。匀质性指标具体包括氯离子含量、总碱量、含固量、含水率、密度、细度、pH值和硫酸钠含量。

《混凝土膨胀剂》GB/T 23439—2017规定，混凝土膨胀剂的技术要求包括化学成分和物理性能。化学成分包括氧化镁和碱含量两项指标，氧化镁含量应≤5%，碱含量属于选择性指标；物理性能指标包括细度、凝结时间、限制膨胀率和抗压强度，其中限制膨胀率为强制性指标。

为改善混凝土性能、节约水泥、调节混凝土强度等级，在混凝土拌合时加入的天然的或人工的矿物材料，统称为混凝土掺合料。混凝土掺合料分为活性矿物掺合料和非活性矿物掺合料。非活性矿物掺合料基本不与水泥组分发生反应，如磨细石英砂、石灰石、硬矿渣等材料。活性矿物掺合料本身不硬化或硬化速度很慢，但能与水泥水化生成的 Ca(OH)$_2$发生反应，生成具有胶凝能力的水化产物，如粉煤灰、粒化高炉矿渣粉、硅灰、沸石粉等。

粉煤灰来源广泛，是当前用量最大、使用范围最广的混凝土掺合料。根据《用于水泥和混凝土中的粉煤灰》GB/T 1596—2017，拌制混凝土和砂浆用粉煤灰的技术要求包括细度、需水量比、烧失量、含水量、三氧化硫质量分数、游离氧化钙质量分数、安定性、密度、强度活性指数及二氧化硅、三氧化二铝和三氧化二铁总质量分数。按细度、需水量比和烧失量，拌制混凝土和砂浆用粉煤灰可分为Ⅰ、Ⅱ、Ⅲ三个等级，其中Ⅰ级品质最好。

重要混凝土工程及大体积混凝土工程常常掺入较多的矿物掺合料，这时应根据《普通混凝土配合比设计规程》JGJ 55—2011进行混凝土配合比设计。

（1）外加剂的功能

混凝土外加剂的主要功能包括：

1）改善混凝土或砂浆拌合物施工时的和易性；

2）提高混凝土或砂浆的强度及其他物理力学性能；

3）节约水泥或代替特种水泥；

4）加速混凝土或砂浆的早期强度发展；

5）调节混凝土或砂浆的凝结硬化速度；

6）调节混凝土或砂浆的含气量；

7）降低水泥初期水化热或延缓水化放热；

8）改善拌合物的泌水性；

9）提高混凝土或砂浆耐各种侵蚀性盐类的腐蚀性；

10）减弱碱-骨料反应；

11）改善混凝土或砂浆的毛细孔结构；

12）改善混凝土的泵送性能；

13）提高钢筋的抗锈蚀能力；

14）提高骨料与砂浆界面的粘结力，提高钢筋与混凝土的握裹力；

15）提高新老混凝土界面的粘结力等。

（2）外加剂的分类

混凝土外加剂包括高性能减水剂（早强型、标准型、缓凝型）、高效减水剂（标准型、缓凝型）、普通减水剂（早强型、标准型、缓凝型）、引气减水剂、泵送剂、早强剂、缓凝剂、引气剂、防冻剂、膨胀剂、防水剂及速凝剂等多种，可谓种类繁多、功能多样。我们可按其主要使用功能分为以下四类：

1）改善混凝土拌合物流动性能的外加剂。包括各种减水剂、引气剂和泵送剂等。

2）调节混凝土凝结时间、硬化性能的外加剂。包括缓凝剂、早强剂和速凝剂等。

3）改善混凝土耐久性的外加剂。包括引气剂、防水剂和阻锈剂等。

4）改善混凝土其他性能的外加剂。包括膨胀剂、防冻剂和着色剂等。

（3）外加剂的适用范围

目前建筑工程中应用较多和较成熟的外加剂有减水剂、早强剂、缓凝剂、引气剂、膨胀剂、防冻剂、泵送剂、防水剂等。

1）混凝土中掺入减水剂，若不减少拌合用水量，能显著提高拌合物的流动性；当减水而不减少水泥时，可提高混凝土的强度；若减水的同时适当减少水泥用量，则可节约水泥。同时，混凝土的耐久性也能得到显著改善。

2）早强剂可加速混凝土硬化和早期强度发展，缩短养护周期，加快施工进度，提高模板周转率。多用于冬期施工或紧急抢修工程。

3）缓凝剂主要用于高温季节混凝土、大体积混凝土、泵送与滑模方法施工以及远距离运输的商品混凝土等，不宜用于日最低气温5℃以下施工的混凝土，也不宜用于有早强要求的混凝土和蒸汽养护的混凝土。缓凝剂的水泥品种适应性十分明显，不同品种水泥的缓凝效果不相同，甚至会出现相反的效果。因此，使用前必须进行试验，检测其缓凝效果。

4）引气剂是在搅拌混凝土过程中能引入大量均匀分布、稳定而封闭的微小气泡的外加剂。引气剂可改善混凝土拌合物的和易性，减少泌水离析，并能提高混凝土的抗渗性和抗冻性。同时，含气量的增加，导致混凝土弹性模量降低，对提高混凝土的抗裂性有利。由于大量微气泡的存在，混凝土的抗压强度会有所降低。引气剂适用于抗冻、防渗、抗硫酸盐、泌水严重的混凝土等。

5）膨胀剂能使混凝土在硬化过程中产生微量体积膨胀。膨胀剂主要有硫铝酸钙类、氧化钙类、金属类等。膨胀剂适用于补偿收缩混凝土、填充用膨胀混凝土、灌浆用膨胀砂浆、自应力混凝土等。含硫铝酸钙类、硫铝酸钙-氧化钙类膨胀剂的混凝土（砂浆）不得用于长期环境温度在80℃以上的工程；含氧化钙类膨胀剂的混凝土（砂浆）不得用于海水或有侵蚀性水的工程。

6）防冻剂在规定的温度下能显著降低混凝土的冰点，使混凝土液相不冻结或仅部分冻结，从而保证水泥的水化作用，并在一定时间内获得预期强度。含亚硝酸盐、碳酸盐的防冻剂严禁用于预应力混凝土结构；含六价铬盐、亚硝酸盐等有害成分的防冻剂，严禁用于饮用水工程及与食品相接触的工程，严禁食用；含硝铵、尿素等产生刺激性气味的防冻剂，严禁用于办公、居住等建筑工程。

7）泵送剂是用于改善混凝土泵送性能的外加剂。它由减水剂、调凝剂、引气剂、润滑剂等多种组分复合而成。泵送剂适用于工业与民用建筑及其他构筑物的泵送施工的混凝土；特别适用于大体积混凝土、高层建筑和超高层建筑；适用于滑模施工的混凝土等；也适用于水下灌注桩混凝土。

（4）应用外加剂的主要注意事项

外加剂的使用效果受到多种因素的影响，因此，选用外加剂时应特别予以注意。

1）外加剂的品种应根据工程设计和施工要求选择。应使用工程原材料，通过试验及技术经济比较后确定。所选用的外加剂应有供货单位提供的下列技术文件：

① 产品说明书，并应标明产品主要成分；

② 出厂检验报告及合格证；

③ 掺外加剂混凝土性能检验报告。

2）几种外加剂复合使用时，应注意不同品种外加剂之间的相容性及对混凝土性能的影响。使用前应进行试验，满足要求后，方可使用。如：聚羧酸系高性能减水剂与萘系减水剂不宜复合使用。

3）严禁使用对人体产生危害及对环境产生污染的外加剂。用户应注意工厂提供的混凝土外加剂安全防护措施的有关资料，并遵照执行。

4）对于钢筋混凝土和有耐久性要求的混凝土，应按有关标准规定严格控制混凝土中氯离子含量和碱的数量。混凝土中氯离子含量和总碱量是指其各种原材料所含氯离子量和碱含量之和。

5）由于聚羧酸系高性能减水剂的掺加量对其性能影响较大，用户应注意精准计量。

4. 混凝土结构工程施工质量管理的有关规定

混凝土结构工程施工应有施工组织设计和施工技术方案，并经审查批准。

混凝土结构子分部工程可根据结构的施工方法分为两类，即现浇混凝土结构子分部工程和装配式混凝土结构子分部工程；根据结构的分类，还可分为钢筋混凝土结构子分部工程和预应力混凝土结构子分部工程等。

混凝土结构子分部工程可划分为模板、钢筋、预应力、混凝土、现浇结构和装配式结构等分项工程。

各分项工程可根据与施工方式相一致且便于控制施工质量的原则，按工作班、楼层、结构缝或施工段划分为若干检验批。

（1）原材料

主控项目：

1）水泥进场时应对其品种、级别、包装或散装仓号、出厂日期等进行检查，并应对其强度、安定性及其他必要的性能指标进行复验，其质量必须符合现行国家标准《通用硅酸盐水泥》GB 175—2007 等的规定。

当在使用中对水泥质量有怀疑或水泥出厂超过 3 个月（快硬硅酸盐水泥超过 1 个月）时，应进行复验，并按复验结果使用。

钢筋混凝土结构、预应力混凝土结构中，严禁使用含氯化物的水泥。

检查数量：按同一生产厂家、同一等级、同一品种、同一批号且连续进场的水泥，袋装不超过 200t 为一批，散装不超过 500t 为一批，每批抽样≥1 次。

检验方法：检查产品合格证、出厂检验报告和进场复验报告。

2）混凝土中掺加外加剂的质量及应用技术应符合现行国家标准《混凝土外加剂》GB 8076—2008、《混凝土外加剂应用技术规范》GB 50119—2013 等和有关环境保护的规定。

预应力混凝土结构中，严禁使用含氯化物的外加剂。钢筋混凝土结构中，当使用含氯化物的外加剂时，混凝土中氯化物的总含量应符合现行国家标准《混凝土质量控制标准》GB 50164—2011 的规定。

3）混凝土中氯化物和碱的总含量应符合现行国家标准《混凝土结构设计规范》GB 50010—2010（2015 年版）和设计的要求。

检验方法：检查原材料试验报告和氯化物、碱的总含量计算书。

（2）混凝土施工

1）主控项目

结构混凝土的强度等级必须符合设计要求。用于检查结构构件混凝土强度的试件，应在混凝土的浇筑地点随机抽取。取样与试件留置应符合下列规定：

① 每拌制 100 盘且不超过 $100m^3$ 的同一配合比的混凝土，取样≥1 次；

② 每工作班拌制的同一配合比的混凝土不足 100 盘时，取样≥1 次；

③ 当一次连续浇筑超过 $1000m^3$ 时，同一配合比的混凝土每 $200m^3$ 取样≥1 次；

④ 每一楼层、同一配合比的混凝土，取样≥1 次；

⑤ 每次取样应至少留置一组标准养护试件，同条件养护试件的留置组数应根据实际需要确定。

检验方法：检查施工记录及试件强度试验报告。

2）一般项目

施工缝的位置应在混凝土浇筑前按设计要求和施工技术方案确定。其处理应按施工技术方案进行。

后浇带的留置位置应按设计要求和施工技术方案确定。其混凝土浇筑应按施工技术方案进行。

混凝土浇筑完毕后，应按施工技术方案及时采取有效的养护措施，并应符合下列规定：

① 应在浇筑完毕后的 12h 以内对混凝土加以覆盖并保湿养护；

② 混凝土浇水养护的时间：采用硅酸盐水泥、普通硅酸盐水泥或矿渣硅酸盐水泥拌制的混凝土≥7d；掺加缓凝型外加剂或有抗渗要求的混凝土≥14d；

③ 浇水次数应能保持混凝土处于湿润状态；混凝土养护用水与拌制用水相同；

④ 采用塑料布覆盖养护的混凝土，其敞露的全部表面应覆盖严密，并应保持塑料布内有凝结水；

⑤ 混凝土强度达到 $1.2N/mm^2$ 前，不得在其上踩踏或安装模板及支架。

（3）现浇结构分项工程

1）现浇结构的外观质量不应有严重缺陷。

对已经出现的严重缺陷，应由施工单位提出技术处理方案，并经监理（建设）单位认可后进行处理。对经处理的部位，应重新检查验收。

检查数量：全数检查。

检验方法：观察，检查技术处理方案。

2）现浇结构不应有影响结构性能和使用功能的尺寸偏差。

对超过尺寸允许偏差且影响结构性能和安装、使用功能的部位，应由施工单位提出技术处理方案，并经监理（建设）单位认可后进行处理。对经处理的部位，应重新检查验收。

检查数量：全数检查。

检验方法：量测，检查技术处理方案。

（4）混凝土结构子分部工程

当混凝土结构施工质量不符合要求时，应按下列规定进行处理：

1）经返工、返修或更换构件、部件的检验批，应重新进行验收；

2）经有资质的检测机构检测鉴定达到设计要求的检验批，应予以验收；

3）经有资质的检测机构检测鉴定达不到设计要求，但经原设计单位核算并确认仍可满足结构安全和使用功能的检验批，可予以验收；

4）经返修或加固处理能够满足结构安全使用要求的分项工程，可根据技术处理方案和协商文件进行验收。

四、石材、陶瓷的特性及应用

1. 饰面石材

（1）天然花岗石

建筑装饰工程中所指的花岗石是指以花岗岩为代表的一类装饰石材，包括各类以石英、长石为主要组成矿物，并含有少量云母和暗色矿物的岩浆岩和花岗质的变质岩，如花岗岩、辉绿岩、辉长岩、玄武岩、橄榄岩等。从外观特征来看，花岗石常呈整体均粒状结构，称为花岗结构。

1）花岗石的特性

花岗石构造致密、强度高、密度大、吸水率极低、质地坚硬、耐磨，属酸性硬石材。花岗石的化学成分有 SiO_2、Al_2O_3、CaO、MgO、Fe_2O_3 等，其中 SiO_2 的含量常为 60％以上，为酸性石材，因此，其耐酸、抗风化、耐久性好，使用年限长。花岗石所含石英在高温下会发生晶变，体积膨胀而开裂，因此不耐火。

2）分类、等级及技术要求

① 分类：天然花岗石板材按形状可分为毛光板（MG）、普形板（PX）、圆弧板（HM）和异形板（YX）四类。按其表面加工程度可分为细面板（YG）、镜面板（JM）和粗面板（CM）三类。

② 等级：根据国家标准《天然花岗石建筑板材》GB/T 18601—2009，毛光板按厚度偏差、平面度公差及外观质量等，普形板按规格尺寸偏差、平面度公差、角度公差及外观质量等，圆弧板按规格尺寸偏差、直线度公差、线轮廓度公差及外观质量等，分为优等品（A）、一等品（B）、合格品（C）三个等级。

③ 技术要求：天然花岗石板材的技术要求包括规格尺寸允许偏差、平面度允许公差、角度允许公差、外观质量和物理性能。其中，物理性能的要求见表1-16。

天然花岗石板材的物理性能要求   表1-16

技术项目	技术指标	
	一般用途	功能用途
密度（g/cm³）≥	2.56	2.56
吸水率（％）≤	0.60	0.40

技术项目		技术指标	
		一般用途	功能用途
压缩强度（MPa）≥	干燥	100	131
	水饱和		
弯曲强度（MPa）≥	干燥	8.0	8.3
	水饱和		
耐磨性（1/cm³）≥		25	25

注：使用在地面、楼梯踏步、台面等严重踩踏或磨损部位的花岗石板材应检验耐磨性。

3）天然石材的放射性

① 放射性指标：用于室内超过 200m² 时，进场做放射性指标复验；

② 花岗石幕墙：进场做弯曲强度复验，≮8.0MPa；

③ 北方花岗石幕墙：进场做抗冻融性复验。

天然石材的放射性是引起普遍关注的问题。但经检验证明，绝大多数天然石材中所含放射物质极微，不会对人体造成任何危害。但部分花岗石产品放射性指标超标，会在长期使用过程中对环境造成污染，因此有必要给予控制。国家标准《建筑材料放射性核素限量》GB 6566—2010 中规定，根据装修材料（花岗石、建筑陶瓷、石膏制品等）中天然放射性核素（镭-226、钍-232、钾-40）的放射性比活度和外照射指数的限值将其分为 A、B、C 三类：A 类产品的产销与使用范围不受限制；B 类产品不可用于Ⅰ类民用建筑的内饰面，但可用于Ⅰ类民用建筑的外饰面及其他一切建筑物的内、外饰面；C 类产品只可用于一切建筑物的外饰面。

放射性水平超过此限值的花岗石和大理石产品，其中的镭、钍等放射元素衰变过程中将产生天然放射性气体氡。氡是一种无色、无味、感官不能觉察的气体，特别是易在通风不良的地方聚集，可导致肺、血液、呼吸道发生病变。目前国内使用的众多天然石材产品，大部分是符合 A 类产品要求的，但不排除有少量的 B、C 类产品。因此，装饰工程中应选用经放射性测试且发放了放射性产品合格证的产品。此外，在使用过程中，还应经常打开居室门窗，促进室内空气流通，使氡稀释，达到减少污染的目的。

4）应用

花岗石板材主要应用于大型公共建筑或装饰等级要求较高的室内外装饰工程。花岗石因不易风化，外观色泽可保持百年以上，所以，粗面和细面板材常用于室外地面、墙面、柱面、勒脚、基座、台阶；镜面板材主要用于室内外地面、墙面、柱面、台面、台阶等。

（2）天然大理石

建筑装饰工程中所指的大理石是广义的，除指大理岩外，还泛指具有装饰功能，可以磨平、抛光的各种碳酸盐岩和与其有关的变质岩，如石灰岩、白云岩、钙质砂岩等。大理石的主要成分为碳酸盐矿物。

1）大理石的特性

大理石质地较密实、抗压强度较高、吸水率低、质地较软，属碱性中硬石材。天然大理石易加工、开光性好，常被制成抛光板材，其色调丰富、材质细腻、极富装饰性。

大理石的化学成分有 CaO、MgO、SiO_2 等，其中 CaO 和 MgO 的总含量占 50％以上，故大理石属碱性石材。在大气中受硫化物及水汽形成的酸雨长期的作用，大理石容易发生腐蚀，造成表面强度降低、变色掉粉，失去光泽，影响其装饰性能。所以除少数大理石，如汉白玉、艾叶青等质纯、杂质少、比较稳定、耐久的品种可用于室外，绝大多数大理石品种只宜用于室内。

2）分类、等级及技术要求

① 分类：天然大理石板材按形状分为普形板（PX）和圆弧板（HM）。国际和国内板材的通用厚度为 20mm，亦称为厚板。随着石材加工工艺的不断改进，厚度较小的板材也开始应用于装饰工程，常见的有 10mm、8mm、7mm、5mm 等，亦称为薄板。

② 等级：根据《天然大理石建筑板材》GB/T 19766—2016，天然大理石板材按板材的规格尺寸偏差、平面度公差、角度公差及外观质量分为优等品（A）、一等品（B）、合格品（C）三个等级。

③ 技术要求：天然大理石板材的技术要求包括规格尺寸允许偏差、平面度允许公差、角度允许公差、外观质量和物理性能。其中物理性能的要求为：密度应 ≥2.30g/cm^3，吸水率≤0.50％，干燥压缩强度≥50.0MPa，弯曲强度≥7.0MPa，耐磨度≥10（1/cm^3），镜面板材的镜向光泽值应≥70 光泽单位。

3）应用

天然大理石板材是装饰工程的常用饰面材料。一般用于宾馆、展览馆、剧院、商场、图书馆、机场、车站、办公楼、住宅等工程的室内墙面、柱面、服务台、栏板、电梯间门口等部位。由于其耐磨性相对较差，虽然也可用于室内地面，但不宜用于人流较多场所的地面。大理石由于耐酸腐蚀能力较差，除个别品种外，一般只适用于室内。

（3）人造饰面石材

人造饰面石材是采用无机或有机胶凝材料作为胶粘剂，以天然砂、碎石、石粉或工业渣等为粗、细填充料，经成型、固化、表面处理而成的一种人造材料。它一般具有重量轻、强度大、厚度薄、色泽鲜艳、花色繁多、装饰性好、耐腐蚀、耐污染、便于施工、价格较低的特点。按照所用材料和制造工艺的不同，可把人造饰面石材分为水泥型人造石材、聚酯型人造石材、复合型人造石材、烧结型人造石材和微晶玻璃型人造石材几类。其中聚酯型人造石材和微晶玻璃型人造石材是目前应用较多的品种。

1）聚酯型人造石材

聚酯型人造石材是以不饱和聚酯为胶凝材料，配以天然大理石、花岗石、石英砂或氢氧化铝等无机粉状、粒状填料，经配料、搅拌、浇筑成型，在固化剂、催化剂作用下发生固化，再经脱模、抛光等工序制成的人造石材。

① 按成型方法可分为浇筑成型聚酯型人造石、压缩成型聚酯型人造石和大块荒料成型聚酯型人造石。

② 按花色质感可分为聚酯型人造大理石板、聚酯人造花岗石板、聚酯人造玉石板。聚酯型人造石材的特性是光泽度高、质地高雅、强度较高、耐水、耐污染、花色可设计性强。缺点是耐刻划性较差且填料级配若不合理，产品易出现翘曲变形。

聚酯型人造石材可用于室内外墙面、柱面、楼梯面板、服务台面等部位的装饰装修。

2）微晶玻璃型人造石材

微晶玻璃型人造石材又称微晶板、微晶石，系由矿物粉料高温融烧而成的，由玻璃相和结晶相构成的复相人造石材。

① 按外形分为普形板、异形板。

② 按表面加工程度分为镜面板、亚光面板。

此类人造石材具有大理石的柔和光泽、色差小、颜色多、装饰效果好、强度高、硬度高、吸水率极低、耐磨、抗冻、耐污、耐风化、耐酸碱、耐腐蚀、热稳定性好。

等级可分为优等品（A）和合格品（B）。

适用于室内外墙面、地面、柱面、台面等。

2. 建筑陶瓷

陶瓷通常是指以黏土为主要原料，经原料处理、成型、焙烧而成的无机非金属材料。陶瓷可分为陶和瓷两大部分。介于陶和瓷之间的一类产品，称为炻，也称为半瓷或石胎瓷。瓷、陶和炻通常又按其细密性、均匀性各分为精、粗两类。建筑陶瓷主要是指用于建筑内外饰面的干压陶瓷砖和陶瓷卫生洁具，其按材质主要属于陶和炻。

（1）干压陶瓷砖

根据《陶瓷砖》GB/T 4100—2015，陶瓷砖按吸水率分为瓷质砖（吸水率≤0.5%）、炻瓷砖（0.5%＜吸水率≤3%）、细炻砖（3%＜吸水率≤6%）、炻质砖（6%＜吸水率≤10%）、陶质砖（吸水率＞10%）。

按应用特性分为釉面内墙砖、陶瓷墙地砖、陶瓷锦砖。

1）釉面内墙砖

陶质砖可分为有釉陶质砖和无釉陶质砖两种。其中以有釉陶质砖即釉面内墙砖应用最为普遍，属于薄形陶质制品（吸水率＞10%，但≤21%）。釉面内墙砖采用瓷土或耐火黏土低温烧成，坯体呈白色或浅褐色，表面施透明釉、乳浊釉或各种色彩釉及装饰釉。

釉面内墙砖按形状可分为通用砖（正方形、矩形）和配件砖；按图案和施釉特点可分为白色釉面砖、彩色釉面砖、图案砖、色釉砖等。

釉面内墙砖强度高、表面光亮、防潮、易清洗、耐腐蚀、变形小、抗急冷急热，表面细腻、色彩和图案丰富，风格典雅，极富装饰性。

釉面内墙砖是多孔陶质坯体，在长期与空气接触的过程中，特别是在潮湿的环境中使用，坯体会吸收水分，产生吸湿膨胀现象，但其表面釉层的吸湿膨胀性很小，与坯体结合得又很牢固，所以，当坯体吸湿膨胀时会使釉面处于张拉应力状态，超过其抗拉强度时，釉面就会发生开裂。尤其是用于室外时，经长期冻融，会出现表面分层脱落、掉皮现象。所以，釉面内墙砖只能用于室内，不能用于室外。

釉面内墙砖的技术要求为尺寸偏差、平整度、表面质量、物理性能和抗化学腐蚀性。其中，物理性能的要求为：吸水率平均值＞10%（单个值≥9%。当平均值＞20%时，生产厂家应说明）；破坏强度和断裂模数、抗热震性、抗釉裂性应合格或检验后报告结果。

釉面内墙砖主要用于民用住宅、宾馆、医院、学校、实验室等要求耐污、耐腐蚀、耐清洗的场所或部位，如浴室、厕所、盥洗室等，既有明亮清洁之感，又可保护基体，延长使用年限。用于厨房的墙面装饰，不但清洗方便，还兼有防火功能。

2）陶瓷墙地砖

陶瓷墙地砖为陶瓷外墙面砖和室内外陶瓷铺地砖的统称。由于目前陶瓷生产原料和工艺的不断改进，这类砖在材质上可满足墙地两用，故统称为陶瓷墙地砖。

陶瓷墙地砖以陶土质黏土为原料，经压制成型再高温（1100℃左右）焙烧而成，坯体带色。根据表面施釉与否，分为彩色釉面陶瓷墙地砖、无釉陶瓷墙地砖和无釉陶瓷地砖，前两类属于炻质砖，第三类属于细炻类陶瓷砖。炻质砖的平面形状分为正方形和长方形两种，其中长宽比＞3的通常称为条砖。

陶瓷墙地砖具有强度高、致密坚实、耐磨、吸水率小（＜10%）、抗冻、耐污染、易清洗、耐腐蚀、耐急冷急热、经久耐用等特点。

炻质砖的技术要求为：尺寸偏差、边直度、直角度和表面平整度、表面质量、物理性能与化学性能。其中物理性能与化学性能的要求为：吸水率的平均值≤10%；破坏强度和断裂模数、耐热震性、抗釉裂性、抗冻性、地砖的摩擦系数、耐化学腐蚀性应合格或检验后报告结果。

无釉细炻砖的技术要求为：尺寸偏差、表面质量、物理性能与化学性能。其中物理性能中的吸水率平均值为 $3\% < E \leqslant 6\%$，单个值≤6.5%。

炻质砖广泛用于各类建筑物的外墙和柱的饰面和地面装饰，一般用于装饰等级要求较高的工程。用于不同部位的陶瓷墙地砖应考虑其特殊的要求，如用于铺地时应考虑彩色釉面陶瓷墙地砖的耐磨类别；用于寒冷地区的应选用吸水率尽可能小、抗冻性能好的陶瓷墙地砖。

无釉细炻砖适用于商场、宾馆、饭店、游乐场、会议厅、展览馆的室内外地面。各种防滑无釉细炻砖也广泛用于民用住宅的室外平台、浴厕等地面装饰。

陶瓷墙地砖的品种创新很快，劈离砖、麻面砖、渗花砖、玻化砖、大幅面幕墙瓷板等都是常见的陶瓷墙地砖的新品种。

（2）陶瓷卫生产品

根据《卫生陶瓷》GB 6952—2015，包含通用技术要求，便器技术要求，洗面器、净身器和洗涤槽技术要求，试验方法，检验规则，标志和标识，安装使用说明书，包装、运输和贮存。适用于在民用或公用各类建筑物内与各相应配件配套后安装于给排水管路上的各类卫生陶瓷产品的生产，销售、安装和使用。

1）常用的瓷质卫生陶瓷产品有以下几种：

a. 洁面器（挂式、立柱式、台式），目前民用住宅装饰多采用台式。

b. 大小便器，分为挂式（小便器）、蹲式、坐式。坐式按水箱连接分为分体式和连体式，按排泄方式分为冲落式与虹吸式。蹲式按排水口位置分为前出水和后出水等。

c. 浴缸，按材质分为铸铁搪瓷、钢板搪瓷、玻璃钢、亚克力和陶质陶瓷等。按形状有长方形、三角形和多边形。按洗浴方式分为坐浴、躺浴等。按水的流动特性可分为常态下的一般浴缸、冲浪浴缸、按摩浴缸等。

陶瓷卫生产品具有质地洁白、色泽柔和、釉面光亮、细腻、造型美观、性能良好等特点。

2）技术要求：

陶瓷卫生产品的技术要求分为一般要求、功能要求和便器配套性技术要求。

a. 陶瓷卫生产品的主要技术指标是吸水率，它直接影响到洁具的清洗性和耐污性。据材质分为瓷质卫生陶瓷（吸水率：$E \leqslant 0.5\%$）和炻陶制卫生陶瓷（吸水率：$0.5\% < E \leqslant 15.0\%$）。

b. 耐急冷急热要求必须达到标准要求。

c. 节水型和普通型卫生陶瓷的用水量（坐便器分别为≤5L 和 6.4L；蹲便器分别为≤

6L 和单冲式：≤8.0L，双冲式：≤6.4L；小便器分别为≤3L 和 4L）。

d. 卫生洁具要有光滑的表面，不宜沾污。便器与水箱配件应成套供应。

e. 水龙头合金材料中的铅等金属的含量符合《卫生陶瓷》GB 6952—2015 的要求。

f. 大便器安装要注意排污口安装距（下排式便器排污口中心至完成墙的距离；后排式便器排污口中心至完成地面的距离），小便器安装要注意安装高度。

g. 坐便器冲水噪声。按 8.10 规定测定坐便器冲洗噪声，冲洗噪声的累计百分数声级 L50 应不超过 55dB(A)，累计百分数声级 L10 应不超过 65dB(A)。

五、木材和木制品的特性及应用

1. 木材的基本知识

（1）树木的分类及性质

一般可将树木分为针叶树和阔叶树两大类。

针叶树树干通直，易得大材，强度较高、体积密度小、胀缩变形小，其木质较软，易于加工，常称为软木材，包括松树、杉树和柏树等，为建筑工程中主要应用的木材品种。

阔叶树大多为落叶树，树干通直部分较短，不易得大材，体积密度较大、胀缩变形大，易翘曲开裂，其木质较硬，加工较困难，常称为硬木材，包括榆树、桦树、水曲柳、檀树等众多树种。由于阔叶树大部分具有美丽的天然纹理，故特别适于室内装修或制造家具及胶合板、拼花地板等装饰材料。

（2）木材的含水率

1）含水率

木材的含水量用含水率表示，指木材所含水的质量占木材干燥质量的百分比。

木材吸水的能力很强，其含水量随所处环境的湿度变化而异，所含水分由自由水、吸附水、化合水三部分组成。

2）含水率指标

影响木材物理力学性质和应用的最主要的含水率指标是纤维饱和点和平衡含水率。

纤维饱和点是木材仅细胞壁中的吸附水达到饱和而细胞腔和细胞间隙中无自由水存在时的含水率。其值随树种而异，一般为 25%～35%，平均值为 30%。它是木材物理力学性质是否随含水率而发生变化的转折点。

平衡含水率是指木材在一定空气状态（温度、相对湿度）下最后达到的吸湿稳定含水率或解吸稳定含水率。平衡含水率因地域而异，如新疆大部分地区（北疆局部除外）和西藏、青海、甘肃、内蒙古四省（区）西部的平衡含水率为 9%～10%；以上四省（区）的东部平均约为 11%；四川和云南西部、陕西、山西、山东、河南、河北及东北三省一带的平衡含水率平均约为 13%；四川和云南东部、中南、华南及长江中、下游广大地区约为 15%；海南、雷州半岛、台湾及浙江沿海地区平衡含水率最高，约为 16%。平衡含水率是木材和木制品使用时避免变形或开裂而应控制的含水率指标。

（3）木材的湿胀干缩与变形

木材仅当细胞壁内吸附水的含量发生变化才会引起木材的变形，即湿胀干缩。

木材含水率＞纤维饱和点时，表示木材的含水率除吸附水达到饱和外，还有一定数量的自由水。此时，木材如受到干燥或受潮，只是自由水改变，故不会引起湿胀干缩。只有当含水率＜纤维饱和点时，表明水分都吸附在细胞壁的纤维上，它的增加或减少才能引起木材的湿胀干缩。即只有吸附水的改变才影响木材的变形，而纤维饱和点正是这一改变的转折点。

由于木材构造的不均匀性，木材的变形在各个方向上也不同；顺纹方向最小，径向较大，弦向最大。因此，湿材干燥后，其截面尺寸和形状会发生明显的变化。

湿胀干缩将影响木材的使用。干缩会使木材翘曲、开裂、接榫松动、拼缝不严。湿胀可造成表面鼓凸，所以木材在加工或使用前应预先进行干燥，使其接近于与环境湿度相适应的平衡含水率。

（4）木材的强度

木材按受力状态分为抗拉、抗压、抗弯和抗剪四种强度，而抗拉、抗压和抗剪强度又有顺纹和横纹之分。所谓顺纹是指作用力方向与纤维方向平行；横纹是指作用力方向与纤维方向垂直。木材的顺纹和横纹强度有很大差别。

木材各种强度之间的比例关系见表1-17。

木材各种强度之间的比例关系 表1-17

抗压强度		抗拉强度		抗弯强度	抗剪强度	
顺纹	横纹	顺纹	横纹		顺纹	横纹
1	1/10～1/3	2～3	3/2～1/3	3/2～2	1/7～1/3	1/2～1

注：以顺纹抗压强度为1。

2. 木制品的特性及应用

（1）实木地板

实木地板是用实木直接加工而成的地板。根据《实木地板第1部分：技术要求》GB/T 15036.1—2018，其包括气干密度≥0.32g/cm³ 的针叶树木材和气干密度≥0.50g/cm³ 的阔叶树木材制成的地板。

1）分类：按表面形态分为平面实木地板和非平面实木地板；按表面有无涂饰分为涂饰实木地板和未涂饰实木地板；按表面涂饰类型分为漆饰实木地板和油饰实木地板；按加工工艺分为普通实木地板和仿古实木地板。

2）特性：实木地板具有质感强、弹性好、脚感舒适、美观大方等特点。板材材质可以是松、杉等软木材，也可选用柞、榆等硬木材。实木地板长度一般≥250mm，宽度一般≥40mm，厚度≥8mm，接口可做成平接、榫接。

3）技术要求：实木地板的技术要求有等级、规格尺寸及其偏差、外观质量、理化性能。其中理化性能指标有：含水率（6.0%≤含水率≤我国各使用地区的木材平衡含水率。同批地板试件间平均含水率最大值与最小值之差不得超过3.0%，且同一板内含水率最大值与最小值之差不得超过2.5%）、漆膜表面耐污染、重金属含量（限色漆）。实木地板的活节、死节、蛀孔、加工波纹等外观要满足相应的质量要求，但非平面地板的活节、死节、蛀孔、表面裂纹、加工波纹不作要求。

平面实木地板按外观质量、理化性能分为优等品和合格品，非平面实木地板不分等级。

4）应用：实木地板适用于体育馆、练功房、舞台、住宅等地面装饰。

（2）人造木地板

1）实木复合地板

实木复合地板由三层实木交错层压形成，表层由优质硬木规格板条镶拼成，常用树种为水曲柳、桦木、山毛榉、柞木、枫木、樱桃木等，中间为软木板条，底层为旋切单板，排列呈纵横交错状。

① 特性：结构组成特点使其既有普通实木地板的优点，又有效地调整了木材之间的内应力，不易翘曲开裂；既适合普通地面铺设，又适合地热采暖地板铺设。面层木纹自然美观，可避免天然木材的疵病，安装简便。

② 分类：实木复合地板可分为三层复合实木地板、多层复合实木地板、细木工板复合实木地板。

按质量等级可分为优等品、一等品、合格品。

③ 应用：适用于家庭居室、客厅、办公室、宾馆等中高档地面铺设。

2）浸渍纸层压木质地板

浸渍纸层压木质地板是以一层或多层专用纸浸渍热固性氨基树脂，铺装在刨花板、中密度纤维板、高密度纤维板等人造板表面，背面加平衡层，正面加耐磨层，经热压而成的地板。亦称强化木地板。

① 特性：规格尺寸大、花色品种较多、铺设整体效果好、色泽均匀、视觉效果好；表面耐磨性高，有较高的阻燃性能，耐污染腐蚀能力强，抗压、抗冲击性能好。便于清洁、护理，尺寸稳定性好、不易起拱。铺设方便，可直接铺装在防潮衬垫上。价格较便宜，但密度较大、脚感较生硬、可修复性差。

② 分类：按材质分为高密度板、中密度板、刨花板为基材的强化木地板。

按用途分为公共场所用（耐磨转数≥9000转）、家庭用（耐磨转数≥6000转）。

按质量等级分为优等品、一等品、合格品。

③ 应用：适用于办公室、写字楼、商场、健身房、车间等的地面铺设。

3）软木地板

① 特性：绝热、隔振、防滑、防潮、阻燃、耐水、不霉变、不易翘曲和开裂、脚感舒适有弹性。原料为栓树皮，可再生，属于绿色建材。

② 分类：第一类是以软木颗粒热压切割的软木层表面涂以清漆或光敏清漆耐磨层而制成的地板。

第二类是贴面的软木地板。

第三类是天然薄木片和软木复合的软木地板。

③ 应用：第一类软木地板适用于家庭居室，第二、三类软木地板适用于商店、走廊、图书馆等人流大的地面铺设。

4）竹地板

① 特性：华丽高雅、足感舒适，物理力学性能与实木复合地板相似，湿胀干缩及稳定性优于实木地板。竹的成材周期短，以竹代木可节约木材资源。

② 分类：按结构分为多层胶合竹地板、单层侧拼竹地板、竹木复合地板。

按外形分为条形、方形、菱形及六边形竹地板。

按颜色分为本色竹地板、漂白竹地板、深色竹地板。

③ 应用：用于室内地面装饰。

5）人造木地板按甲醛释放量分类

人造木地板按甲醛释放量分为 A 类（甲醛释放量≤9mg/100g）、B 类（甲醛释放量>

9～40mg/100g），采用穿孔法测试。

按环保控制标准，Ⅰ类民用建筑的室内装修必须采用 E_1 类人造木地板。E_1 类人造木地板的甲醛释放量≤0.12mg/m³，采用气候箱法测试。

（3）人造木板

1）胶合板

胶合板亦称层压板。是由蒸煮软化的原木旋切成大张薄片，然后将各张薄片按木纤维方向相互垂直放置，用耐水性好的合成树脂胶粘结，再经加压、干燥、锯边、表面修整而成的板材。其层数成奇数，一般为3～13层，分别称为三合板、五合板等。用来制作胶合板的树种有椴木、桦木、水曲柳、榉木、色木、柳桉木等。

① 特性：生产胶合板是合理利用、充分节约木材的有效方法。胶合板变形小、收缩率小，没有木结、裂纹等缺陷，而且表面平整，有美丽花纹，极富装饰性。

② 分类：按原木种类，分为阔叶树胶合板和针叶树胶合板。按用途，分为普通胶合板和饰面胶合板。普通胶合板按成品板上可见的材质缺陷和加工缺陷的数量和范围，分为优等品、一等品、合格品。按使用环境条件，分为Ⅰ、Ⅱ、Ⅲ类胶合板，Ⅰ类胶合板即耐气候胶合板，供室外条件下使用，能通过煮沸试验；Ⅱ类胶合板即耐水胶合板，供潮湿条件下使用，能通过（63±3)℃热水浸渍试验；Ⅲ类胶合板即不耐潮胶合板，供干燥条件下使用，能通过干燥试验。

室内用胶合板的甲醛释放限量应符合表 1-18 的规定。

室内用胶合板的甲醛释放限量 表 1-18

级别标志	限量值（mg/L）	备注
E_0	≤0.5	可直接用于室内
E_1	≤1.5	可直接用于室内
E_2	≤5.0	必须经饰面处理后才可用于室内

③ 应用：胶合板常用作隔墙、顶棚、门面板、墙裙等。

2）纤维板

纤维板是将树皮、刨花、树枝等废料经破碎、浸泡、研磨成木浆，再经加压成型、干燥处理而制成的板材。因成型时温度和压力不同，可分为硬质、中密度、软质三种。纤维板构造均匀，完全克服了木材的各种缺陷，不易变形、翘曲和开裂，各向同性，硬质纤维板可代替木材用于室内墙面、顶棚等。软质纤维板可用作保温、吸声材料。

中密度纤维板是在装饰工程中广泛应用的纤维板品种，是以木质纤维或其他植物纤维为原料，经纤维制备，施加合成树脂，在加热加压条件下压制成厚度≥1.5mm、名义密度范围在 0.65～0.80g/cm³ 之间的板材。中密度纤维板按《中密度纤维板》GB/T 11718—2009 分为普通型、家具型和承重型。普通型是指通常不在承重场合使用以及非家具用的中密度纤维板，如展览会用的临时展板、隔墙板等。家具型是指作为家具或装饰装修用，通常需要进行表面二次加工处理的中密度纤维板，如家具制造、橱柜制作、装饰装修、细木工制品等。承重型是指通常用于小型结构部件，或承重状态下使用的中密度纤维板，如室内地面铺设、棚架、室内普通建筑部件等。

3）刨花板

刨花板是利用施加或未施加胶料的木刨花或木质纤维料压制的板材。刨花板密度小，材质均匀，但易吸湿，强度不高，可用于保温、吸声或室内装饰等。

4）细木工板

细木工板是利用木材加工过程中产生的边角废料，经整形、刨光施胶、拼接、贴面而制成的一种人造板材。板芯一般采用充分干燥的短小木条，板面采用单层薄木板或胶合板。细木工板不仅是一种综合利用木材的有效措施，而且这样制得的板材构造均匀、尺寸稳定、幅面较大、厚度较大。除可用作表面装饰外，也可直接兼作构造材料。

细木工板按照板芯结构分为实心细木工板与空心细木工板。实心细木工板用于面积大、承载力相对较大的装饰装修，空心细木工板用于面积大而承载力小的装饰装修。按胶粘剂的性能分为室外用细木工板与室内用细木工板。按面板的材质及加工工艺质量不同，分为优等品、一等品与合格品三个等级。

六、建筑金属材料的特性及应用

（1）铝质花纹板

花纹板是采用防锈铝、纯铝或硬铝，用表面具有特制花纹的轧辊轧制而成，花纹美观大方，纹高适中（>0.5~0.8mm），不易磨损，防滑性能好，防腐能力强，易于清洗。通过表面着色，可获得不同美丽色彩。花纹板板面平整、裁剪尺寸准确、便于安装，广泛用于车辆、船舶、飞机等内墙装饰和楼梯、踏板等防滑部位。

铝质浅花纹板是我国特有的一种优良的金属装饰板材。其花纹精巧别致（花纹高度0.05~0.12mm）、色泽美观大方。板面呈立体花纹，所以比普通平面铝板刚度大，经轧制后，硬度有所提高，因此，抗划伤、抗擦伤能力强，且抗污染、易清洗。浅花纹板对日光有高达75%~90%的反射率，热反射率也可达85%~95%，所以具有良好的金属光泽和热反射性能。浅花纹板耐氨、硫和各种酸的侵蚀，抗大气腐蚀能力强。浅花纹板可用于室内和车厢、飞机、电梯等内饰面。

（2）铝质波纹板和压型板

波纹板和压型板都是采用纯铝或铝合金平板经机械加工而成的异形断面板材。

1）特性

刚度大、质量轻、外形美观、色彩丰富、耐腐蚀、利于排水、安装容易、施工进度快。具有银白色表面的波纹板或压型板对于阳光有很强的反射能力，利于室内隔热保温。这两种板材十分耐用，在大气中可使用20年以上。

2）应用

广泛应用于厂房、车间等建筑物的屋面和墙体饰面。

（3）铝及铝合金穿孔吸声板

1）特性

吸声、降噪、质量轻、强度高、防火、防潮、耐腐蚀、化学稳定性好、造型美观、色泽优雅、立体感强、组装简便、维修容易。

2）应用

广泛应用于宾馆、饭店、观演建筑、播音室和中高级民用建筑及各类厂房、机房、人防地下室的吊顶、墙面作为降噪、改善音质的措施。

（4）蜂窝芯铝合金复合板

蜂窝芯铝合金复合板的整体结构和涂层结构分为三层：外表层为 0.2～0.7mm 的铝合金薄板，中心层为用铝箔、玻璃布或纤维纸制成的蜂窝结构，铝板表面喷涂以聚合物着色保护氟涂料——聚偏二氟乙烯，在复合板的外表面覆以可剥离的塑料保护膜，以保护板材表面在加工和安装过程中不致受损。

1）特性

尺寸精度高；外观平整度好，经久不变，可有效地消除凹陷和折皱；强度高、质量轻；隔声、防震、保温隔热；色泽鲜艳、持久不变；易于成型，用途广泛；可充分满足设计的要求制成各种弧形、圆弧拐角和棱边拐角，使建筑物更加精美；安装施工完全为装配式干作业。

2）应用

蜂窝芯铝合金复合板作为高级饰面材料，可用于各种建筑的幕墙系统，也可用于室内墙面、屋顶、顶棚、包柱等工程部位。

（5）铝合金龙骨

1）特性

自重轻、防火、抗震、外观光亮挺括、色调美观、加工和安装方便。

2）应用

适用于医院、学校、写字楼、厂房、商场等吊顶工程，常与小幅面石膏装饰板或岩棉（矿棉）吸声板配合使用。

（6）铝塑门窗

铝塑门窗是铝合金门窗的升级产品，它采用高分子涂料喷涂和隔热条封隔技术，大大提高了传统铝合金门窗的装饰性和隔热保温等技术性能，将成为新型的门窗材料。

七、建筑防水材料的特性及应用

建筑防水主要指建筑物防水，一般分为构造防水和材料防水。构造防水是依靠材料（混凝土）的自身密实性及某些构造措施来达到建筑物防水的目的；材料防水是依靠不同的防水材料，经过施工形成整体的防水层，附着在建筑物的迎水面或背水面而达到建筑物防水的目的。材料防水依据不同的材料又分为刚性防水和柔性防水。刚性防水主要采用的是砂浆、混凝土或掺有外加剂的砂浆或混凝土类的刚性防水材料，不属于化学建材范畴；柔性防水采用的是柔性防水材料，主要包括各种防水卷材、防水涂料、密封材料和堵漏灌浆材料等。柔性防水材料是建筑防水材料的主要产品，是化学建材产品的重要组成部分，在建筑防水工程应用中占主导地位，是维护建筑物防水功能所采用的重要材料。这里主要讨论化学建材类的建筑防水材料。

1. 防水卷材

（1）防水卷材的分类

防水卷材在我国建筑防水材料的应用中处于主导地位，广泛用于屋面、地下和特殊构筑物的防水，是一种面广量大的防水材料。防水卷材主要包括沥青防水卷材、高聚物改性沥青防水卷材和高聚物防水卷材三大系列。其中，沥青防水卷材是传统的防水材料，成本较低，但拉伸强度和延伸率低，温度稳定性较差，高温易流淌，低温易脆裂；耐老化性较差，使用年限较短，属于低档防水卷材。高聚物改性沥青防水卷材和高聚物防水卷材是新型防水材料，各项性能较沥青防水卷材优异，能显著提高防水功能，延长使用寿命，工程应用非常广泛。高聚物改性沥青防水卷材按照改性材料的不同分为：弹性体改性沥青防水卷材、塑性体改性沥青防水卷材和其他改性沥青防水卷材；高聚物防水卷材按照基本原料种类的不同分为：橡胶类防水卷材、树脂类防水卷材和橡塑共混防水卷材。

1）高聚物改性沥青防水卷材

高聚物改性沥青防水卷材是指以聚酯毡、玻纤毡、纺织物材料中的一种或两种复合为胎基，浸涂高分子聚合物改性石油沥青后，再覆以隔离材料或饰面材料而制成的长条片状可卷曲的防水材料。

高聚物改性沥青防水卷材是新型建筑防水材料的重要组成部分。利用高聚物改性后的石油沥青作涂盖材料，改善了沥青的感温性，有了良好的耐高低温性能，提高了憎水性、粘结性、延伸性、韧性、耐老化性和耐腐蚀性，具有优异的防水功能。高聚物改性沥青防水卷材作为建筑防水材料的主导产品已被广泛应用于建筑各领域。

高聚物改性沥青防水卷材主要有弹性体（SBS）改性沥青防水卷材、塑性体（APP）改性沥青防水卷材、沥青复合胎柔性防水卷材、自粘橡胶改性沥青防水卷材、改性沥青聚乙烯胎防水卷材以及道桥用改性沥青防水卷材等。其中，SBS改性沥青防水卷材适用于工业与民用建筑的屋面及地下防水工程，尤其适用于较低气温环境的建筑防水。APP改性沥青防水卷材适用于工业与民用建筑的屋面及地下防水工程，以及道路、桥梁等工程的防水，尤其适用于较高气温环境的建筑防水。

2）高聚物防水卷材

高聚物防水卷材亦称高分子防水卷材，是以合成橡胶、合成树脂或者两者共混体系为基料，加入适量的各种助剂、填充料等，经过混炼、塑炼、压延或挤出成型、硫化、定型等加工工艺制成的片状可卷曲的防水材料。

高聚物防水卷材品种较多，一般基于原料组成及性能分为橡胶类、树脂类和橡塑共混类。常见的三元乙丙、聚氯乙烯、氯化聚乙烯、氯化聚乙烯-橡胶共混及三元丁橡胶防水卷材都属于高聚物防水卷材。

（2）防水卷材的主要性能

防水卷材的主要性能包括：

1）防水性：常用不透水性、抗渗透性等指标表示。

2）机械力学性能：常用拉力、拉伸强度和断裂伸长率等指标表示。

3）温度稳定性：常用耐热度、耐热性、脆性温度等指标表示。

4）大气稳定性：常用耐老化性、老化后性能保持率等指标表示。

5）柔韧性：常用柔度、低温弯折性、柔性等指标表示。

2. 防水涂料

防水涂料是指常温下为液体，涂覆后经干燥或固化形成连续的能达到防水目的的弹性涂膜的柔性材料。

防水涂料按照使用部位可分为：屋面防水涂料、地下防水涂料和道桥防水涂料。也可按照成型类别分为：挥发型、反应型和反应挥发型。一般按照主要成膜物质种类进行分类，可分为：丙烯酸类、聚氨酯类、有机硅类、高聚物改性沥青类和其他防水涂料。

防水涂料特别适合于各种复杂、不规则部位的防水，能形成无接缝的完整防水膜。涂布的防水涂料既是防水层的主体，又是胶粘剂，因而施工质量容易保证，维修也较简单。防水涂料广泛用于屋面防水工程、地下室防水工程和地面防潮、防渗等。

3. 密封材料

密封材料是指能适应接缝位移达到气密性、水密性目的而嵌入建筑接缝中的定型和非定形的材料。

密封材料分为定型密封材料和非定型密封材料两大类。定型密封材料是具有一定形状和尺寸的密封材料，包括各种止水带、止水条、密封条等；非定型密封材料是指密封膏、密封胶、密封剂等黏稠状的密封材料。

密封材料按照应用部位可分为：玻璃幕墙密封胶、结构密封胶、中空玻璃密封胶、窗用密封胶、石材接缝密封胶。一般按照主要成分进行分类，可分为：丙烯酸类、硅酮类、改性硅酮类、聚硫类、聚氨酯类、改性沥青类、丁基类等。

4. 堵漏灌浆材料

堵漏灌浆材料是由一种或多种材料组成的浆液，用压送设备灌入缝隙或孔洞中，经扩散、胶凝或固化后能达到防渗堵漏目的的材料。

堵漏灌浆材料主要分为颗粒性灌浆材料（水泥）和无颗粒化学灌浆材料。颗粒性灌浆材料是无机材料，不属于化学建材。堵漏灌浆材料按主要成分不同可分为：丙烯酸胺类、甲基丙烯酸酯类、环氧树脂类和聚氨酯类等。

八、建筑防火材料的特性及应用

1. 物体的阻燃和防火

燃烧是一种同时伴有放热和发光效应的剧烈的氧化反应。放热、发光、生成新物质是燃烧现象的三个特征。可燃物、助燃物和火源通常被称为燃烧三要素。这三个要素必须同时存在并且互相接触，燃烧才可能进行。也就是说，要使燃烧不能进行，只要将燃烧三要素中的任何一个要素隔绝开来即可。例如，用难燃或不燃的涂料将可燃物表面封闭起来，避免基材与空气接触，可使可燃物表面变成难燃或不燃的表面。

根据燃烧理论可知，只要对燃烧三要素中的任何一个要素加以抑制，就可达到阻止燃烧进一步进行的目的。材料的阻燃和防火即是这一理论的具体实施。

物体的阻燃是指可燃物体通过特殊方法处理后，物体本身具有防止、减缓或终止燃烧的性能。物体的防火则是采用某种方法，使可燃物体在受到火焰侵袭时不会快速升温而遭到破坏。可见，阻燃的对象是物体本身，如塑料的阻燃是使塑料本身由易燃转变为难燃；而防火的对象是其他被保护物体，如通过在钢材表面涂覆一层难燃涂层实现了钢材的防火，涂层本身最终还是会烧毁。由此可见，阻燃和防火并不是一回事。但阻燃和防火的目的都是使燃烧终止，这就使它们有了一定的共性。阻燃通常是通过在物体中加入阻燃剂来实现的，防火则通常是采用在被保护物体表面涂覆难燃物质（如防火涂料）来实现的，而难燃物质中通常也加入阻燃剂或防火助剂。从这一角度来看，阻燃和防火的原迹是类似的。

2. 阻燃剂

目前已工业化的阻燃剂有多种类型，主要是针对高分子材料的阻燃设计的。

按使用方法阻燃剂可分为添加型阻燃剂和反应型阻燃剂两类。添加型阻燃剂又可分为有机阻燃剂和无机阻燃剂。添加型阻燃剂是通过机械混合方法加入到聚合物中，使聚合物具有阻燃性的；反应型阻燃剂则是作为一种单体参加聚合反应，因此使聚合物本身含有阻燃成分的，其优点是对聚合物材料使用性能影响较小，阻燃性持久。

按所含元素阻燃剂可分为磷系、卤素系（溴系、氯系）、氮系和无机系等几类。

3. 防火涂料

防火涂料是指涂覆于物体表面上，能降低物体表面的可燃性，阻隔热量向物体的传播，从而防止物体快速升温，阻滞火势的蔓延，提高物体耐火极限的物质。

防火涂料主要由基料和防火助剂两部分组成。除了应具有普通涂料的装饰作用和对基材提供的物理保护作用外，还需要具有隔热、阻燃和耐火的功能，要求它们在一定的温度下和一定的时间内形成防火隔热层。因此，防火涂料是一种集装饰和防火功能为一体的特种涂料。

防火涂料的类型可用不同的方法来定义：

（1）按所用基料的性质分类

根据防火涂料所用基料的性质，可分为有机型防火涂料、无机型防火涂料和有机无机复合型防火涂料三类。有机型防火涂料是以天然的或合成的高分子树脂、高分子乳液为基料；无机型防火涂料是以无机胶粘剂为基料；有机无机复合型防火涂料的基料则是由高分子树脂和无机胶粘剂复合而成的。

（2）按所用的分散介质分类

根据防火涂料所用的分散介质，可分为溶剂型防火涂料和水性防火涂料。溶剂型防火涂料的分散介质和稀释剂采用有机溶剂，存在易燃、易爆、污染环境等缺点，其应用日益受到限制。水性防火涂料以水为分散介质，其基料为水溶性高分子树脂和聚合物乳液等，生产和使用过程中安全、无毒、不污染环境，因此是今后防火涂料发展的方向。其中乳液型防火涂料更为世人所关注。但从目前的技术水平来看，水性防火涂料的总体质量不如溶剂型防火涂料好，因此在国内的使用目前尚不如溶剂型防火涂料广泛。

（3）按涂层的燃烧特性和受热后状态变化分类

按涂层的燃烧特性和受热后状态变化，可将防火涂料分为非膨胀型防火涂料和膨胀型防火涂料两类。

非膨胀型防火涂料又称隔热涂料。这类涂料在遇火时涂层基本上不发生体积变化，而是形成一层釉状保护层，起到隔绝氧气的作用，从而避免、延缓或中止燃烧反应。这类涂料所生成的釉状保护层热导率往往较大，隔热效果差。因此为了取得较好的防火效果，涂层厚度一般较大。即使如此，与膨胀型防火涂料相比，非膨胀型防火涂料的防火隔热作用也很有限。

膨胀型防火涂料在遇火时涂层迅速膨胀发泡，形成泡沫层。泡沫层不仅隔绝了氧气，而且因为其质地疏松而具有良好的隔热性能，可有效延缓热量向被保护基材传递的速率。同时涂层膨胀发泡过程中因为体积膨胀等各种物理变化和脱水、碳化等各种化学反应也消耗大量的热量，因此有利于降低体系的温度，故其防火隔热效果显著。

（4）按使用目标分类

按防火涂料的使用目标可将其分为饰面性防火涂料、钢结构防火涂料、电缆防火涂料、预应力混凝土楼板防火涂料、隧道防火涂料、船用防火涂料等多种类型。其中钢结构防火涂料根据其使用场合可分为室内用和室外用两类，根据其涂层厚度和耐火极限又可分为厚质型、薄型和超薄型三类。

厚质型防火涂料一般为非膨胀型的，厚度为 7～45mm，耐火极限根据涂层厚度有较大差别；薄型和超薄型防火涂料通常为膨胀型的，前者的厚度为 3～7mm，后者的厚度为 <3mm。薄型和超薄型防火涂料的耐火极限一般与涂层厚度无关，而与膨胀后的发泡层厚度有关。

4. 水性防火阻燃液

水性防火阻燃液又称水性防火剂、水性阻燃剂，2011 年公安部颁布的公共安全行业标准《水基型阻燃处理剂》GA 159—2011 中则将其正式命名为水基型阻燃处理剂。根据该标准的定义，水性防火阻燃液（水基型阻燃处理剂）是指以水为分散介质，采用喷涂或浸渍等方式使木材、织物获得一定燃烧性能的阻燃处理剂。

根据水性防火阻燃液的使用对象，可分为木材阻燃处理用的水性防火阻燃液、织物阻燃处理用的水性防火阻燃液及纸和纸板阻燃处理用的水性防火阻燃液三类。木材阻燃处理用的水性防火阻燃液可处理各种木材、纤维板、刨花板、竹制品等，经处理后使这些木竹制品由易燃性材料成为难燃性材料；织物阻燃处理用的水性防火阻燃液可处理各种纯棉织物、化纤织物、混纺织物及丝绸麻织物等，使之成为难燃性材料；纸和纸板阻燃处理用的水性防火阻燃液则可处理各种纸张、纸板、墙纸、纸面装饰顶棚、纸箱等易燃材料，可明显改变它们的燃烧性能，使其成为阻燃材料。经水性防火阻燃液处理后的材料一般具有难燃、离火自熄的特点。此外，用防火阻燃液处理材料后，不影响原有材料的外貌、色泽和手感，对木材、织物和纸板还兼具有防蛀、防腐的作用。

5. 防火堵料

防火堵料是专门用于封堵建筑物中各种贯穿物，如电缆、风管、油管、气管等穿过墙壁、楼板等形成的各种开孔以及电缆桥架等，具有防火隔热功能且便于更换的材料。

根据防火堵料的组成、形状与性能特点可将其分为三类：以有机高分子材料为胶粘剂的有机防火堵料；以快干水泥为胶凝材料的无机防火堵料；将阻燃材料用织物包裹形成的防火包。这三类防火堵料各有特点，在建筑物的防火封堵中均有应用。

有机防火堵料又称可塑性防火堵料，它是以合成树脂为胶粘剂，并配以防火助剂、填料制成的。此类防火堵料在使用过程中长期不硬化，可塑性好，容易封堵各种不规则形状的孔洞，能够重复使用。遇火时发泡膨胀，因此具有优异的防火、水密、气密性能。施工操作和更换较为方便，因此尤其适合需经常更换或增减电缆、管道的场合。

无机防火堵料又称速固型防火堵料，是以快干水泥为基料，添加防火剂、耐火材料等经研磨、混合而成的防火堵料，使用时加水拌合即可。无机防火堵料具有无毒无味、固化快速，耐火极限与力学强度较高，能承受一定重量，又有一定可拆性的特点。有较好的防火和水密、气密性能。主要用于封堵后基本不变的场合。

防火包又称耐火包或阻火包，是采用特选的纤维织物做包袋，装填膨胀性的防火隔热材料制成的枕状物体，因此又称防火枕。使用时通过垒砌、填塞等方法封堵孔洞。适用于较大孔洞的防火封堵或电缆桥架防火分隔，施工操作和更换较为方便，因此尤其适合需经常更换或增减电缆、管道的场合。

6. 防火玻璃

目前，国内外生产的建筑用防火玻璃品种很多，归纳起来主要可分为两大类，即非隔热型防火玻璃和隔热型防火玻璃。非隔热型防火玻璃又称耐火玻璃。这类防火玻璃均为单片结构，其又可分为夹丝玻璃、耐热玻璃和微晶玻璃三类。

隔热型防火玻璃为夹层或多层结构，因此也称为复合型防火玻璃。这类防火玻璃也有两种产品形式，即多层粘合型和灌浆型。

（1）多层粘合型防火玻璃是将多层普通平板玻璃用无机胶凝材料粘结复合在一起，在一定条件下烘干形成的。此类防火玻璃的优点是强度高、透明度好，遇火时无机胶凝材料发泡膨胀，起到阻火隔热的作用。缺点是生产工艺较复杂，生产效率较低。无机胶凝材料本身碱性较强，不耐水，对平板玻璃有较大的腐蚀作用。使用一定时间后会变色、起泡，透明度下降。这类防火玻璃在我国目前有较多使用。

（2）灌浆型防火玻璃是由我国首创的。它是在两层或多层平板玻璃之间灌入有机防火浆料或无机防火浆料后，使防火浆料固化制成的。其特点是生产工艺简单，生产效率较高。产品的透明度高，防火、防水性能好，还有较好的隔声性能。

7. 防火板材

防火板材品种很多，主要有纤维增强硅酸钙板、耐火纸面石膏板、纤维增强水泥平板（TK 板）、GRC 板、泰柏板、GY 板、滞燃型胶合板、难燃铝塑建筑装饰板、矿物棉防火吸声板、膨胀珍珠岩装饰吸声板等。防火板材广泛用于建筑物的顶棚、墙面、地面等多种部位。

九、建筑高分子材料的特性及应用

1. 建筑塑料

（1）塑料的基本知识

塑料是以合成或天然高分子树脂为基本材料，按一定比例加入填充料、增塑剂、固化剂、着色剂及其他助剂等，在一定条件下经混炼、塑化成型，在常温常压下能保持产品形状不变的材料。

1）合成高分子树脂的种类

合成高分子树脂按受热性能的不同可分为热塑性树脂和热固性树脂。热塑性树脂受热软化，冷却硬化，这一过程可多次反复。热固性树脂加工时受热软化，但固化成型后，即使再加热，也不会发生软化而改变形状。

① 热塑性树脂：聚氯乙烯（PVC）、聚乙烯（PE）、聚苯乙烯（PS）、聚丙烯（PP）、聚甲基丙烯酸甲酯（即有机玻璃）（PMMA）、聚偏二氯乙烯（PVDC）、聚醋酸乙烯（PVAC）、丙烯腈-丁二烯-苯乙烯共聚物（ABS）、聚碳酸酯（PC）等。

② 热固性树脂：酚醛树脂（PF）、环氧树脂（EF）、不饱和酯（UP）、聚氨酯（PUP）、有机硅树脂（SI）、脲醛树脂（UF）、聚酰胺（即尼龙）（PA）、三聚氰胺甲醛树脂（MF）、聚酯（PBT）等。

2）特性

塑料具有质轻、绝缘、耐腐蚀、耐磨损、绝热、隔声等优良性能，而且加工性能好、装饰性优异。但也有耐热性差、易燃、易老化、刚度小、热膨胀性大等缺点。

3）应用

塑料在建筑上可作为装饰材料、绝热材料、吸声材料、防火材料、墙体材料、管道及卫生洁具等。

（2）塑料管道

塑料管道的燃烧性能及适用性见表 1-19。

塑料管道燃烧性能及适用性　　　　　　　　　　　　　　表 1-19

管材		燃烧性能	饮用水管适用性	冷热管适用性
硬聚氯乙烯	PVC-U	难	否	冷
氯化聚氯乙烯	PVC-C	难	否	冷热
无规共聚聚丙烯	PP-R	可	是	冷热
丁烯	PB	易	是	冷热
聚乙烯	PE	可	是	冷
交联聚乙烯	PEX	可	是	冷热

1）硬聚氯乙烯管（PVC-U 管）

① 特性：通常直径为 40～100mm。内壁光滑阻力小、不结垢、无毒、无污染、耐腐蚀。使用温度≤40℃，故为冷水管。抗老化性能好、难燃，可采用橡胶圈柔性接口安装。

② 应用：给水管道（非饮用水）、排水管道、雨水管道。

2）氯化聚氯乙烯管（PVC-C 管）

① 特性：高温机械强度高，适用于受压的场合。使用温度高达 90℃左右，寿命可达 50 年。安装方便，连接方法为溶剂粘接、螺纹连接、法兰连接和焊条连接。阻燃、防火、导热性能低，管道热损少。管道内壁光滑，抗细菌滋生性能优于铜管、钢管及其他塑料管道。热膨胀系数小，产品尺寸全（可做大口径管材），安装附件少，安装费用低。但要注意使用的胶水有毒性。

② 应用：冷热水管、消防水管系统、工业管道系统。

3）无规共聚聚丙烯管（PP-R 管）

① 特性：无毒、无害、不生锈、不腐蚀、有高度的耐酸性和耐氯化物性。耐热性能好，在工作压力不超过 0.6MPa 时，其长期工作水温为 70℃，短期使用水温可达 95℃，软化温度为 140℃。使用寿命长达 50 年以上。不会滋生细菌，无电化学腐蚀，保温性能好，膨胀力小。适合采用嵌墙和地坪面层内的直埋暗敷方式，水流阻力小。管材内壁光滑，不会结垢，采用热熔连接方式进行连接，牢固不漏，施工便捷，对环境无任何污染，绿色环保，配套齐全，价格适中。

缺点是管材规格少（外径 20～110mm），抗紫外线能力差，在阳光的长期照射下易老化。属于可燃性材料，不得用于消防给水系统。刚性和抗冲击性能比金属管道差。线膨胀系数较大，明敷或架空敷设所需支吊架较多，影响美观。

② 应用：饮用水管、冷热水管。

4）丁烯管（PB 管）

① 特性：强度较高，韧性好，无毒。其长期工作水温为 90℃左右，最高使用温度可达 110℃。易燃，热膨胀系数大，价格高。

② 应用：饮用水管、冷热水管。特别适用于薄壁小口径压力管道，如地板辐射采暖

系统的盘管。

5）交联聚乙烯管（PEX管）

普通高、中密度聚乙烯（HDPE 及 MDPE）管，其大分子为线形结构，缺点是耐热性和抗蠕变能力差，因此普通 PE 管不适宜输送温度高于 45℃的水。交联是 PE 改性的一种方法，PE 经交联后变成三维网状结构的交联聚乙烯（PEX），大大提高了其耐热性和抗蠕变能力；同时，耐老化性能、力学性能和透明度等均有显著提高。

① 分类：PEX 分为 A、B、C 三级，即 PEX-A（交联度＞70％）、PEX-B（交联度＞65％）、PEX-C（交联度＞60％）。

若交联度低或无交联度，则塑料管较软，韧性大；若交联度过高，则塑料管较硬，无韧性。因此交联度要适中，交联度在 80％～90％之间较理想。

② 特性：无毒、卫生、透明。有折弯记忆性、不可热熔连接、热蠕动性较小、低温抗脆性较差、原料较便宜。使用寿命可达 50 年。可输送冷水、热水、饮用水及其他液体。阳光照射下可使管道加速老化，缩短使用寿命，避光可使塑料制品减缓老化，使寿命延长，这也是用于地热采暖系统的分水器前的地热管须加避光护套的原因；同时，也可避免夏季供暖停止时光线照射产生水藻、绿苔，造成管路栓塞或堵塞。

③ 应用：主要用于地板辐射采暖系统的盘管。

6）铝塑复合管

铝塑复合管是以焊接铝管或铝箔为中层，内外层均为聚乙烯材料（常温使用）或内外层均为高密度交联聚乙烯材料（冷热水使用），通过专用机械加工方法复合成一体的管材。

① 特性：长期使用温度（冷热水管）为 80℃，短时最高温度为 95℃。安全无毒，耐腐蚀、不结垢、流量大、阻力小、寿命长、柔性好，弯曲后不反弹，安装简单。

② 应用：饮用水管、冷热水管。

7）塑覆铜管

塑覆铜管为双层结构，内层为纯铜管，外层覆裹高密度聚乙烯或发泡高密度聚乙烯保温层。

① 特性：无毒、抗菌卫生、不腐蚀、不结垢、水质好、流量大、强度高、刚性大、耐热、抗冻、耐久，长期使用温度范围宽（－70～100℃），比铜管保温性能好。既可刚性连接也可柔性连接，安全牢固，不漏。初装价格较高，但寿命长，不需维修。

② 应用：主要用作工业及生活饮用水管，冷、热水输送管道。

8）钢塑管

钢塑管有很多种分类方法，根据管材的结构可分为：钢带增强钢塑管、无缝钢管增强钢塑管、孔网钢带钢塑管以及钢丝网骨架钢塑管。

目前，市面上最为流行的是钢带增强钢塑管，也就是通常所指的钢塑管，这种管材中间层为高碳钢带通过卷曲成型对接焊接而成的钢带层，内外层均为高密度聚乙烯（HDPE）。由于这种管材中间层为钢带，所以管材承压性能非常好，而且钢塑管的最大口径可以做到 200mm，甚至更大；由于管材中间层的钢带是密闭的，所以这种钢塑管同时具有阻氧作用，可直接用于直饮水工程，而其内外层又是塑料材质，具有非常好的耐腐蚀性。如此优良的性能，使得钢塑管的用途非常广泛，如石油、天然气输送管，工矿用管，饮用水管，排水管等各种领域均可应用。

（3）塑料装饰板材

塑料装饰板材是指以树脂为浸渍材料或以树脂为基材，采用一定的生产工艺制成的具有装饰功能的普通或异形断面的板材。

1）分类

按原材料的不同可分为塑料金属复合板、硬质 PVC 板、三聚氰胺层压板、玻璃钢板、塑铝板、聚碳酸酯采光板、有机玻璃装饰板等类型。

按结构和断面形式的不同可分为平板、波形板、实体异形断面板、中空异形断面板、格子板、夹芯板等类型。

2）三聚氰胺层压板

三聚氰胺层压板是以厚纸为骨架，浸渍三聚氰胺热固性树脂，多层叠合，经热压固化而成的薄型贴面材料。三聚氰胺层压板为多层结构，即由表层纸、装饰纸和底层纸构成。

① 特性：耐热（100℃不软化、开裂、起泡）、耐烫、耐燃、耐磨、耐污、耐湿、耐擦洗，耐酸、碱、油脂及酒精等溶剂的侵蚀，经久耐用。

② 分类：按其表面的外观特性分为有光型、柔光型、双面型、滞燃型。按用途分为平面板、平衡面板。

③ 应用：常用于墙面、柱面、台面、家具、吊顶等饰面工程。

3）铝塑复合板

铝塑复合板是一种以 PVC 塑料作为芯板，正背两表面为铝合金薄板的复合材料。厚度为 3mm、4mm、6mm、8mm。

① 特性：质量轻，坚固耐久，具有比铝合金强得多的抗冲击性和抗凹陷性，可自由弯曲且弯曲后不反弹，较强的耐候性，较好的可加工性，易保养、易维修。板材表面铝板经阳极氧化和着色处理，色泽鲜艳。

② 应用：广泛用于建筑幕墙及室内外墙面、柱面、顶面的饰面处理。

（4）塑料壁纸

塑料壁纸是以纸为基材，以聚氯乙烯塑料为面层，经压延或涂布以及印刷、轧花、发泡等工艺而制成的双层复合贴面材料。因为塑料壁纸所用的树脂大多数为聚氯乙烯，所以也常称为聚氯乙烯壁纸。

1）分类

① 纸基壁纸：单色压花、印花压花、平光印花、有光印花。

② 发泡壁纸：低发泡压花壁纸、发泡压花壁纸、发泡印花壁纸、高发泡壁纸。

③ 特种壁纸：耐水壁纸、防火壁纸、特殊装饰壁纸。

2）特性

有一定的伸缩性和耐裂强度；装饰效果好；性能优越；粘贴方便；使用寿命长，易维修、保养等。

3）规格

塑料壁纸的宽度为 530mm 和 900～1000mm，前者每卷长度为 10m，后者每卷长度为 50m。

4）应用

塑料壁纸是目前国内外使用广泛的一种室内墙面装饰材料，也可用于顶棚、梁、柱等处的贴面装饰。

（5）塑料地板

塑料地板是以高分子合成树脂为主要材料，加入其他辅助材料，经一定的制作工艺制成的预制块状、卷材状或现场铺涂整体状的地面材料。

1）预制塑料地板分类

预制塑料地板按其外形可分为块材地板和卷材地板。按其组成和结构特点可分为单色地板、透底花纹地板和印花压花地板。按其材质的软硬程度可分为硬质地板、半硬质地板和软质地板。按所采用的树脂类型可分为聚氯乙烯（PVC）地板、聚丙烯地板和聚乙烯-醋酸乙烯酯地板等。国内普遍采用的是硬质PVC塑料地板和半硬质PVC塑料地板。

2）特性

种类、花色繁多；良好的装饰性能；性能多变，适应面广；质轻、耐磨、脚感舒适；施工、维修、保养方便。

（6）塑钢门窗

塑钢门窗是以硬聚氯乙烯（PVC-U）树脂为基料，以轻质碳酸钙为填料，掺以少量添加剂，经挤出法制成各种截面的异形材，并采用与其内腔紧密吻合的增强型钢做内衬，再根据门窗品种，选用不同截面的异形材组装而成。

1）特性

色泽鲜艳、不需油漆、耐腐蚀、抗老化、保温、防水、隔声；在30～50℃的环境下不变色，不降低原有性能，防虫蛀又不助燃。

2）应用

适用于工业与民用建筑，是建筑门窗的换代产品，但平开门窗比推拉门窗的气密性、水密性等综合性能要好。

（7）玻璃钢

玻璃钢（简称GRP）是以合成树脂为基体，以玻璃纤维或其制品为增强材料，经成型、固化而成的固体材料。

1）分类

玻璃钢按采用的合成树脂的不同，可分为不饱和聚酯型、酚醛树脂型和环氧树脂型。

2）特性

玻璃钢具有良好的透光性和装饰性，可制成色彩绚丽的透光或不透光构件或饰件；强度高（可超过普通碳素钢）、质量轻（密度为1.4～2.2g/cm³，仅为钢的1/5～1/4，铝的1/3左右），是典型的轻质高强材料；其成型工艺简单灵活，可制成复杂的构件；具有良好的耐化学腐蚀性和电绝缘性；耐湿、防潮，可用于有耐湿要求的建筑物的某些部位。玻璃钢制品的缺点是表面不够光滑。

2. 建筑涂料

涂敷于物体表面能与基体材料很好地粘结并形成完整而坚韧的保护膜的材料称为涂料。建筑涂料是专指用于建筑物内、外表面装饰的涂料，建筑涂料同时还可对建筑物起到一定的保护作用和某些特殊功能作用。

（1）涂料的组成

涂料由主要成膜物质、次要成膜物质、辅助成膜物质构成。

1）主要成膜物质

涂料所用主要成膜物质有树脂和油料两类。

树脂有天然树脂（虫胶、松香、大漆等）、人造树脂（甘油酯、硝化纤维等）和合成树脂（醇酸树脂、聚丙烯酸酯、环氧树脂、聚氨酯、聚磺化聚乙烯、聚乙烯醇缩聚物、聚醋酸乙烯及其共聚物等）。

油料有桐油、亚麻子油等植物油和鱼油等动物油。

为满足涂料的各种性能要求，可以在一种涂料中采用多种树脂配合，或与油料配合，共同作为主要成膜物质。

2）次要成膜物质

次要成膜物质是各种颜料，包括着色颜料、体质颜料和防锈颜料三类，是构成涂膜的组分之一。其主要作用是使涂膜着色并赋予涂膜遮盖力、增加涂膜质感、改善涂膜性能、增加涂料品种、降低涂料成本等。

3）辅助成膜物质

辅助成膜物质主要指各种溶剂（稀释剂）和各种助剂。涂料所用溶剂有两大类：一类是有机溶剂，如松香水、酒精、汽油、苯、二甲苯、丙酮等；另一类是水。

助剂是为改善涂料的性能、提高涂膜的质量而加入的辅助材料。如催干剂、增塑剂、固化剂、流变剂、分散剂、增稠剂、消泡剂、防冻剂、紫外线吸收剂、抗氧化剂、防老化剂、防霉剂、阻燃剂等。

（2）建筑涂料的分类

1）按使用部位可分为木器涂料、内墙涂料、外墙涂料和地面涂料。

2）按溶剂特性可分为溶剂型涂料、水溶性涂料和乳液型涂料。

3）按涂膜形态可分为薄质涂料、厚质涂料、复层涂料和砂壁状涂料。

（3）常用建筑涂料品种

1）木器涂料

溶剂型涂料用于家具饰面或室内木装修，又常称为油漆。传统的油漆品种有清油、清漆、调合漆、磁漆等；新型木器涂料有聚酯树脂漆、聚氨酯漆等。

① 传统的油漆品种

清油又称熟油。由干性油、半干性油或将干性油与半干性油加热，熬炼并加少量催干剂制成的浅黄至棕黄色黏稠液体。

清漆为不含颜料的透明漆。主要成分是树脂和溶剂或树脂、油料和溶剂，为人造漆的一种。

调合漆是以干性油和颜料为主要成分制成的油性不透明漆。稀稠适度时，可直接使用。油性调合漆中加入清漆，则得磁性调合漆。

磁漆是以清漆为基础加入颜料等研磨而制得的黏稠状不透明漆。

② 聚酯树脂漆

聚酯树脂漆是以不饱和聚酯和苯乙烯为主要成膜物质的无溶剂型漆。

特性：可高温固化，也可常温固化（施工温度≥15℃），干燥速度快。漆膜丰满厚实，有较好的光泽度、保光性及透明度，漆膜硬度高、耐磨、耐热、耐寒、耐水、耐多种化学药品的作用。含固量高，涂饰一次漆膜厚可达 $200\sim300\mu m$。固化时溶剂挥发少，污染小。

缺点是漆膜附着力差、稳定性差、不耐冲击；为双组分固化型漆，施工配制较麻烦，涂膜破损不易修补；涂膜干性不易掌握，表面易受氧阻聚。

应用：聚酯树脂漆主要用于高级地板涂饰和家具涂饰。施工时应注意不能用虫胶漆或虫胶腻子打底，否则会降低黏附力。施工温度应≥15℃，否则固化困难。

③ 聚氨酯漆

聚氨酯漆是以聚氨酯为主要成膜物质的木器涂料。

特性：可高温固化，也可常温或低温（0℃以下）固化，故可现场施工也可工厂化涂饰。装饰效果好、漆膜坚硬、韧性高、附着力强、涂膜强度高、高度耐磨、优良的耐溶性和耐腐蚀性。

缺点是含有游离异氰酸酯，污染环境；遇水或潮气时易胶凝起泡；保色性差，遇紫外线照射易分解，漆膜泛黄。

应用：广泛用于竹地板、木地板、船甲板的涂饰。

木器涂料必须执行国家标准《室内装饰装修材料 溶剂型木器涂料中有害物质限量》GB 18581—2009、《室内装饰装修材料 水性木器涂料中有害物质限量》GB 24410—2009 中的强制性条文。

2）内墙涂料

① 分类

乳液型内墙涂料，包括丙烯酸酯乳胶漆、苯-丙乳胶漆、乙烯-醋酸乙烯乳胶漆。

水溶性内墙涂料，包括聚乙烯醇水玻璃内墙涂料、聚乙烯醇缩甲醛内墙涂料。

其他类型内墙涂料，包括复层内墙涂料、纤维质内墙涂料、绒面内墙涂料等。

水溶性内墙涂料已被《关于发布建设事业"十一五"推广应用和限制禁止使用技术（第一批）的公告》（原建设部公告第 659 号）列为禁止使用技术。

② 丙烯酸酯乳胶漆的特点：涂膜光泽柔和、耐候性好、保光保色性优良、遮盖力强、附着力强、易于清洗、施工方便、价格较高，属于高档建筑装饰内墙涂料。

③ 苯-丙乳胶漆的特点：良好的耐候性、耐水性、抗粉化性、色泽鲜艳、质感好，由于聚合物粒度细，可制成有光型乳胶漆，属于中高档建筑内墙涂料。与水泥基层附着力好，耐洗刷性好，可以用于潮气较大的部位。

④ 乙烯-醋酸乙烯乳胶漆：在醋酸乙烯共聚物中引入乙烯基团形成的乙烯-醋酸乙烯（VAE）乳液中，加入填料、助剂、水等调配而成。

特点：成膜性、耐水性、耐候性较好，价格较低，属于中低档建筑装饰内墙涂料。

3）外墙涂料

① 分类

溶剂型外墙涂料，包括过氯乙烯、苯乙烯焦油、聚乙烯醇缩丁醛、丙烯酸酯、丙烯酸酯复合型、聚氨酯系外墙涂料。

乳液型外墙涂料，包括薄质涂料纯丙乳胶漆、苯-丙乳胶漆、乙-丙乳胶漆和乙-丙乳液厚涂料、氯偏共聚乳液厚涂料。

水溶性外墙涂料，该类涂料以硅溶胶外墙涂料为代表。

其他类型外墙涂料，包括复层外墙涂料和砂壁状涂料。

② 过氯乙烯外墙涂料的特点：良好的耐大气稳定性、化学稳定性、耐水性、耐霉性。

③ 丙烯酸酯外墙涂料的特点：良好的抗老化性、保光性、保色性、不粉化、附着力强，施工温度范围广（0℃以下仍可干燥成膜）。但该种涂料耐沾污性较差，因此，常利用其与其他树脂能良好相混溶的特点，用聚氨酯、聚酯或有机硅对其改性制得丙烯酸酯复合型耐沾污性外墙涂料，综合性能大大改善，得到了广泛应用。施工时基体含水率应≤8%，可以直接在水泥砂浆和混凝土基层上进行涂饰。

④ 氟碳涂料：氟碳涂料是在氟树脂基础上经改性、加工而成的涂料，简称氟涂料，又称氟碳漆，属于新型高档高科技全能涂料。

分类：按固化温度的不同可分为高温固化型（主要指 PVDF，即聚偏氟乙烯涂料，180℃固化）、中温固化型、常温固化型；按组成和应用特点的不同可分为溶剂型氟涂料、水性氟涂料、粉末氟涂料、仿金属氟涂料等。

特点：优异的耐候性、耐污性、自洁性、耐酸碱性、耐腐蚀性、耐高低温性，涂层硬度高，与各种材质的基体有良好的粘结性能，色彩丰富有光泽、装饰性好、施工方便、使用寿命长。

应用：广泛用于金属幕墙、柱面、墙面、铝合金门窗框、栏杆、天窗、金属家具、商业指示牌户外广告着色及各种装饰板的高档饰面。

⑤ 复层外墙涂料：由基层封闭涂料、主层涂料、罩面涂料三部分构成。按主层涂料的粘结料不同可分为聚合物水泥系（CI）、硅酸盐系（SI）、合成树脂乳液系（E）和反应固化型合成树脂乳液系（RE）复层外墙涂料。

特点：粘结强度高、良好的耐褪色性、耐久性、耐污染性、耐高低温性。外观可呈凹凸花纹状、环状等立体装饰效果，故亦称浮感涂料或凹凸花纹涂料。适用于水泥砂浆、混凝土、水泥石棉板等多种基层的中高档建筑装饰饰面。

应用：用于无机板材、内外墙、顶棚的饰面。

4) 地面涂料（水泥砂浆基层地面涂料）

① 分类

溶剂型地面涂料，包括过氯乙烯地面涂料、丙烯酸-硅树脂地面涂料、聚氨酯-丙烯酸酯地面涂料。该类涂料为薄质涂料，涂覆在水泥砂浆地面的抹面层上，起装饰和保护作用。

乳液型地面涂料，包括聚醋酸乙烯地面涂料等。

合成树脂厚质地面涂料，包括环氧树脂厚质地面涂料、聚氨酯弹性地面涂料、不饱和聚酯地面涂料等。该类涂料常采用刮涂方法施工，涂层较厚，可与塑料地板相媲美。

② 过氯乙烯地面涂料的特点：干燥快、与水泥地面结合好、耐水、耐磨、耐化学药品腐蚀。施工时有大量有机溶剂挥发、易燃，要注意防火、通风。

③ 聚氨酯-丙烯酸酯地面涂料的特点：涂膜外观光亮平滑、有瓷质感、良好的装饰性、耐磨性、耐水性、耐酸碱腐蚀性、耐化学药品腐蚀性。

应用：适用于图书馆、健身房、舞厅、影剧院、办公室、会议室、厂房、车间、机房、地下室、卫生间等水泥地面的装饰。

④ 环氧树脂厚质地面涂料：是以黏度较小、可在室温下固化的环氧树脂（如 E-44、E-42 等牌号）为主要成膜物质，加入固化剂、增塑剂、稀释剂、填料、颜料等配制而成的双组分固化型地面涂料。

特点：粘结力强、膜层坚硬耐磨且有一定韧性，耐久、耐酸、耐碱、耐有机溶剂、耐火、防尘，可涂饰各种图案。施工操作比较复杂。

应用：适用于机场、车库、实验室、化工车间等室内外水泥基地面的装饰。

第三节 建筑工程项目管理知识

一、项目施工进度控制方法的应用

（一）流水施工方法的应用

工程项目组织实施的管理形式分为三种：依次施工、平行施工、流水施工。

依次施工又叫顺序施工，是将拟建工程划分为若干个施工过程，每个施工过程按施工工艺流程顺次进行施工，前一个施工过程完成后，后一个施工过程才开始施工。

当拟建工程十分紧迫时通常组织平行施工，在工作面、资源供应允许的前提下，组织多个相同的施工队，在同一时间、不同的施工段上同时组织施工。

流水施工是将拟建工程划分为若干施工段，并将施工对象分解为若干个施工过程，按施工过程成立相应专业工作队，各专业工作队按施工过程顺序依次完成施工段内的施工过程，依次从一个施工段转到下一个施工段，施工在各施工段、施工过程上连续、均衡地进行，使相应专业工作队间实现最大限度的搭接施工。

流水施工的特点：

① 科学利用工作面，争取时间，合理压缩工期；

② 工作队实现专业化施工，有利于工作质量和效率的提升；

③ 工作队及其工人、机械设备连续作业，同时使相邻专业工作队的开工时间能够最大限度地搭接，减少窝工和其他支出，降低建造成本；

④ 单位时间内资源投入量较均衡，有利于资源组织与供给。

1. 流水施工参数

（1）工艺参数

指组织流水施工时，用以表达流水施工在施工工艺方面进展状态的参数，通常包括施工过程和流水强度两个参数。

1）施工过程：根据施工组织及计划安排需要而将计划任务划分成的子项称为施工过程。施工过程可以是单位工程、分部工程，也可以是分项工程，甚至是将分项工程按照专业工种不同分解而成的施工工序。施工过程的数目一般用"n"表示。

由于建造类施工过程占有施工对象的空间，直接影响工期的长短，因此，必须列入施工进度计划之中，并且大多作为主导施工过程或关键工作。运输类与制备类施工过程一般不占有施工对象的工作面，不影响工期，故不需要列入施工进度计划之中。只有当其占有施工对象的工作面，影响工期时才列入施工进度计划之中。

2）流水强度：流水强度是指流水施工的某施工过程（专业工作队）在单位时间内所完成的工程量，也称为流水能力或生产能力。

（2）空间参数

指组织流水施工时，表达流水施工在空间布置上划分的个数。可以是施工区（段），也可以是多层的施工层数，数目一般用"M"表示。

由于施工段内的施工任务由专业工作队依次完成，因此在两个施工段之间容易形成一个施工缝；同时，由于施工段数量的多少将直接影响流水施工的效果，因此为使施工段划分得合理，一般应遵循下列原则：

1）同一专业工作队在各个施工段上的劳动量应大致相等，相差幅度宜≤10％～15％。

2）每个施工段内要有足够的工作面，以保证相应数量的工人、主导施工机械的生产效率，从而满足合理劳动组织的要求。

3）施工段的界限应尽可能与结构界限（如沉降缝、伸缩缝等）相吻合，或设在对建筑结构整体性影响小的部位，以保证建筑结构的整体性。

4）施工段的数目要满足合理组织流水施工的要求。施工段数目过多，会降低施工速度，延长工期；施工段数目过少，不利于充分利用工作面，可能造成窝工。

5）对于多层建筑物、构筑物或需要分层施工的工程，应既分施工段又分施工层，各专业工作队依次完成第一施工层中各施工段任务后，再转入第二施工层的施工段上作业，依此类推。以确保相应专业工作队在施工段与施工层之间，组织连续、均衡、有节奏的流水施工。

（3）时间参数

指在组织流水施工时，用以表达流水施工在时间安排上所处状态的参数，主要包括流水节拍、流水步距和工期等。

1）流水节拍。流水节拍是指在组织流水施工时，某个专业工作队在一个施工段上的施工时间，以符号"t"表示。

2）流水步距。流水步距是指两个相邻的专业工作队进入流水作业的时间间隔，以符号"K"表示。

3）工期。工期是指从第一个专业工作队投入流水作业开始，到最后一个专业工作队完成最后一个施工过程的最后一段工作、退出流水作业为止的整个持续时间。由于一项工程往往由许多流水组组成，所以，这里所说的是流水组的工期，而不是整个工程的总工期。工期可用符号"T"表示。

2. 流水施工的基本组织形式

在流水施工中，根据流水节拍的特征将流水施工分为以下几类：

（1）无节奏流水施工

无节奏流水施工是指在组织流水施工时，全部或部分施工过程在各个施工段上的流水节拍不相等的流水施工。这种施工形式是流水施工中最常见的一种。

无节奏流水施工的特点：

1）各施工过程在各施工段上的流水节拍不全相等；

2）相邻施工过程的流水步距不尽相等；

3）专业工作队数等于施工过程数；

4）各专业工作队能够在施工段上连续作业，但有的施工段之间可能有间隔时间。

（2）等节奏流水施工

等节奏流水施工是指在有节奏流水施工中，各施工过程的流水节拍都相等的流水施工，也称为固定节拍流水施工或全等节拍流水施工。

等节奏流水施工的特点：

1）所有施工过程在各个施工段上的流水节拍均相等；

2）相邻施工过程的流水步距相等，且等于流水节拍；

3）专业工作队数等于施工过程数，即每一个施工过程成立一专业工作队，由该队完成相应施工过程的所有施工的任务；

4）各专业工作队在各施工段上能够连续作业，施工段之间没有空闲时间。

（3）异节奏流水施工

异节奏流水施工是指在有节奏流水施工中，各施工过程的流水节拍各自相等而不同施工过程之间的流水节拍不尽相等的流水施工。在组织异节奏流水施工时，又可以采用等步距和异步距两种方式。

1）等步距异节奏流水施工的特点：

① 同一施工过程在其各个施工段上的流水节拍均相等，不同施工过程的流水节拍不相等，其值为倍数关系；

② 相邻施工过程的流水步距相等，且等于流水节拍的最大公约数；

③ 专业工作队数大于施工过程数，部分或全部施工过程按倍数增加相应专业工作队；

④ 各专业工作队在施工段上能够连续作业，施工段之间没有间隔时间。

2）异步距异节奏流水施工的特点：

① 同一施工过程在其各个施工段上的流水节拍均相等，不同施工过程之间的流水节拍不尽相等；

② 相邻施工过程的流水步距不尽相等；

③ 专业工作队数等于施工过程数；

④ 各专业工作队在施工段上能够连续作业，施工段之间没有间隔时间。

3. 流水施工的表达方式

流水施工的表达方式除网络图外，主要还有横道图和垂直图两种。

（1）流水施工的横道图表示法：横坐标表示流水施工的持续时间；纵坐标表示施工过程的名称或编号。n 条带有编号的水平线段表示 n 个施工过程或专业工作队的施工进度安排，其编号①、②……表示不同的施工段。横道图表示法的优点是：绘图简单，施工过程及其先后顺序表达清楚，时间和空间状况形象直观，使用方便，因而被广泛用来表达施工进度计划。

（2）流水施工的垂直图表示法：横坐标表示流水施工的持续时间；纵坐标表示流水施工所处的空间位置，即施工段的编号。n 条斜向线段表示 n 个施工过程或专业工作队的施工进度。垂直图表示法的优点是：施工过程及其先后顺序表达清楚，时间和空间状况形象直观，斜向进度线的斜率可以直观地表示出各施工过程的进展速度。但编制实际施工进度计划不如横道图方便。

4. 流水施工应用的时间参数计算

【案例 1-1】

某工程包括 3 个结构形式与建造规模完全一样的单体建筑，共由 5 个施工过程组成，分别为：土方开挖、基础施工、地上结构、二次砌筑、装饰装修。根据施工工艺要求，地上结构、二次砌筑两个施工过程间的时间间隔为 2 周。

现在拟采用 5 个专业工作队组织施工，各施工过程的流水节拍见表 1-20。

流水节拍表   表 1-20

施工过程编号	施工过程	流水节拍（周）
Ⅰ	土方开挖	2
Ⅱ	基础施工	2
Ⅲ	地上结构	6
Ⅳ	二次砌筑	4
Ⅴ	装饰装修	4

（1）问题

1）按上述 5 个专业工作队组织的流水施工属于何种形式的流水施工，绘制其流水施工进度计划图，并计算总工期。

2）根据本工程的特点，本工程比较适合采用何种形式的流水施工形式，并简述理由。

3）如果采用第二问的流水施工形式，重新绘制流水施工进度计划，并计算总工期。

（2）分析与答案

1）按上述 5 个专业工作队组织的流水施工属于异节奏流水施工。根据表 1-20 中的数据，采用"累加数列错位相减取大差法（简称'大差法'）"计算流水步距。

① 各施工过程流水节拍的累加数列为：

施工过程Ⅰ：2   4   6；

施工过程Ⅱ：2   4   6；

施工过程Ⅲ：6   12   18；

施工过程Ⅳ：4   8   12；

施工过程Ⅴ：4   8   12。

② 错位相减，取最大值得流水步距：

$K_{Ⅰ,Ⅱ}$ 2   4   6

—）   2   4   6

        2   2   2   −6

所以：$K_{Ⅰ,Ⅱ}=2$

$K_{Ⅱ,Ⅲ}$ 2   4   6

—）   6   12   18

        2   −2   −6   −18

所以：$K_{Ⅱ,Ⅲ}=2$

$K_{Ⅲ,Ⅳ}$ 6   12   18

—）   4   8   12

        6   8   10   −12

所以：$K_{Ⅲ,Ⅳ}=10$

$K_{Ⅳ,Ⅴ}$ 4   8   12

—）   4   8   12

        4   4   4   −12

所以：$K_{Ⅳ,Ⅴ}=4$

③ 总工期：

$$T=\sum K_{i,i+1}+\sum Tn+\sum G=(2+2+10+4)+(4+4+4)+2=32 \text{ 周}。$$

④ 5 个专业工作队完成施工的流水施工进度计划如图 1-36 所示。

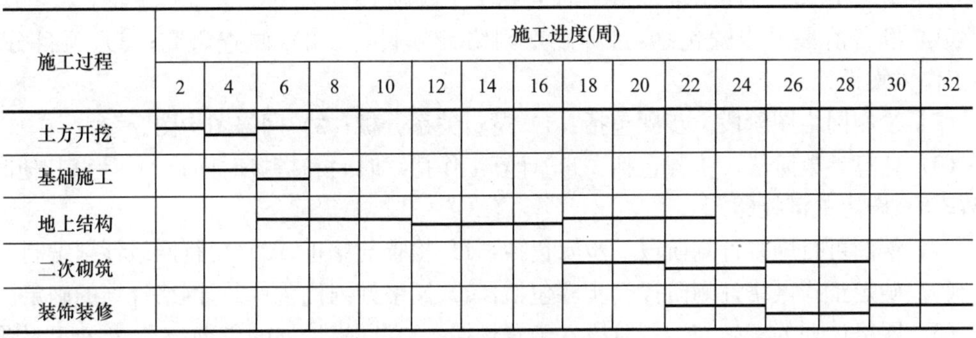

施工过程	施工进度(周)															
	2	4	6	8	10	12	14	16	18	20	22	24	26	28	30	32
土方开挖																
基础施工																
地上结构																
二次砌筑																
装饰装修																

图 1-36　流水施工进度计划

2）本工程比较适合采用成倍节拍流水施工。

理由：因 5 个施工过程的流水节拍分别为 2、2、6、4、4，存在最大公约数，且最大公约数为 2，所以本工程组织成倍节拍流水施工最理想。

3）如采用成倍节拍流水施工，则应增加相应的专业工作队。

流水步距：$K=\min(2,2,6,4,4)=2$ 周。

确定专业工作队数：$b_I=2/2=1$；

$$b_{II}=2/2=1；$$
$$b_{III}=6/2=3；$$
$$b_{IV}=4/2=2；$$
$$b_V=4/2=2；$$

故：专业工作队总数为 $N=1+1+3+2+2=9$。

流水施工工期：$T=(M+N-1)K+G=(3+9-1)\times2+2=24$ 周。

采用成倍节拍流水施工进度计划如图 1-37 所示。

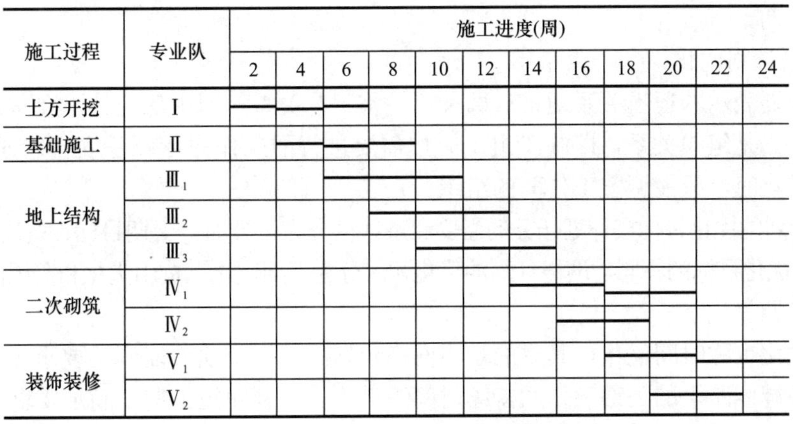

施工过程	专业队	施工进度(周)											
		2	4	6	8	10	12	14	16	18	20	22	24
土方开挖	I												
基础施工	II												
地上结构	III₁												
	III₂												
	III₃												
二次砌筑	IV₁												
	IV₂												
装饰装修	V₁												
	V₂												

图 1-37　成倍节拍流水施工进度计划

（二）网络计划技术的应用

1. 网络计划技术的应用程序

按照《网络计划技术 第 3 部分：在项目管理中应用的一般程序》GB/T 13400.3—2009 的规定，网络计划技术的应用程序包括 7 个阶段 18 个步骤，具体程序如下：

（1）准备阶段。步骤包括：1）确定网络计划目标；2）调查研究；3）项目分解；4）工作方案设计。

（2）绘制网络图阶段。步骤包括：1）逻辑关系分析；2）网络图构图。

（3）计算参数阶段。步骤包括：1）计算工作持续时间和搭接时间；2）计算其他时间参数；3）确定关键线路。

（4）编制可行网络计划阶段。步骤包括：1）检查与修正；2）可行网络计划编制。

（5）确定正式网络计划阶段。步骤包括：1）网络计划优化；2）网络计划的确定。

（6）网络计划的实施与控制阶段。步骤包括：1）网络计划的贯彻；2）检查和数据采集；3）控制与调整。

（7）收尾阶段：1）分析；2）总结。

2. 网络计划的分类

按照《工程网络计划技术规程》JGJ/T 121—2015，我国常用的工程网络计划类型包括：双代号网络计划；双代号时标网络计划；单代号网络计划；单代号搭接网络计划。

双代号时标网络计划兼有网络计划与横道计划的优点，它能够清楚地将网络计划的时间参数直观地表达出来，随着计算机应用技术的发展成熟，目前已成为应用最为广泛的一种网络计划。

3. 网络计划时差、关键工作与关键线路

时差可分为总时差和自由时差两种：工作总时差，是指在不影响总工期的前提下，本工作可以利用的机动时间；工作自由时差，是指在不影响其所有紧后工作最早开始的前提下，本工作可以利用的机动时间。

关键工作：是网络计划中总时差最小的工作，在双代号时标网络图上，没有波形线的工作即为关键工作。

关键线路：全部由关键工作所组成的线路就是关键线路。关键线路的工期即为网络计划的计算工期。

4. 网络计划优化

网络计划表示的逻辑关系通常有两种：一是工艺关系，即由工艺技术要求的工作先后顺序关系；二是组织关系，即施工组织时按需要进行的工作先后顺序安排。通常情况下，网络计划优化时，只能调整工作间的组织关系。

网络计划的优化目标按计划任务的需要和条件可分为三方面：工期目标、费用目标和资源目标。根据优化目标的不同，网络计划的优化相应分为工期优化、费用优化和资源优化三种。

（1）工期优化

工期优化也称时间优化，其目的是当网络计划的计算工期不能满足要求工期时，通过不断压缩关键线路上的关键工作的持续时间等措施，达到缩短工期、满足要求的目的。

选择优化对象应考虑下列因素：

1）缩短持续时间对质量和安全影响不大的工作；

2）有备用资源的工作；

3）缩短持续时间所需增加的资源、费用最少的工作。

（2）资源优化

资源优化是指通过改变工作的开始时间和完成时间，使资源按照时间的分布符合优化目标。通常分为两种模式："资源有限、工期最短"的优化，"工期固定、资源均衡"的优化。

资源优化的前提条件是：

1）优化过程中，不改变网络计划中各项工作之间的逻辑关系；

2）优化过程中，不改变网络计划中各项工作的持续时间；

3）网络计划中各项工作单位时间所需资源数量为合理常量；

4）除明确可中断的工作外，优化过程中一般不允许中断工作，应保持其连续性。

（3）费用优化

费用优化也称成本优化，其目的是在一定的限定条件下寻求工程总成本最低时的工期安排，或在满足工期要求的前提下寻求最低成本的施工组织过程。

费用优化的目的就是使项目的总费用最低，优化应从以下几个方面进行考虑：

1）在既定工期的前提下，确定项目的最低费用；

2）在既定的最低费用限额下完成项目计划，如何确定最佳工期；

3）若需要缩短工期，则考虑如何使增加的费用最少；

4）若新增一定数量的费用，则可使工期缩短到多少。

5．网络计划应用示例

【案例1-2】

某单项工程按图1-38所示进度计划网络图组织施工。

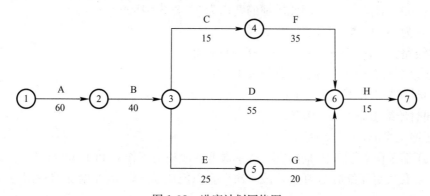

图1-38　进度计划网络图

原计划工期170d，在第75天进行进度检查时发现：工作A已全部完成，工作B刚刚开工。由于工作B是关键工作，所以它拖后15d将导致总工期延长15d。

本工程各工作相关参数见表1-21。

相关参数表　　　　　　　　　　　　　　　　　　表1-21

序号	工作	最大可压缩时间（d）	赶工费用（元/d）
1	A	10	200
2	B	5	200
3	C	3	100

序号	工作	最大可压缩时间（d）	赶工费用（元/d）
4	D	10	300
5	E	5	200
6	F	10	150
7	G	10	120
8	H	5	420

（1）问题

1）为使本单项工程仍按原工期完成，则必须赶工，调整原计划，如何调整原计划既经济又能保证整体工作在计划的170d内完成，并列出详细的调整过程。

2）试计算经调整后所需投入的赶工费用。

3）重新绘制调整后的进度计划网络图，并列出关键线路（以工作表示）。

（2）分析与答案

目前，总工期拖后15d，此时的关键线路为：B→D→H。

1）其中工作B赶工费率最低，故先对工作B持续时间进行压缩：

工作B压缩5d，因此增加的费用为5×200＝1000元；

总工期为：185－5＝180d；

关键线路为：B→D→H。

2）剩余关键工作中，工作D赶工费率最低，故应对工作D持续时间进行压缩。

工作D压缩的同时，应考虑与之平等的各线路，以各线路工作正常进展均不影响总工期为限。

故工作D只能压缩5d，因此增加的费用为5×300＝1500元；

总工期为：180－5＝175d；

关键线路为：B→D→H和B→C→F→H两条。

3）剩余关键工作中，存在三种压缩方式：

① 同时压缩工作C、工作D；

② 同时压缩工作F、工作D；

③ 压缩工作H。

同时压缩工作C和工作D的赶工费率最低，故应对工作C和工作D同时进行压缩。

工作C最大可压缩时间为3d，故本次调整只能压缩3d，因此增加的费用为3×100＋3×300＝1200元；

总工期为：175－3＝172d；

关键线路为：B→D→H和B→C→F→H两条。

4）剩余关键工作中，工作H赶工费率最低，故应对工作H持续时间进行压缩。

工作H压缩2d，因此增加的费用为2×420＝840元；

总工期为：172－2＝170d。

5）通过以上工期调整，工作仍能按原计划的170d完成。

所需投入的赶工费用为：1000＋1500＋1200＋840＝4540元。

调整后的进度计划网络图如图1-39所示。

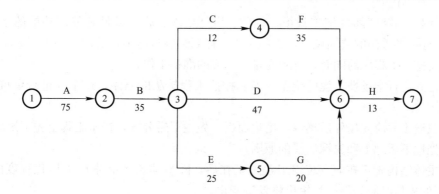

图 1-39　调整后的进度计划网络图

其关键线路为：A→B→D→H 和 A→B→C→F→H。

（三）项目施工进度计划的编制与控制

1. 施工进度计划的分类

施工进度计划按编制对象的不同，可分为施工总进度计划、单位工程进度计划、分阶段工程（或专项工程）进度计划、分部分项工程进度计划四种。

施工总进度计划：施工总进度计划是以一个建设项目或一个建筑群体为编制对象，用以指导整个建设项目或建筑群体施工全过程进度控制的指导性文件。它按照总体施工部署确定了每个单项工程、单位工程在整个项目施工组织中所处的地位，也是安排各类资源计划的主要依据和控制性文件。施工总进度计划由于施工内容较多、施工工期较长，故其计划项目综合性强，较多控制性，很少作业性。施工总进度计划一般在总承包企业的总工程师领导下进行编制。

单位工程进度计划：是以一个单位工程为编制对象，在项目施工总进度计划控制目标的原则下，用以指导单位工程施工全过程进度控制的指导性文件。由于它所包含的施工内容比较具体明确，施工期较短，故其作业性较强，是进度控制的直接依据。单位工程开工前，由项目经理组织，在项目技术负责人领导下进行编制。

分阶段工程（或专项工程）进度计划：是以阶段性工程目标（或专项工程）为编制对象，用以指导其施工阶段（或专项工程）实施过程的进度控制文件。

分部分项工程进度计划：是以分部分项工程为编制对象，用以具体实施操作其施工过程进度控制的专业性文件。

分阶段工程（或专项工程）进度计划和分部分项工程进度计划的编制对象为阶段性工程目标或分部分项细部目标，目的是为了把进度控制进一步具体化、可操作化，是专业工程具体安排控制的体现。此类进度计划与单位工程进度计划类似，由于比较简单、具体，通常由专业工程师或负责分部分项工程的工长进行编制。

（1）合理施工程序和顺序安排的原则

施工进度计划是施工现场各项施工活动在时间、空间上前后顺序的体现。合理编制施工进度计划必须遵循施工技术程序的规律、根据施工方案和工程开展程序去组织施工，这样才能保证各项施工活动的紧密衔接和相互促进，起到充分利用资源、确保工程质量、加快施工速度、达到最佳工期目标的作用。同时，还能起到降低建筑工程成本、充分发挥投资效益的作用。

施工程序和顺序随着施工规模、性质、设计要求、施工条件和使用功能的不同而变化，但仍有可供遵循的共同规律，在施工进度计划编制过程中，需注意如下基本原则：

1) 安排施工程序的同时，首先安排其相应的准备工作；

2) 首先进行全场性工程的施工，然后按照工程排队的顺序，逐个地进行单位工程的施工；

3) 三通工程应先场外后场内，由远而近，先主干后分支，排水工程要先下游后上游；

4) 先地下后地上和先深后浅的原则；

5) 主体结构施工在前，装饰工程施工在后，随着建筑产品生产工厂化程度的提高，它们之间的先后时间间隔的长短也将发生变化；

6) 既要考虑施工组织要求的空间顺序，又要考虑施工工艺要求的工种顺序；必须在满足施工工艺要求的条件下，尽可能地利用工作面，使相邻两个工种在时间上合理地和最大限度地搭接起来。

（2）施工进度计划的编制依据

1) 施工总进度计划的编制依据

① 工程项目承包合同及招标投标书；

② 工程项目全部设计施工图纸及变更洽商；

③ 工程项目所在地区位置的自然条件和技术经济条件；

④ 工程项目设计概算和预算资料、劳动定额及机械台班定额等；

⑤ 工程项目拟采用的主要施工方案及措施、施工顺序、流水段划分等；

⑥ 工程项目需用的主要资源，主要包括劳动力状况、机具设备能力、物资供应来源条件等；

⑦ 建设方及上级主管部门对施工的要求；

⑧ 现行规范、规程和技术经济指标等有关技术规定。

2) 单位工程进度计划的编制依据

① 主管部门的批示文件及建设单位的要求；

② 施工图纸及设计单位对施工的要求；

③ 施工企业年度计划对该工程的安排和规定的有关指标；

④ 施工组织总设计或大纲对该工程有关部门的规定和安排；

⑤ 资源配备情况，如施工中需要的劳动力、施工机具和设备、材料、预制构件和加工品的供应能力及来源情况；

⑥ 建设单位可能提供的条件和水电供应情况；

⑦ 施工现场条件和勘察资料；

⑧ 预算文件和国家及地方规范等资料。

（3）施工进度计划的内容

1) 施工总进度计划的内容

施工总进度计划的内容应包括：编制说明，施工总进度计划表（图），分期（分批）实施工程的开竣工日期及工期一览表，资源需要量及供应平衡表等。

施工总进度计划表（图）为最主要的内容，用来安排各单项工程和单位工程的计划开竣工日期、工期、搭接关系及其实施步骤。资源需要量及供应平衡表是根据施工总进度计划表编制的保证计划，可包括劳动力、材料、预制构件和施工机械等资源的计划。

编制说明的内容包括：编制的依据，假设条件，指标说明，实施重点和难点，风险估计及应对措施等。

由于建设项目的规模、性质及建筑结构的复杂程度和特点不同，建筑施工场地条件和施工复杂程度也不同，因此其内容也不一样。

2）单位工程进度计划的内容

单位工程进度计划根据工程性质、规模、繁简程度的不同，其内容和深广度要求不同，不强求一致，但内容必须简明扼要，使其真正能起到指导现场施工的作用。

单位工程进度计划的内容一般应包括：

① 工程建设概况：拟建工程的建设单位、工程名称、性质、用途、工程投资额、开竣工日期、施工合同要求、主管部门和有关部门的文件和要求以及组织施工的指导思想等。

② 工程施工情况：拟建工程的建筑面积、层数、层高、总高、总宽、总长、平面形状和平面组合情况，基础、结构类型，室内外装修情况等。

③ 单位工程进度计划，分阶段进度计划，单位工程准备工作计划，劳动力需用量计划，主要材料、设备及加工计划，主要施工机械和机具需要量计划，主要施工方案及流水段划分，各项经济技术指标要求等。

（4）施工进度计划的编制步骤

1）施工总进度计划的编制步骤

① 根据独立交工系统的先后顺序，明确划分建设工程项目的施工阶段；按照施工部署要求，合理确定各阶段各个单项工程的开竣工日期。

② 分解单项工程，列出每个单项工程的单位工程和每个单位工程的分部工程。

③ 计算每个单项工程、单位工程和分部工程的工程量。

④ 确定单项工程、单位工程和分部工程的持续时间。

⑤ 编制初始施工总进度计划。为了使施工总进度计划清楚明了，可分级编制，例如：按单项工程编制一级计划；按各单项工程中的单位工程和分部工程编制二级计划；按单位工程中的分部工程和分项工程编制三级计划；大的分部工程可编制四级计划，具体到分项工程。

⑥ 进行综合平衡后，绘制正式的施工总进度计划图。

2）单位工程进度计划的编制步骤

① 收集编制依据；

② 划分施工过程、施工段和施工层；

③ 确定施工顺序；

④ 计算工程量；

⑤ 计算劳动量或机械台班需用量；

⑥ 确定持续时间；

⑦ 绘制可行的施工进度计划图；

⑧ 优化并绘制正式的施工进度计划图。

（5）施工进度计划的表达方式

施工总进度计划可采用网络图或横道图表示，并附必要的说明，宜优先采用网络计划。

单位工程进度计划一般工程用横道图表示即可，对于工程规模较大、工序比较复杂的工程宜采用网络图表示，通过对各类参数的计算，找出关键线路，选择最优方案。

2. 施工进度控制

在项目实施过程中，必须对进展过程实施动态监测，随时监控项目的进展情况，收集实际进度数据，并与计划进度进行对比分析，若出现偏差，找出原因及对工期的影响程度，并采取有效的措施作必要调整，使项目按预定的进度目标进行，这一不断循环的过程称为进度控制。

项目进度控制的目标就是确保项目按既定工期目标实现，或在实现项目目标的前提下适当缩短工期。

（1）施工进度控制程序

施工进度控制是保证各项目标实现的重要工作，其任务是实现项目的工期或进度目标。主要分为进度的事前控制、事中控制和事后控制。

1）进度事前控制内容

① 编制项目实施总进度计划，确定工期目标；

② 将总目标分解为分目标，制定相应细部计划；

③ 制定完成计划的相应施工方案和保障措施。

2）进度事中控制内容

① 检查施工进度，一是审核实际进度与计划进度的差异；二是审核形象进度、实物工程量与工作量指标完成情况的一致性。

② 进行施工进度的动态管理，即分析进度差异的原因、提出调整的措施和方案、相应调整施工进度计划和资源供应计划。

3）进度事后控制内容

当实际进度与计划进度发生偏差时，在分析原因的基础上应采取以下措施：

① 制定保证总工期不突破的对策措施；

② 制定总工期突破后的补救措施；

③ 调整相应的施工计划，并组织协调相应的配套设施和保障措施。

（2）施工进度计划的实施与监测

施工进度控制的总目标应进行层层分解，形成实施进度控制、相互制约的目标体系。目标分解，可按单项工程分解为交工分目标；也可按承包的专业或施工阶段分解为完工分目标；还可按年、季、月计划分解为时间分目标。

施工进度计划监测的方法有：横道计划比较法、网络计划法、实际进度前锋线法、S形曲线法、香蕉形曲线比较法等。

施工进度计划监测的内容：

1）随着项目进展，不断观测每一项工作的实际开始时间、实际完成时间、实际持续时间、目前现状等内容，并加以记录。

2）定期观测关键工作的进度和关键线路的变化情况，并采取措施进行调整。

3）观测非关键工作的进度，以便更好地发掘潜力，调整或优化资源，以保证关键工作按计划实施。

4）定期检查工作之间的逻辑关系变化情况，以便适时调整。

5）了解有关项目范围、进度目标、保障措施变更的信息等，并加以记录。

对施工进度计划进行监测后，应形成书面进度报告。进度报告的内容主要包括：进度执行情况的综合描述；实际施工进度，资源供应进度；工程变更、价格调整、索赔及工程款收支情况；进度偏差状况及导致偏差的原因分析；解决问题的措施；计划调整意见。

（3）施工进度计划的调整

施工进度计划的调整依据是进度计划检查结果。调整的内容包括：施工内容；工程量；起止时间；持续时间；工作关系；资源供应等。调整施工进度计划采用的原理、方法与施工进度计划的优化相同。

调整施工进度计划的步骤如下：分析进度计划检查结果；分析进度偏差的影响并确定调整的对象和目标；选择适当的调整方法，编制调整方案；对调整方案进行评价和决策；调整；确定调整后付诸实施的新施工进度计划。

施工进度计划的调整，一般有以下几种方法：

1）关键工作的调整——本方法是施工进度计划调整的重点，也是最常用的方法之一。

2）改变某些工作之间的逻辑关系——此种方法效果明显，但应在允许改变逻辑关系的前提之下才能进行。

3）剩余工作重新编制施工进度计划——当采用其他方法不能解决时，应根据工期要求，将剩余工作重新编制施工进度计划。

4）非关键工作调整——为了更充分地利用资源，降低成本，必要时可对非关键工作的时差作适当调整。

5）资源调整——若资源供应发生异常，或某些工作只能由某特殊资源来完成时，应进行资源调整，在条件允许的前提下将优势资源用于关键工作的实施，资源调整实际上也就是进行资源优化。

二、项目质量计划管理

建筑工程项目质量管理应贯穿项目管理的全过程，坚持"计划、实施、检查、处理"（PDCA）循环工作方法，持续改进过程的质量控制。

项目部应设置质量管理人员，在项目经理的领导下，负责项目的质量管理工作。

项目质量管理应遵循的程序：

① 明确项目质量目标；

② 编制项目质量计划；

③ 实施项目质量计划；

④ 监督检查项目质量计划的执行情况；

⑤ 收集、分析、反馈质量信息，并制定预防和改进措施。

1. 项目质量计划的编制

建筑工程施工项目质量计划是指确定施工项目的质量目标和如何达到这些质量目标的组织管理、资源投入、专门的质量措施和必要的工作过程。

2. 项目质量计划的编制依据

（1）工程承包合同、设计图纸及相关文件；

（2）企业和项目经理部的质量管理体系文件及其要求；

（3）国家和地方相关的法律、法规、技术标准、规范及有关施工操作规程；

（4）施工组织设计、专项施工方案。

3. 项目质量计划的编制要求

（1）项目质量计划应在项目策划过程中编制，经审批后作为对外质量保证和对内质量控制的依据；

（2）项目质量计划是将质量保证标准、质量手册和程序文件的通用要求与项目联系起来的文件，应保持与现行质量文件要求的一致性；

（3）项目质量计划可高于但不能低于通用质量管理体系文件的要求；

（4）项目质量计划应明确所涉及的质量活动，并对其责任和权限进行分配；同时应考虑相互间的协调性和可操作；

（5）项目质量计划应体现从工序、分项工程、分部工程到单位工程的过程控制，且应体现从资源投入到完成工程质量最终检验和试验的全过程管理与控制要求；

（6）项目质量计划应由项目经理组织编写，须报企业相关管理部门批准并得到发包方和监理方认可后实施；

（7）施工企业应对项目质量计划实施动态管理，及时调整相关文件并监督实施。

4. 项目质量计划的主要内容

（1）编制依据；

（2）项目概况；

（3）质量目标和要求；

（4）质量管理组织与职责；

（5）人员、技术、施工机具等资源的需求和配置；

（6）场地、道路、水电、消防、临时设施规划；

（7）影响施工质量的因素分析及其控制措施；

（8）进度控制措施；

（9）施工质量检查、验收及其相关标准；

（10）突发事件的应急处理措施；

（11）对违规事件的报告和处理；

（12）应收集的信息及传递要求；

（13）与工程建设有关方的沟通方式；

（14）施工管理应形成的记录；

（15）质量管理和技术措施；

（16）施工企业质量管理的其他要求。

5. 项目质量计划的应用

在实际工作中，应用项目质量计划时应注意如下几点：

（1）项目经理部应对施工过程质量进行控制，包括：

1）正确使用施工图纸、设计文件、验收标准及适用的施工工艺标准、作业指导书；适用时，对施工过程实施样板引路；

2）调配符合规定的操作人员；

3）按规定配备、使用建筑材料、构配件和设备、施工机具、检测设备；

4）按规定施工并及时检查、监测；

5）根据现场管理有关规定对施工作业环境进行监测；

6）根据有关要求采用新材料、新工艺、新技术、新设备，并进行相应的策划和控制；

7）合理安排施工进度；

8）采取半成品、成品保护措施并监督实施；

9）对不稳定和能力不足的施工过程、突发事件实施监控；

10）对分包方的施工过程实施监控。

（2）施工企业应根据需要事先对施工过程进行确认，包括：

1）对工艺标准和技术文件进行评审，并对操作人员上岗资格进行鉴定；

2）对施工机具进行认可；

3）定期或在人员、材料、工艺参数、设备发生变化时，重新进行确认。

（3）施工企业应对施工过程及进度进行标识，施工过程应具有可追溯性。

（4）施工企业应保持与工程建设有关方的沟通，按规定的职责、方式对相关信息进行管理。

（5）施工企业应建立施工过程中的质量管理记录。记录应符合相关规定的要求。施工过程中的质量管理记录应包括：

1）施工日记和专项施工记录；

2）交底记录；

3）上岗培训记录和岗位资格证明；

4）上岗机具和检验、测量及实验设备的管理记录；

5）图纸的接收和发放、设计变更的有关记录；

6）监督检查和整改、复查记录；

7）质量管理相关文件；

8）工程项目质量管理策划结果中规定的其他记录。

三、项目材料质量控制

工程所用的原材料、半成品或成品构件等应有出厂合格证和材质报告单。对进场材料需要做材质复试的，项目试验员应按规定取样方法进行取样并应填写复验内容委托单，在监理工程师的见证下由试验员送往有资质的试验单位进行检验，检验合格的材料方能使用。

1. 复试材料的取样

为了有效控制材料质量，在抽取样品时应按相关规定进行，也可选取有疑问的样品，必要时也可由承发包双方商定，增加抽样数量。

建筑材料复试的取样原则是：

（1）同一厂家生产的同一品种、同一类型、同一生产批次的进场材料应根据相应建筑材料质量标准与管理规程、规范要求的代表数量确定取样批次并抽取样品进行复试。当合同另有约定时，应按合同执行。

（2）项目实行见证取样和送检制度。即在建设单位或监理工程师的见证下，由项目试验员在现场取样后送至试验室进行试验。见证取样和送检次数应按相关规定进行。

（3）送检的试样必须从进场材料中随机抽取，严禁在现场外抽取。试样应有唯一性标识，试样交接时，应对试样的外观、数量等进行检查确认。

（4）工程的取样送检见证人，应由该工程的建设单位书面确认，并委派在工程现场的建设单位或监理人员1~2名担任。见证人应具备与检测工作相适应的专业知识。见证人及送检单位对试样的代表性及真实性负有法定责任。

（5）试验室在接受委托试验任务时，须由送检单位填写委托单。

2. 检测机构的确定

（1）检测机构的确定，目前国家尚无统一规定，部分地区提出了地方性要求。但根据现行有关行政法规，确定检测机构的基本原则是：当行政法规、国家现行标准或合同对检测机构的资质有明确要求时，应遵守其规定；当没有要求时，可由建筑施工企业的试验室进行试验，也可委托具备相应资质的检测机构进行检测。

（2）建筑施工企业试验室出具的试验报告，是工程竣工资料的重要组成部分。当建设单位、监理单位对建筑施工企业试验室出具的试验报告有争议时，应委托争议各方认可的、具备相应资质的检测机构重新进行检测。

3. 主要材料复试内容及要求

（1）钢筋：屈服强度、抗拉强度、伸长率和冷弯。有抗震设防要求的框架结构的纵向受力钢筋抗拉强度实测值与屈服强度实测值之比应$\geqslant 1.25$，钢筋屈服强度实测值与屈服强度标准值之比应$\leqslant 1.3$，钢筋的最大力总伸长率应$\geqslant 9\%$。

（2）水泥：抗压强度、抗折强度、安定性、凝结时间。钢筋混凝土结构、预应力混凝土结构中严禁使用含氯化物的水泥。同一生产厂家、同一等级、同一品种、同一批号且连续进场的水泥，袋装不超过200t为一批、散装不超过500t为一批进行检验。

（3）混凝土外加剂：检验报告中应有碱含量指标，预应力混凝土结构中严禁使用含氯化物的外加剂。混凝土结构中使用含氯化物的外加剂时，混凝土的氯化物总含量应符合规定。

（4）石子：筛分析、含泥量、泥块含量、含水率、吸水率及非活性骨料检验。

（5）砂子：筛分析、泥块含量、含水率、吸水率及非活性骨料检验。

（6）建筑外墙金属窗、塑料窗：气密性、水密性、抗风压性能。

（7）装饰装修用人造木板及胶粘剂：甲醛含量、苯。

（8）饰面板（砖）：室内用花岗石的放射性，粘贴用水泥的凝结时间、安定性、抗压强度，外墙陶瓷面砖的吸水率及抗冻性能。

（9）混凝土小型空心砌块：同一部位使用的小型空心砌块应持有同一厂家生产的合格证书和进场复试报告，小型空心砌块在厂内的养护龄期及其后的停放期总时间必须确保28d。

（10）预拌混凝土：检查预拌混凝土合格证书及配套的水泥、砂子、石子、外加剂掺合料原材复试报告和合格证以及混凝土配合比单、混凝土石块强度报告。

4. 建筑材料质量管理

（1）建筑材料质量管理总体要求

1）建筑结构材料的规格、品种、型号和质量等，必须满足设计和有关规范、标准的要求。

2）建筑装饰材料应符合现行国家法律、法规、规范和设计的要求，同时应符合经业主批准的材料样板的要求，并应根据材料的特性、使用部位来进行选择。

（2）建筑材料质量控制的主要过程

建筑材料的质量控制主要体现在以下几个环节：材料的采购、材料进场试验检验、材料的保管和使用。

（3）材料的采购控制

1）掌握建材方面的有关法规及条文。在我国，政府对大部分建材的采购和使用都有文件规定，各省市及地方建设行政管理部门对钢材、水泥、预拌混凝土、砂石、砌墙材料、石材、胶合板实行备案证明管理。

2）通过市场调研和对生产经营厂商的考察，选择供货质量稳定、履约能力强、信誉好、价格有竞争力的供货单位。

3）对于瓷砖、釉面砖等建筑装饰材料，由于不同批次间会不可避免地存在色差，为了保证质量和美观，在订货时要考虑施工损耗和日后维修使用等因素。

4）在确定供货商后，还必须对供货厂家提供的质量文件内容、文件格式、份数做出明确要求，对材料技术指标应在合同中明确，这些文件将在工程竣工后成为竣工文件的重要组成部分。

（4）材料进场试验检验

1）材料进场时，应提供材料或产品合格证，并根据供料计划和有关标准进行现场质量验证和记录。质量验证包括材料品种、型号、规格、数量、外观检查和见证取样。验证结果记录后报监理工程师审批备案。

2）质量验证不合格的材料不得使用，也可经相关方协商后按有关标准规定降级使用。

3）对于项目采购的材料，业主的验证不能代替项目对其采购材料的质量责任，而业主采购的材料，项目的验证不能代替业主对其采购材料的质量责任。

4）材料进场验证资料不齐或对其质量有怀疑时，要单独堆放该部分材料，待资料齐全和复验合格后，方可使用。

5）严禁以劣充好、偷工减料。

（5）材料的保管和使用控制

1）项目应安排专人管理材料并建立管理台账，进行收、发、储、运等环节的技术管理，避免混料和将不合格的原材料使用到工程上。

2）要严格按施工组织平面布置图进行现场堆料，不得乱堆乱放。检验与未检验材料应标明分开码放，防止非预期使用，所有进场材料都应有明确的标识。

3）应做好各类材料的保管、保养工作，定期检查，做好记录，确保其质量完好。

4）合理组织材料使用，减少材料损失，采取有效措施防止材料损坏、变质和污染环境。

四、项目施工质量管理

（一）地基基础工程质量管理

1. 土方工程

（1）土方开挖前，应检查定位放线、排水和降低地下水位系统。

（2）土方开挖过程中，应检查平面位置、水平标高、边坡坡度、压实度、排水和降低地下水位系统，并随时观测周围的环境变化。

（3）基坑（槽）开挖后，应检验下列内容：

1）核对基坑（槽）的位置、平面尺寸、坑底标高是否符合设计要求，并检查边坡稳定状况，确保边坡安全。

2）核对基坑土质和地下水情况是否满足地质勘察报告和设计要求；有无破坏原状土结构或发生较大的土质扰动现象。

3）用钎探法或轻型动力触探法等检查基坑（槽）是否存在软弱土下卧层、空穴、古墓、古井、防空掩体、地下埋设物等及其相应的位置、深度、性状。

（4）基坑（槽）验槽时，应重点观察柱基、墙角、承重墙下或其他受力较大部位；如有异常部位，要会同勘察、设计等有关单位进行处理。

（5）土方回填，应查验下列内容：

1）回填土要符合设计和规范的规定。

2）回填施工过程中应检查排水措施、每层填筑厚度、回填土的含水量控制（回填土的最优含水量，砂土：8%～12%；黏土：19%～23%；粉质黏土：12%～15%；粉土：16%～22%）和压实程度。

3）基坑（槽）的回填，在夯实或压实之后，要对每层回填土的质量进行检验，检验结果须满足设计或规范要求。

4）填方施工结束后，应检查标高、边坡坡度、压实程度等是否满足设计或规范要求。

2. 灰土、砂和砂石地基工程

（1）检查原材料及配合比是否符合设计和规范要求。

（2）施工过程中应检查分层铺设的厚度、分段施工时上下两层的搭接长度、夯实时加水量、夯压遍数、压实系数。

（3）施工结束后，应检验灰土地基、砂和砂石地基的承载力。

3. 重锤夯实或强夯地基工程

施工前，应检查夯锤质量、尺寸、落距控制手段、排水设施及被夯地基的土质。施工过程中，应检查落距、夯击遍数、夯点位置、夯击范围。施工结束后，检查被夯地基的强度并进行承载力检验。

4. 打（压）预制桩工程

检查预制桩的出厂合格证及进场质量、桩位、打桩顺序、桩身垂直度、接桩、打（压）桩的标高或贯入度等是否符合设计和规范要求。桩竣工位置偏差、桩身完整性检测和承载力检测必须符合设计要求和规范规定。

5. 混凝土灌注桩工程

检查桩位偏差、桩顶标高、桩底沉渣厚度、桩身完整性、承载力、垂直度、桩径、原材料、混凝土配合比及强度、泥浆配合比及性能指标、钢筋笼制作及安装、混凝土浇筑等是否符合设计要求和规范规定。

（二）主体结构工程质量管理

1. 钢筋混凝土工程

（1）模板工程

模板工程质量控制应包括模板的设计、制作、安装和拆除。模板工程施工前应编制施工方案，并应经过审批或论证。施工过程中重点检查：施工方案是否可行及落实情况，模板的强度、刚度、稳定性、支承面积、平整度、几何尺寸、拼缝、隔离剂涂刷、平面位置及垂直、梁底模起拱、预埋件及预留孔洞、施工缝及后浇带处的模板支撑安装等是否符合设计和规范要求，严格控制拆模时混凝土的强度和拆模顺序。

（2）钢筋工程

钢筋工程质量控制包括钢筋进场检验、钢筋加工、钢筋连接、钢筋安装等。施工过程中重点检查：原材料进场合格证和复试报告、加工质量、钢筋连接试验报告及操作者合格证，钢筋安装质量（包括纵向、横向钢筋的品种、规格、数量、位置、保护层厚度和钢筋连接方式、接头位置、接头数量、接头面积百分率及箍筋、横向钢筋的品种、规格、数量、间距等），预埋件的规格、数量、位置。

（3）混凝土工程

检查混凝土主要组成材料的合格证及复验报告、配合比、坍落度、冬期施工浇筑时入模温度、现场混凝土试块（包括制作、数量、养护及其强度试验等）、现场混凝土浇筑工艺及方法（包括预铺砂浆的质量、浇筑的顺序和方向、分层浇筑的高度、施工缝的留置、浇筑时的振捣方法及对模板和其支架的观察等）、大体积混凝土测温措施、养护方法及时间、后浇带的留置和处理等是否符合设计和规范要求；混凝土的实体检测，包括检测混凝土的强度、钢筋保护层厚度等，检测方法主要有破损法检测和非破损法检测两类。

（4）钢筋混凝土构件安装工程

钢筋混凝土构件安装工程质量控制主要包括预制构件和连接质量控制。施工过程中主要检查：构件的合格证（包括生产单位、构件型号、生产日期、质量验收标志）、外观质量（包括构件上的预埋件、插筋和预留孔洞的规格、位置和数量）、标志标识（位置、标高、构件中心线位置、吊点）、尺寸偏差、结构性能、临时堆放方式、临时加固措施、起吊方式及角度、垂直度、接头焊接及接缝，灌浆用细石混凝土原材料的合格证及复试报告、配合比、坍落度、现场留置试块强度，灌浆的密实度等是否符合设计和规范要求。

（5）预应力混凝土工程

1）后张法预应力混凝土工程的施工应由具有相应技术、管理能力和经验的专业施工单位承担。

2）预应力筋张拉机具设备及仪表：主要检查维护、校验记录和配套标定记录是否符合设计和规范要求。

3）预应力筋：主要检查品种、规格、数量、位置、外观状况及产品合格证、出厂检验报告和进场复验报告等是否符合设计要求和有关标准的规定。

4）预应力筋锚具和连接器：主要检查品种、规格、数量、位置等是否符合设计和规范要求。

5）预留孔道：主要检查规格、数量、位置、形状及灌浆孔、排气兼泌水管等是否符合设计和规范要求。金属螺旋管还应检查产品合格证、出厂检验报告和进场复验报告等。

6）预应力筋张拉与放张：主要检查混凝土强度、构件几何尺寸、孔道状况、张拉力（包括油压表读数、预应力筋实际与理论伸长值）、张拉或放张顺序、张拉工艺、预应力筋断裂或滑脱情况等是否符合设计和规范要求。

7）灌浆及封锚：主要检查水泥和外加剂的产品合格证、出厂检验报告和进场复验报告，水泥浆配合比和强度、灌浆记录，外露预应力筋切割方法、长度及封锚状况等是否符合设计和规范要求。

8）其他：主要检查锚固区局部加强构造等是否符合设计和规范要求。

2. 砌体工程

（1）砌体材料：主要检查产品的品种、规格、型号、数量、外观状况及产品的合格证、性能检测报告等是否符合设计和规范要求。块材、水泥、钢筋、外加剂等尚应检查产品主要性能的进场复验报告。严禁使用国家明令淘汰的材料。

（2）砌筑砂浆：主要检查配合比、计量、搅拌质量（包括稠度、保水性等）、试块（包括制作、数量、养护和试块强度等）等是否符合设计和规范要求。

（3）砌体：主要检查砌筑方法、皮数杆、灰缝（包括宽度、瞎缝、假缝、透明缝、通缝等）、砂浆饱满度、砂浆粘结状况、块材的含水率、留槎、接槎、洞口、脚手眼、标高、轴线位置、平整度、垂直度、封顶及砌体中钢筋品种、规格、数量、位置、几何尺寸、接头等是否符合设计和规范要求。

（4）其他：砌体施工时，楼面和屋面堆载应≤楼板的允许荷载值。

3. 钢结构工程

（1）原材料及成品进场：钢材、焊接材料、连接用紧固标准件、焊接球、螺栓球、封板、锥头、套筒、金属压型钢板、涂装材料、橡胶垫及其他特殊材料的品种、规格、性能等应符合现行国家产品标准及设计要求，其中进口钢材产品的质量应符合设计和合同规定标准的要求；主要通过产品质量合格证明文件、中文标志和检验报告（包括抽样复验报告）等进行检查。

（2）钢结构焊接工程：主要检查焊工合格证及其有效期和认可范围，焊接材料、焊钉（栓钉）烘焙记录，焊接工艺评定报告，焊缝外观、尺寸及探伤记录，焊缝预热、后热施工记录和工艺试验报告等是否符合设计和规范要求。

（3）紧固件连接工程：主要检查紧固件和连接钢材的品种、规格、型号、级别、尺寸、外观及匹配情况，普通螺栓的拧紧顺序、拧紧情况、外露丝扣，高强度螺栓连接摩擦面抗滑移系数试验报告和复验报告、扭矩扳手标定记录、紧固顺序、转角或扭矩（初拧、复拧、终拧）、外露丝扣等是否符合设计和规范要求。普通螺栓作为永久性连接螺栓时，当设计有要求或对其质量有疑义时，应检查螺栓实物复验报告。

（4）钢零件及钢部件加工：主要检查钢材切割面或剪切面的平面度、割纹和缺口的深度、边缘缺棱、型钢端部垂直度、构件几何尺寸偏差、矫正工艺和温度、弯曲加工及其间隙、刨边允许偏差和粗糙度、螺栓孔质量（包括精度、直径、圆度、垂直度、孔距、孔边距等）、管和球的加工质量等是否符合设计和规范要求。

（5）钢结构安装：主要检查钢结构零件及部件的制作质量、地脚螺栓及预留孔情况、安装平面轴线位置、标高、垂直度、平面弯曲、单元拼接长度与整体长度、支座中心偏移与高差、钢结构安装完成后因环境影响造成的自然变形、节点平面紧贴的情况、垫铁的位置及数量等是否符合设计和规范要求。

（6）钢结构涂装工程：防腐涂料、涂装遍数、间隔时间、涂层厚度及涂装前钢材表面处理应符合设计要求和国家现行有关标准的规定，防火涂料粘结强度、抗压强度、涂装厚度、表面裂纹宽度及涂装前钢材表面处理和防锈涂装等应符合设计要求和国家现行有关标准的规定。

（7）其他：钢结构施工过程中，用于临时加固、支撑的钢构件，其原材料、加工制作、焊接、安装、防腐等应符合相关技术标准和规范要求。

（三）防水工程质量管理

防水工程应按《地下防水工程质量验收规范》GB 50208—2011、《屋面工程质量验收规范》GB 50207—2012 等规范进行检查与验收。

1. 防水工程施工前的检查与检验

（1）材料

所用卷材及其配套材料、防水涂料和胎体增强材料、刚性防水材料、聚乙烯丙纶及其粘结材料等材料的出厂合格证、质量检验报告和现场抽样复验报告（查证明和报告，主要是查材料的品种、规格、性能等），卷材与配套材料的相容性、配合比等均应符合设计要求和国家现行有关标准的规定。

防水混凝土原材料（包括掺合料、外加剂）的出厂合格证、质量检验报告、现场抽样试验报告、配合比、计量、坍落度。

（2）人员

分包队伍的施工资质、作业人员的上岗证。

2. 防水工程施工过程中的检查与检验

（1）地下防水工程

基层状况（包括干燥、干净、平整度、转角圆弧等）、卷材铺贴（胎体增强材料铺设）的方向及顺序、附加层、搭接长度及搭接缝位置，转角、变形缝、穿墙管道等细部做法。

防水混凝土模板及支撑、混凝土的浇筑（包括方案、搅拌、运输、浇筑、振捣、抹压等）和养护、施工缝或后浇带及预埋件（套管）的处理、止水带（条）等的预埋、试块的制作和养护、防水混凝土的抗压强度和抗渗性能试验报告、隐蔽工程验收记录、质量缺陷情况和处理记录等是否符合设计和规范要求。

（2）屋面防水工程

基层状况（包括干燥、干净、坡度、平整度、分格缝、转角圆弧等）、卷材铺贴（胎体增强材料铺设）的方向及顺序、附加层、搭接长度及搭接缝位置、泛水的高度、女儿墙压顶的坡向及坡度、玛碲脂试验报告单、细部构造处理、排气孔设置、防水保护层、缺陷情况、隐蔽工程验收记录等，是否符合设计和规范要求。

（3）厨房、厕浴间防水工程

基层状况（包括干燥、干净、坡度、平整度、转角圆弧等）、涂膜的方向及顺序、附加层、涂膜厚度、防水的高度、管根处理、防水保护层、缺陷情况、隐蔽工程验收记录等，是否符合设计和规范要求。

3. 防水工程施工完成后的检查与检验

（1）地下防水工程

检查标识好的"背水内表面的结构工程展开图"，核对地下防水渗漏情况，检验地下防水工程整体施工质量是否符合要求。

（2）屋面防水工程

屋面防水层完工后，应在雨后或持续淋水 2h 后（有可能做蓄水检验的屋面，其蓄水时间应≥24h），检查屋面有无渗漏、积水和排水系统是否畅通，施工质量符合要求方可进行防水层验收。

（3）厨房、厕浴间防水工程

厨房、厕浴间防水层完工后，应做 24h 蓄水试验，确认无渗漏后再做保护层和面层。设备与饰面层完工后，还应在其上继续做第二次 24h 蓄水试验，达到最终无渗漏和排水畅通为合格，方可进行正式验收。墙面间歇淋水试验应达到 30min 以上不渗漏。

（四）装饰装修工程质量管理

1. 装饰装修设计阶段的质量管理

（1）装饰装修设计单位负责设计阶段的质量管理；

（2）建筑装饰装修工程必须进行设计，并出具完整的施工图设计文件；

（3）建筑装饰装修工程设计必须保证建筑物的结构安全和主要使用功能；当涉及主体和承重结构改动或增加荷载时，必须由原结构设计单位或具备相应资质的设计单位核查有关原始资料，对既有建筑结构的安全性进行核验、确认；

（4）建筑装饰装修工程所用材料应符合国家有关建筑装饰装修材料有害物质限量标准的规定；

（5）建筑装饰装修工程所用材料应按设计要求进行防火、防腐和防虫处理；

（6）建筑装饰装修工程施工中，严禁违反设计文件擅自改动建筑主体、承重结构或主要使用功能；严禁未经设计确认和有关部门批准擅自拆改水、暖、电、燃气、通信等配套设施；

（7）设计师要按照国家的相关规范进行设计，并且设计深度应满足施工要求，同时做好设计交底工作；

（8）设计师必须按照客户的要求进行设计，如果发生设计变更，要及时与客户进行沟通；

（9）设计师须要求客户提供尽可能详细的前期资料。

2. 装饰装修施工阶段的质量管理

（1）装饰装修施工单位负责施工过程的质量管理；

（2）施工人员应认真做好质量自检、互检及工序交接检查，做好记录，记录数据要做到真实、全面、及时；

（3）进行施工质量教育：施工主管对每批进场作业的施工人员进行质量教育，让每个施工人员都明确质量验收标准，使全员在头脑中牢牢树立"精品"的质量观；

（4）确立图纸"三交底"的施工准备工作：施工主管向施工工长做详细的图纸工艺要求、质量要求交底；工序开始前工长向班组长做详尽的图纸、施工方法、质量标准交底；作业开始前班组长向班组成员做具体的操作方法、工具使用、质量要求的详细交底，务必使每位施工人员对其作业的工程项目了然于胸；

（5）工序交接检查：对于重要的工序或对工程质量有重大影响的工序，在自检、互检的基础上，还要组织专职人员进行工序交接检查；

（6）隐蔽工程检查：凡是隐蔽工程均应在检查认证后方能掩盖；分项工程、分部工程完工后，应经检查认可、签署验收记录后，才允许进行下一工程项目施工；

（7）编制切实可行的施工方案，做好技术方案的审批及交底；

（8）成品保护：施工人员应做好已完成装饰装修工程及其他专业设备的保护工作，减少不必要的重复工作。

3. 装饰装修材料、设备、人员的质量管理

（1）装饰装修工程涉及的材料品种较多，所确定的材料规格、品种、制作应符合设计图纸和施工验收规范的要求，特别是要满足国家相关规定的要求，使用达到绿色环保标准的材料；

（2）主要大宗材料要看样定板进行确定，所需的大宗材料必须经相关人员对材料品种、质量进行书面确认；

（3）装饰装修施工机械设备的投入应能满足工程质量要求，测量、检测、试验仪器等设备，除精度、性能需满足工程要求外，还需获得相关部门的校验认可；

（4）装饰装修施工人员必须包括各工种人员，特殊工种要持证上岗，重要工作一定要由技术熟练的技术工人把关。

五、项目施工质量验收及资料归档

（一）建筑工程质量验收的一般规定

建筑工程质量验收划分为：单位（子单位）工程、分部（子分部）工程、分项工程和检验批。

1. 建筑工程质量验收的要求

（1）工程质量验收均应在施工单位自检合格的基础上进行；

（2）参加工程质量验收的各方人员应具备规定的资格；

（3）检验批的质量应按主控项目和一般项目验收；

（4）对涉及结构安全、节能、环境保护和主要使用功能的试块、试件及材料，应在进场时或施工过程中按规定进行见证检验；

（5）隐蔽工程在隐蔽前应由施工单位通知监理单位进行验收，并应形成验收文件，验收合格后方可继续施工；

（6）对涉及结构安全、节能、环境保护和主要使用功能的重要分部工程，应在验收前按规定进行抽样检测；

（7）工程的观感质量应由验收人员现场检查，并应共同确认。

2. 检验批质量验收合格的规定

（1）主控项目的质量经抽样检验均应合格，一般项目的质量经抽样检验合格。

（2）具有完整的施工操作依据、质量检查记录。

检验批是工程验收的最小单位，是分项工程、分部工程、单位工程质量验收的基础。检验批是施工过程中条件相同并有一定数量的材料、构配件或安装项目，由于其质量基本均匀一致，因此可以作为检验的基础单位，并按批验收。检验批的质量主要取决于对主控项目和一般项目的检验结果。主控项目是对检验批的基本质量起决定性影响的检验项目，因此必须全部符合有关专业工程验收规范的规定。这意味着主控项目不允许有不符合要求的检验结果。

3. 分项工程质量验收合格的规定

(1) 所含检验批的质量均应验收合格。

(2) 所含检验批的质量验收记录应完整。

分项工程的验收在检验批验收的基础上进行。一般情况下，两者具有相同或相近的性质，只是批量的大小不同而已。因此，将有关的检验批汇集构成分项工程。分项工程质量合格的条件比较简单，只要构成分项工程的各检验批的验收记录完整，并且均已验收合格，则分项工程验收合格。

4. 分部工程质量验收合格的规定

(1) 所含分项工程的质量均应验收合格。

(2) 质量控制资料应完整。

(3) 有关安全、节能、环境保护和主要使用功能的抽样检验结果应符合相应规定。

(4) 观感质量验收应符合要求。

组成分部工程的各分项工程已验收合格且相应的质量控制资料完整、齐全，这是分部工程验收的基本条件。此外，由于各分项工程的性质不尽相同，因此作为分部工程不能简单地组合而加以验收，尚须增加以下两类检查项目：

(1) 涉及安全、节能、环境保护和主要使用功能的地基基础、主体结构和设备安装等分部工程，应进行有关见证取样试验或抽样检测。

(2) 以观察、触摸或简单量测的方式进行观感质量验收，并结合验收人员的主观判断，检查结果并不给出"合格"或"不合格"的结论，而是综合给出"好"、"一般"、"差"的质量评价结果。对于"差"的检查点，应通过返修处理等补救。

5. 单位工程质量验收合格的规定

(1) 所含分部工程的质量均应验收合格。

(2) 质量控制资料应完整。

(3) 所含分部工程中有关安全、节能、环境保护和主要使用功能的检测资料应完整。

(4) 主要使用功能的抽查结果应符合相关专业验收规范的规定。

(5) 观感质量验收应符合要求。

6. 建筑工程质量不符合要求时的处理措施

(1) 经返工或返修的检验批，应重新进行验收。

(2) 经有资质的检测机构检测鉴定能够达到设计要求的检验批，应予以验收。

(3) 经有资质的检测机构检测鉴定达不到设计要求，但经原设计单位核算认可能够满足结构安全和使用功能的检验批，可予以验收。

(4) 经返修或加固处理的分项工程及分部工程，满足安全及使用功能要求时，可按技术处理方案和协商文件的要求予以验收。

(5) 经返修或加固处理仍不能满足安全或重要使用要求的分部工程及单位工程，严禁验收。

(二) 地基基础工程质量验收

1. 地基基础工程包括的内容

地基基础工程主要包括地基、基础、基坑支护、地下水控制、土方、边坡、地下防水等子分部工程，详见表 1-22。

地基基础工程一览表   表 1-22

序号	子分部工程名称	分项工程
1	地基	素土、灰土地基，砂和砂石地基，土工合成材料地基，粉煤灰地基，强夯地基，注浆地基，预压地基，砂石桩复合地基，高压旋喷桩注浆地基，水泥土搅拌桩地基，土和灰土挤密桩复合地基，水泥粉煤灰碎石桩复合地基，夯实水泥土复合地基
2	基础	无筋扩展基础，钢筋混凝土扩展基础，筏形与箱形基础，钢结构基础，钢管混凝土结构基础，型钢混凝土结构基础，钢筋混凝土预制桩基础，泥浆护壁成孔灌注桩基础，干作业成孔桩基础，长螺旋钻孔压灌桩基础，沉管灌注桩基础，钢桩基础，锚杆静压桩基础，岩石锚杆基础，沉井与沉箱基础
3	基坑支护	灌注桩排桩围护墙，板桩围护墙，咬合桩围护墙，型钢水泥土搅拌墙，土钉墙，地下连续墙，水泥土重力式挡墙内支撑，锚杆，与主体结构相结合的基坑支护
4	地下水控制	降水与排水，回灌
5	土方	土方开挖，土方回填，场地平整
6	边坡	喷锚支护，挡土墙，边坡开挖
7	地下防水	主体结构防水，细部构造防水，特殊施工法结构防水，排水，注浆

2. 地基基础工程验收所需条件

（1）工程实体

1）地基基础工程验收前，基础墙面上的施工孔洞须按规定镶堵密实，并做好隐蔽工程验收记录。未经验收不得进行回填土分项工程的施工，对确需分阶段进行地基基础工程质量验收时，建设单位项目负责人在质监交底会上向质监人员提出书面申请，并及时向质监站备案。

2）混凝土结构工程模板应拆除并将其表面清理干净，混凝土结构存在缺陷处应整改完成。

3）楼层标高控制线应清楚弹出，竖向结构主控轴线应弹出墨线，并做醒目标志。

4）工程技术资料存在的问题均已悉数整改完成。

5）施工合同、设计文件规定的地基基础工程的施工内容已完成，检验、检测报告（包括环境监测报告）应符合现行验收规范和标准的要求。

6）安装工程中各类管道预埋结束，相应测试工作已完成，其结果符合规定要求。

7）地基基础工程施工中，质监站发出整改（停工）通知书要求整改的质量问题都已整改完成，完成报告书已送质监站归档。

（2）工程资料

1）施工单位在地基基础工程完工之后对工程进行自检，确认工程质量符合有关法律、法规和工程建设强制性标准提供的地基基础施工质量自评报告，该报告应由项目经理和施工单位负责人审核、签字、盖章；

2）监理单位在地基基础工程完工后对工程全过程监理情况进行质量评价，提供地基基础工程质量评估报告，该报告应由总监理工程师和监理单位有关负责人审核、签字、盖章；

3）勘察、设计单位对勘察、设计文件及设计变更进行检查，对地基基础实体是否与设计图纸及变更一致进行认可；

4）有完整的地基基础工程档案资料、见证试验档案、监理资料、施工质量保证资料、管理资料和评定资料。

3. 地基基础工程验收主要依据

（1）《建筑地基基础工程施工质量验收标准》GB 50202—2018 等现行质量检验评定标准、施工验收规范；

（2）国家及地方关于建设工程的强制性标准；

（3）经审查通过的施工图纸、设计变更、工程洽商以及设备技术说明书；

（4）引进技术或成套设备的建设项目，还应出具签订的合同和国外提供的设计文件等资料；

（5）其他有关建设工程的法律、法规、规章和规范性文件。

4. 地基基础工程验收组织及验收人员

（1）由建设单位项目负责人（总监理工程师）组织地基基础工程验收工作，该工程的施工、监理（建设）、设计、勘察等单位参加。

（2）验收人员：由建设单位（监理单位）负责组成验收小组。验收小组组长由建设单位项目负责人（总监理工程师）担任，验收小组应至少有一名由工程技术人员担任的副组长。验收小组成员由总监理工程师（建设单位项目负责人）、勘察、设计、施工单位项目负责人，施工单位项目技术、质量负责人，以及施工单位技术、质量部门负责人组成。

5. 地基基础工程验收的程序

地基基础工程验收按施工企业自评、设计认可、监理核定、业主验收、政府监督的程序进行。

地基基础工程施工完成后，施工单位应组织相关人员进行自检，在自检合格的基础上报监理机构总监理工程师（建设单位项目负责人）。

（1）地基基础工程验收前，施工单位应将地基基础工程的质量控制资料整理成册报送项目监理机构审查，审查符合要求后由总监理工程师签署审查意见，并于验收前 3 个工作日通知质监站；

（2）总监理工程师（建设单位项目负责人）收到上报的验收报告后应及时组织参建方对地基基础工程进行验收，验收合格后应填写地基基础工程质量验收记录，并签注验收结论和意见。相关责任人签字加盖单位公章，并附地基基础工程观感质量检查记录；

（3）总监理工程师（建设单位项目负责人）组织对地基基础工程验收时，必须有以下人员参加：总监理工程师、建设单位项目负责人、设计单位项目负责人、勘察单位项目负责人、施工单位技术和质量负责人及项目经理等。

6. 地基基础工程验收的内容

应对所有子分部工程实体及工程资料进行检查。

工程实体检查主要针对是否按照设计图纸、工程洽商进行施工，有无重大质量缺陷等；

工程资料检查主要针对子分部工程验收记录、原材料各项报告、隐蔽工程验收记录等。

7. 地基基础工程验收的结论

（1）由地基基础工程验收小组组长主持验收会议；

（2）建设、施工、监理、设计、勘察单位分别书面汇报工程合同履约状况和在工程建设备环节执行国家法律、法规及工程建设强制性标准情况；

（3）验收小组听取各参验单位意见，形成经验收小组人员分别签字的验收意见；

（4）参建责任方签署的地基基础工程质量验收记录，应在签字盖章后3个工作日内由项目监理人员报送质监站存档；

（5）当参与地基基础工程验收的建设、施工、监理、设计、勘察单位不能形成一致意见时，应协商提出解决的方法，待意见一致后重新组织验收；

（6）地基基础工程未经验收或验收不合格，责任方擅自进行上部施工的，应签发局部停工通知书责令整改，并按有关规定处理。

（三）主体结构工程质量验收

1. 主体结构工程包括的内容

主体结构工程主要包括混凝土结构、砌体结构、钢结构、钢管混凝土结构、型钢混凝土结构、铝合金结构、木结构等子分部工程，详见表1-23。

主体结构工程一览表　　　　　　　　　　　　　　　　　表1-23

序号	子分部工程名称	分项工程
1	混凝土结构	模板、钢筋、混凝土，预应力、现浇结构、装配式结构
2	砌体结构	砖砌体，混凝土小型空心砌块砌体，石砌体，填充墙砌体，配筋砖砌体
3	钢结构	钢结构焊接，紧固件连接，钢零部件加工，钢构件组装及预拼装，单层钢结构安装，多层及高层钢结构安装，钢管结构安装，预应力钢索和膜结构，压型金属板，防腐涂料涂装，防火涂料涂装
4	钢管混凝土结构	构件现场拼装，构件安装，钢管焊接，构件连接，钢管内钢筋骨架，混凝土
5	型钢混凝土结构	型钢焊接，紧固件连接，型钢与钢筋连接，型钢构件组装及预拼装，型钢安装，模板，混凝土
6	铝合金结构	铝合金焊接，紧固件连接，铝合金零部件加工，铝合金构件组装，铝合金构件预拼装，铝合金框架结构安装，铝合金空间网格构件安装，铝合金面板，铝合金幕墙结构安装，防腐处理
7	木结构	方木和原木结构，胶合木结构，轻型木结构，木构件防护

2. 主体结构工程验收所需条件

（1）工程实体

1）主体结构工程验收前，墙面上的施工孔洞须按规定镶堵密实，并做好隐蔽工程验收记录。未经验收不得进行装饰装修工程的施工，对确需分阶段进行主体结构工程质量验收时，建设单位项目负责人在质监交底会上向质监人员提出书面申请，并经质监站同意。

2）混凝土结构工程模板应拆除并将其表面清理干净，混凝土结构存在缺陷处应整改完成。

3）楼层标高控制线应清楚弹出墨线，并做醒目标志。

4）工程技术资料存在的问题均已悉数整改完成。

5）施工合同、设计文件规定的和工程洽商所包括的主体结构工程的施工内容已完成。

6）安装工程中各类管道预埋结束，位置尺寸准确，相应测试工作已完成，其结果符合规定要求。

7）主体结构工程验收前，可完成样板间或样板单元的室内粉刷。

8）主体结构工程施工中，质监站发出整改（停工）通知书要求整改的质量问题都已整改完成，完成报告书已送质监站归档。

（2）工程资料

1）施工单位在主体结构工程完工之后对工程进行自检，确认工程质量符合有关法律、法规和工程建设强制性标准提供的主体结构施工质量自评报告，该报告应由项目经理和施工单位负责人审核、签字、盖章；

2）监理单位在主体结构工程完工后对工程全过程监理情况进行质量评价，提供主体结构工程质量评估报告，该报告应由总监理工程师和监理单位有关负责人审核、签字、盖章；

3）勘察、设计单位对勘察、设计文件及设计变更进行检查，对主体结构实体是否与设计图纸及变更一致进行认定；

4）有完整的主体结构工程档案资料、见证试验档案、监理资料、施工质量保证资料、管理资料和评定资料；

5）主体结构工程验收通知书；

6）工程规划许可证；

7）中标通知书；

8）工程施工许可证；

9）混凝土结构子分部工程结构实体混凝土强度验收记录；

10）混凝土结构子分部工程结构实体钢筋保护层厚度验收记录。

3. 主体结构工程验收主要依据

（1）《建筑工程施工质量验收统一标准》GB 50300—2013 等现行质量检验评定标准、施工验收规范；

（2）国家及地方关于建设工程的强制性标准；

（3）经审查通过的施工图纸、设计变更、工程洽商以及设备技术说明书；

（4）引进技术或成套设备的建设项目，还应出具签订的合同和国外提供的设计文件等资料；

（5）其他有关建设工程的法律、法规、规章和规范性文件。

4. 主体结构工程验收组织及验收人员

（1）由建设单位负责组织实施主体结构工程验收工作，建设工程质量监督部门对主体结构工程验收实施监督，该工程的施工、监理、设计等单位参加。

（2）验收人员：由建设单位负责组织主体结构工程验收小组。验收小组组长由建设单位法人代表或其委托的负责人担任。验收小组副组长应至少由一名工程技术人员担任。验收小组成员由建设单位负责人、项目现场管理人员及设计、施工、监理单位项目技术负责人或质量负责人组成。

（3）主体结构工程分部工程验收组织

1）分部工程应由总监理工程师（建设单位项目负责人）组织施工单位项目负责人和项目技术负责人等进行验收。

2）设计单位项目负责人和施工单位技术、质量部门负责人应参加主体结构、节能分部工程的验收；地基基础分部工程还应有勘察单位项目负责人参加。

3）参加验收的人员，除指定的人员必须参加验收外，允许其他相关人员共同参加验收。

5．主体结构工程验收的结论

（1）由主体结构工程验收小组组长主持验收会议；

（2）建设、施工、监理、设计单位分别书面汇报工程合同履约状况和在工程建设各环节执行国家法律、法规和工程建设强制性标准情况；

（3）验收小组听取各参验单位意见，形成经验收小组人员分别签字的验收意见；

（4）参建责任方签署的主体结构工程质量验收记录，应在签字盖章后 3 个工作日内，由项目监理人员报送质监站存档；

（5）当参与主体结构工程验收的建设、施工、监理、设计单位不能形成一致意见时，应当协商提出解决的方法，待意见一致后重新组织验收。

（四）防水工程质量验收

1．地下防水工程的质量验收内容

（1）地下防水工程验收的文件和记录

1）防水设计：施工图、设计交底记录、图纸会审记录、设计变更通知单和材料代用核定单；

2）资质、资格证明：施工单位资质及施工人员上岗证复印件；

3）施工方案：施工方法、技术措施、质量保证措施；

4）技术交底：施工操作要求及注意事项；

5）材料质量证明：产品合格证、产品性能检验报告、材料进场试验报告；

6）混凝土、砂浆质量证明：试配及施工配合比，混凝土抗压强度、抗渗性能试验报告，砂浆粘结强度、抗渗性能试验报告；

7）中间检查记录：施工质量验收记录、隐蔽工程验收记录、施工检验记录；

8）检验记录：渗漏水检测记录、观感质量检查记录；

9）施工日志：逐日施工情况；

10）其他技术资料：事故处理报告、技术总结。

（2）地下防水工程隐蔽验收记录的主要内容

1）防水层的基层；

2）防水混凝土结构和防水层被掩盖的部位；

3）施工缝、变形缝、后浇带等防水构造的做法；

4）管道设备穿过防水层的封固部位；

5）渗排水层、盲沟和坑槽；

6）结构裂缝注浆处理部位；

7）衬砌前围岩渗漏水处理部位；

8）基坑的超挖和回填。

2．屋面防水工程的质量验收内容

（1）屋面防水工程验收的文件和记录

1）设计图纸及会审记录、设计变更通知单和材料代用核定单；

2）施工方法、技术措施、质量保证措施；

3）施工操作要求及注意事项；

4）出厂合格证、性能检验报告、出厂检验报告、进场验收记录和进场检验报告；

5）逐日施工情况；

6）工序交接检验记录、检验批质量验收记录、隐蔽工程验收记录、淋水或蓄水检验记录、观感质量检查记录、安全与功能抽样检验（检测）记录；

7）事故处理报告、技术总结。

（2）屋面防水工程隐蔽验收记录的主要内容

1）卷材、涂膜防水层的基层；

2）保温层的隔汽和排气措施；

3）保温层的铺设方式、厚度、材料缝隙填充质量及热桥部位的保温措施；

4）接缝的密封处理；

5）瓦材与基层的固定措施；

6）天沟、檐沟、泛水、水落口和变形缝等细部做法；

7）在屋面易开裂和渗水部位的附加层；

8）保护层与卷材、涂膜防水层之间设置的隔离层；

9）金属板材与基层的固定和板缝间的密封处理；

10）坡度较大时防止卷材和保温层下滑的措施。

3. 室内防水工程的质量验收内容

（1）室内防水工程验收的文件和记录

1）设计图纸及会审记录、设计变更通知单和材料代用核定单；

2）施工方法、技术措施、质量保证措施；

3）施工操作要求及注意事项；

4）出厂合格证、质量检验报告和试验报告；

5）分项工程质量验收记录、隐蔽工程验收记录、施工检验记录、蓄水检验记录；

6）施工日志；

7）抽样质量检验及观察检查记录；

8）事故处理报告。

（2）室内防水工程隐蔽验收记录的主要内容

1）卷材、涂料、涂膜等防水层的基层；

2）卷材、涂膜等防水层的搭接宽度和附加层；

3）涂料涂层厚度、涂膜厚度、卷材厚度。

4）刚柔防水各层次之间的搭接情况；

5）密封防水处理部位；

6）管道、地漏等细部做法。

（五）装饰装修工程质量验收

建筑装饰装修工程质量验收内容包括过程验收和竣工验收两个方面。建筑工程专业建造师应通过审批验收计划，组织自行检查评定分部（子分部）工程、单位（子单位）工程，参加分部（子分部）工程验收、单位（子单位）工程竣工验收实现对建筑装饰装修工程质量验收内容的控制。

1. 过程验收

（1）装饰装修工程主要隐蔽工程验收项目

龙骨隔墙、地垄墙钢筋绑扎、石材钢骨架焊接、隔墙岩棉、木/钢板饰面基层、卫生间防水、吊顶工程暗龙骨、吊顶工程明龙骨等。

（2）检验批、分项工程、分部（子分部）工程验收

建筑装饰装修工程的子分部工程及其分项工程的划分见表1-24。

建筑装饰装修工程的子分部工程及其分项工程的划分　　　　　　　表1-24

序号	子分部工程	分项工程
1	建筑地面	基层铺设，整体面层铺设，板块面层铺设，木、竹面层铺设
2	抹灰	一般抹灰，保温层薄抹灰，装饰抹灰，清水砌体勾缝
3	外墙防水	外墙砂浆防水，涂膜防水，透气膜防水
4	门窗	木门窗安装，金属门窗安装，塑料门窗安装，特种门安装，门窗玻璃安装
5	吊顶	整体面层吊顶，板块面层吊顶，格栅吊顶
6	轻质隔板	板材隔墙，骨架隔墙，活动隔墙，玻璃隔墙
7	饰面板	石板安装，陶瓷板安装，木板安装，金属板安装，塑料板安装
8	饰面砖	外墙饰面砖粘贴，内墙饰面砖粘贴
9	幕墙	玻璃幕墙安装，金属幕墙安装，石材幕墙安装，陶板幕墙安装
10	涂饰	水性涂料涂饰，溶剂型涂料涂饰，美术涂饰
11	裱糊与软包	裱糊，软包
12	细部	橱柜制作与安装，窗帘盒和窗台板制作与安装，门窗套制作与安装，护栏和扶手制作与安装，花饰制作与安装

1）检验批验收

检验批量：建筑装饰装修工程的检验批可根据施工及质量控制和验收需要按楼层、施工段、变形缝等进行划分。一般按楼层划分检验批，对于工程量较少的分项工程可统一划分为一个检验批。

合格条件：

① 质量控制资料：具有完整的施工操作依据、质量检查记录。

② 主控项目：抽查样本均应符合《建筑装饰装修工程质量验收标准》GB 50210—2018主控项目的规定。

③ 一般项目：抽查样本的80%以上应符合一般项目的规定。其余样本不存在影响使用功能或明显影响装饰效果的缺陷，其中有允许偏差的检验项目，其最大偏差≤规范规定允许偏差的1.5倍。

2）分项工程、子分部工程、分部工程验收

分项工程验收：各检验批部位、区段的质量均应达到《建筑装饰装修工程质量验收标准》GB 50210—2018的规定。

子分部工程验收：子分部工程中各分项工程的质量均应验收合格，并应符合下列规定：

① 应具备《建筑装饰装修工程质量验收标准》GB 50210—2018各子分部工程规定检验的文件和记录。

② 应具备《建筑装饰装修工程质量验收规范》GB 50210—2018 表 15.0.6 规定的有关安全和功能的检测项目的合格报告。

③ 观感质量应符合《建筑装饰装修工程质量验收标准》GB 50210—2018 各分项工程中一般项目的要求。

分部工程验收：分部工程中各子分部工程的质量均应验收合格，并应按上述子分部工程验收第①～③条的规定进行核查。

2. 竣工验收

(1) 分部工程竣工验收

建筑装饰装修工程由总承包单位施工时，按分部工程验收；由分包单位施工时，分包单位应按《建筑工程施工质量验收统一标准》GB 50300—2013 规定的程序检查评定。分包单位对承建的装饰装修工程进行检验时，总承包单位应参加，检验合格后，分包单位应将工程的有关资料移交给总承包单位。

(2) 单位（子单位）工程竣工验收

当建筑工程只有装饰装修工程时，该工程应作为单位工程验收。

当建筑装饰装修工程作为一个单位工程按施工段由几个施工单位负责施工时，当其中的施工单位所负责的子单位工程已按设计完成，并经自行检验合格后，也可按规定的程序组织正式验收，办理交工手续。在整个单位工程全部验收时，已验收的子单位工程的验收资料应作为单位工程验收的附件。

(六) 工程档案的编制

工程在施工过程中所形成的资料应按《建筑工程资料管理规程》JGJ/T 185—2009 的要求进行整理，如果地方标准高于本规程要求，也可使用地方标准，但必须满足以下基本要求。

1. 基本规定

(1) 工程资料的管理

1) 工程资料应与建筑工程建设过程同步形成，并应真实反映建筑工程的建设情况和实体质量；

2) 工程资料管理应制度健全、岗位责任明确，并应纳入工程建设管理的各个环节和各级相关人员的职责范围；

3) 工程资料的套数、费用、移交时间应在合同中明确；

4) 工程资料的收集、整理、组卷、移交及归档应及时。

(2) 工程资料的形成

1) 工程资料形成单位应对资料内容的真实性、完整性、有效性负责；由多方形成的资料，应各负其责；

2) 工程资料的填写、编制、审核、审批、签认应及时进行，其内容应符合相关规定；

3) 工程资料不得随意修改；当需要修改时，应实行划改，并由划改人签署；

4) 工程资料的文字、图表、印章应清晰；

5) 工程资料应为原件；当为复印件时，提供单位应在复印件上加盖单位印章，并应有经办人签字及日期；提供单位应对资料的真实性负责；

6) 工程资料应内容完整、结论明确、签认手续齐全；

7）工程资料宜采用信息化技术进行辅助管理。

2. 工程资料分类

（1）工程资料可分为工程准备阶段文件、监理资料、施工资料、竣工图和工程竣工文件5类；

（2）工程准备阶段文件可分为决策立项文件、建设用地文件、勘察设计文件、招标投标及合同文件、开工文件、商务文件6类；

（3）施工资料可分为施工管理资料、施工技术资料、施工进度及造价资料、施工物资资料、施工记录、施工试验记录及检测报告、施工质量验收记录、竣工验收资料8类；

（4）工程竣工文件可分为竣工验收文件、竣工决算文件、竣工交档文件、竣工总结文件4类。

3. 施工资料组卷要求

（1）专业承包工程形成的施工资料应由专业承包单位负责，并应单独组卷；

（2）电梯应按不同型号每台电梯单独组卷；

（3）室外工程应按室外建筑环境、室外安装工程单独组卷；

（4）当施工资料中部分内容不能按一个单位工程分类组卷时，可按建设项目组卷；

（5）施工资料目录应与其对应的施工资料一起组卷；

（6）应按单位工程进行组卷。

4. 工程资料移交及归档

工程资料移交及归档应符合国家现行有关法规和标准的规定，当无规定时应按合同约定移交及归档。

（1）工程资料移交

1）施工单位应向建设单位移交施工资料；

2）实行施工总承包的，各专业承包单位应向施工总承包单位移交施工资料；

3）监理单位应向建设单位移交监理资料；

4）工程资料移交时应及时办理相关移交手续，填写工程资料移交书、移交目录；

5）建设单位应按国家有关法规和标准的规定向城建档案管理部门移交工程档案，并办理相关手续。有条件时，向城建档案管理部门移交的工程档案应为原件。

（2）工程资料归档

1）工程资料归档保存期限应符合国家现行有关标准的规定；当无规定时，宜≥5年；

2）建设单位工程资料归档保存期限应满足工程维护、修缮、改造、加固的需要；

3）施工单位工程资料归档保存期限应满足工程质量保修及质量追溯的需要。

六、工程质量问题与处理

（一）工程质量问题的分类

1. 建筑工程质量问题的分类

（1）工程质量缺陷

工程质量缺陷是指建筑工程施工质量中不符合规定要求的检验项或检验点，按其程度可分为严重缺陷和一般缺陷。严重缺陷是指对结构构件的受力性能或安装使用性能有决定性影响的缺陷；一般缺陷是指对结构构件的受力性能或安装使用性能无决定性影响的缺陷。

（2）工程质量通病

工程质量通病是指各类影响工程结构、使用功能和外形观感的常见性质量损伤。犹如"多发病"一样，故称质量通病，例如结构表面不平整、局部漏浆、管线不顺直等。

（3）工程质量事故

工程质量事故是指由于建设、勘察、设计、施工、监理等单位违反工程质量有关法律法规和工程建设标准，使工程产生结构安全、重要使用功能等方面的质量缺陷，造成人身伤亡或者重大经济损失的事故。

2. 工程质量事故的分类

依据住房和城乡建设部《关于做好房屋建筑和市政基础设施工程质量事故报告和调查处理工作的通知》（建质〔2010〕111号），按工程质量事故造成的人员伤亡或者直接经济损失将工程质量事故分为四个等级：一般事故、较大事故、重大事故、特别重大事故，具体如下（"以上"包括本数，"以下"不包括本数）：

（1）特别重大事故，是指造成30人以上死亡，或者100人以上重伤，或者1亿元以上直接经济损失的事故；

（2）重大事故，是指造成10人以上30人以下死亡，或者50人以上100人以下重伤，或者5000万元以上1亿元以下直接经济损失的事故；

（3）较大事故，是指造成3人以上10人以下死亡，或者10人以上50人以下重伤，或者1000万元以上5000万元以下直接经济损失的事故；

（4）一般事故，是指造成3人以下死亡，或者10人以下重伤，或者100万元以上1000万元以下直接经济损失的事故。

3. 工程质量问题常见的成因（不仅限于此内容）

（1）倾倒事故

1）由于地基不均匀沉降或受到较大的外力而造成的建筑物或构筑物倾斜或倒塌。

2）在砌筑过程中没有按图纸或规范要求的施工工艺操作而造成的墙体失稳、倾倒的情形。

3）施工荷载超重、支撑系统不足，造成楼盖或墙体局部倒塌的情形。

（2）开裂事故

1）由于施工措施、工艺不到位而造成混凝土构件表面或钢结构焊缝出现超过规范允许的裂缝。

2）施工荷载过重、混凝土养护不到位、模板拆除过早造成混凝土构件表面出现超过规范允许的裂缝。

3）对混凝土原材料、外加剂和配合比使用不严谨，使出场的混凝土自身存在缺陷而形成的裂缝。

4）使用了和母材不匹配的焊接材料及与环境不对应的焊接参数和措施。

（3）错位事故

1）由于自身工作疏忽，造成建筑物定位放线不准确。

2）设备基础预埋件、预留洞位置不准确，严重偏位造成设备无法安装。

3）钢结构制作工艺不良，运输、堆放、安装方法不当，焊接定位不精确。

4）预留洞、预埋件位置错位。

（4）边坡支护事故

1）设计方案不合理、基坑降水措施不到位、土方开挖程序不合理等。

2）边坡顶部堆载超过设计要求、边坡锚杆深度不足或预应力张拉过早且不到位、孔内水泥灌浆不饱满、边坡监测不到位等造成的边坡塌陷。

（5）沉降事故

1）回填材料或施工质量不合格，未按规范规定分层夯实、检测，导致回填部位出现下沉。

2）不均匀沉降造成的损害。

（6）功能事故

1）防水工程

① 防水材料的质量未达到设计、规范的要求，在使用中出现严重渗漏。

② 防水工程交叉施工时成品保护不到位、材料等未按要求堆放导致防水层被破坏。

③ 防水工程未按施工方案、工序、工艺标准要求进行施工，造成严重渗漏。

2）装饰工程

① 保温、隔热、装饰等材料质量不合格或不符合节能环保的要求，从而影响使用功能。

② 装饰工程所使用的防火材料质量未达到设计、规范的防火等级标准。

③ 装饰工程未按施工方案、工序、工艺标准要求进行操作。

（7）安装事故

1）大型设备、管道在运输、吊装过程中方案不正确或未按方案执行，导致滑脱、坠落。

2）大型设备、管道的支架、托架、吊架安装不牢固，所使用的型钢、锚栓规格型号不符合要求，导致设备、管道脱落变形，影响正常使用或形成安全隐患。

3）阀类、压力容器等安装质量及承压能力不符合设计和规范要求。

4）由于安装的原因，导致系统运转不正常或者不能满足设计要求。

（8）管理事故

1）分部分项工程施工顺序安排不当，造成质量问题和严重经济损失。

2）施工人员不熟悉图纸，盲目施工，致使构件或预埋件定位错误。

3）在施工过程中未严格按施工组织设计、施工方案和工序、工艺标准要求进行施工，造成经济损失。

4）对进场的材料、成品、半成品不按规定检查验收、存放、复试等，造成经济损失。

5）未尽到总承包责任，导致现场管理混乱，进而造成一定的经济损失。

（二）工程质量问题的处理

1. 工程质量问题的处理依据

工程质量问题的处理依据主要有以下几个方面：

（1）工程质量问题的实况资料；

（2）具有法律效力的工程承包合同、设计委托合同、材料或设备购销合同以及监理合同或分包合同等合同文件；

（3）有关的技术文件、档案和相关的建设法规。

2. 工程质量问题的报告

（1）工程质量问题发生后，事故现场有关人员应当立即向工程建设单位负责人报告；工程建设单位负责人接到报告后，应于 1h 内向事故发生地县级以上人民政府住房和城乡建设主管部门及有关部门报告。情况紧急时，事故现场有关人员可直接向事故发生地县级以上人民政府住房和城乡建设主管部门报告。

（2）住房和城乡建设主管部门接到事故报告后，应当依照下列规定上报事故情况，并同时通知公安机关、监察机关等有关部门：

1）较大、重大及特别重大事故逐级上报至国务院住房和城乡建设主管部门，一般事故逐级上报至省级人民政府住房和城乡建设主管部门，必要时可以越级上报事故情况。

2）住房和城乡建设主管部门上报事故情况，应当同时报告本级人民政府；国务院住房和城乡建设主管部门接到重大和特别重大事故的报告后，应当立即报告国务院。

3）住房和城乡建设主管部门逐级上报事故情况时，每级上报时间≤2h。

4）事故报告应包括下列内容：

① 事故发生的时间、地点、工程项目名称、工程各参建单位名称；

② 事故发生的简要经过、伤亡人数（包括下落不明的人数）和初步估计的直接经济损失；

③ 事故的初步原因；

④ 事故发生后采取的措施及事故控制情况；

⑤ 事故报告单位、联系人及联系方式；

⑥ 其他应当报告的情况。

5）事故报告后出现新情况，以及事故发生之日起 30d 内伤亡人数发生变化的，应当及时补报。

3. 工程质量问题的调查方式

（1）住房和城乡建设主管部门应当按照有关人民政府的授权或委托，组织或参与事故调查组对事故进行调查，并履行下列职责：

1）核实事故基本情况，包括事故发生的经过、人员伤亡情况及直接经济损失；

2）核查事故项目基本情况，包括项目履行法定建设程序情况、工程各参建单位履行职责情况；

3）依据国家有关法律法规和工程建设标准分析事故的直接原因和间接原因，必要时组织对事故项目进行检测鉴定和专家技术论证；

4）认定事故的性质和事故责任；

5）依照国家有关法律法规提出对事故责任单位和责任人员的处理建议；

6）总结事故教训，提出防范和整改措施；

7）提交事故调查报告。

（2）事故调查报告应当包括下列内容：

1）事故项目及各参建单位概况；

2）事故发生经过和事故救援情况；

3）事故造成的人员伤亡和直接经济损失；

4）事故项目有关质量检测报告和技术分析报告；

5）事故发生的原因和事故性质；

6）事故责任的认定和事故责任者的处理建议；

7）事故防范和整改措施。

事故调查报告应当附具有关证据材料。事故调查组成员应当在事故调查报告上签名。

4．工程质量问题的处理

（1）住房和城乡建设主管部门应当依据有关人民政府对事故调查报告的批复和有关法律法规的规定，对事故相关责任者实施行政处罚。处罚权限不属于本级住房和城乡建设主管部门的，应当在收到事故调查报告批复后15个工作日内，将事故调查报告（附具有关证据材料、结案批复、本级住房和城乡建设主管部门对有关责任者的处理建议等）转送到有权限的住房和城乡建设主管部门。

（2）住房和城乡建设主管部门应当依据有关法律法规的规定，对事故负有责任的建设、勘察、设计、施工、监理等单位和施工图审查、质量检测等有关单位分别给予罚款、停业整顿、降低资质等级、吊销资质证书中的一项或多项处罚，对事故负有责任的注册执业人员分别给予罚款、停止执业、吊销执业资格证书、终身不予注册中的一项或多项处罚。

（三）地基基础工程施工质量要求及质量事故处理

1．地基基础工程的施工质量要求

地基基础工程的施工质量应符合《建筑地基基础工程施工质量验收标准》GB 50202—2018的有关规定。

2．地基基础工程质量问题及治理措施

（1）边坡塌方

1）现象

在挖方过程中或挖方后，边坡局部或大面积塌方，使地基土受到扰动，承载力降低，严重的会影响建筑物的安全。

2）原因

① 基坑（槽）开挖坡度过陡，或通过不同土层时，没有根据土的特性分别放成不同坡度，致使边坡失稳而塌方。

② 在有地表水、地下水作用的土层开挖时，未采取有效的降排水措施，造成涌砂、涌泥、涌水，内聚力降低，引起塌方。

③ 边坡顶部堆载过大，或受外力振动影响，使边坡内剪切应力增大，边坡土体承载力不足，土体失稳而塌方。

④ 土质松软，开挖次序、方法不当而造成塌方。

3）治理措施

对于基坑（槽）塌方，应清除塌方后采取临时性支护措施；对于永久性边坡局部塌方，应清除塌方后用块石填砌或用2∶8、3∶7灰土回填嵌补，与土接触部位做成台阶搭接，防止滑动；或将坡度改缓。同时，应做好地面排水和降低地下水位的工作。

（2）回填土密实度达不到要求

1）现象

回填土经夯实或碾压后，其密实度达不到设计要求，在荷载作用下变形增大，强度和稳定性下降。

2）原因

① 土的含水率过大或过小，因而达不到最优含水率下的密实度要求。

② 填方土料不符合要求。

③ 碾压或夯实机具能量不够，达不到影响深度要求，使土的密实度降低。

3）治理措施

① 将不符合要求的土料挖出换土，或掺入石灰、碎石等夯实加固。

② 因含水量过大而达不到密实度要求的土层，可采用翻松晾晒、风干，或均匀掺入干土等吸水材料，重新夯实。

③ 因含水量小或碾压机能量过小时，可采用增加夯实遍数，或使用大功率压实机碾压等措施。

（3）基坑（槽）泡水

1）现象

基坑（槽）开挖后，地基土被水浸泡。

2）治理措施

① 被水淹泡的基坑，应采取措施将水引走排净；

② 设置截水沟，防止水冲刷边坡；

③ 已被水浸泡扰动的土，采取排水晾晒后夯实；或抛填碎石、小块石夯实；或换土夯实（3∶7灰土）。

（4）预制桩桩身断裂

1）现象

桩在沉入过程中，桩身突然倾斜错位，桩尖处土质条件没有特殊变化，而贯入度逐渐增加或突然增大；同时，当桩锤跳起后，桩身随之出现回弹现象。

2）原因

① 制作桩时，桩身弯曲超过规定，桩尖偏离桩的纵轴线较大，沉入过程中桩身发生倾斜或弯曲。

② 桩入土后，遇到大块坚硬的障碍物，把桩尖挤向一侧。

③ 稳桩不垂直，压入地下一定深度后，再用走架方法校正，使桩产生弯曲。

④ 两节桩或多节桩施工时，相接的两节桩不在同一轴线上，产生了弯曲。

⑤ 制作桩的混凝土强度不够，桩在堆放、吊运过程中产生裂纹或断裂未被发现。

3）防治措施

① 施工前应将桩位下的障碍物清除干净，必要时对每个桩位用钎探了解。对桩构件进行检查，发现桩身弯曲超标或桩尖不在纵轴线上的不宜使用。

② 在稳桩过程中及时纠正不垂直，接桩时要保证上下桩在同一纵轴线上，接头处要严格按照操作规程施工。

③ 桩在堆放、吊运过程中，严格按照有关规定执行，发现裂缝超过规定坚决不能使用。

④ 应会同设计人员共同研究处理方法。根据工程地质条件，上部荷载及桩所处的结构部位，可以采取补桩的方法。可在轴线两侧分别补一根或两根桩。

（5）干作业成孔灌注桩的孔底虚土多

1）现象

成孔后孔底虚土过多，超过标准≤100mm 的规定。

2）治理措施

① 在孔内做二次或多次投钻。即用钻一次投到设计标高，在原位旋转片刻，停止旋转静拔钻杆。

② 用勺钻清理孔底虚土。

③ 如虚土是砂或砂卵石时，可先采用孔底浆拌合，然后再灌混凝土。

④ 采用孔底压力灌浆法、压力灌混凝土法及孔底夯实法解决。

（6）泥浆护壁灌注桩坍孔

1）现象

在成孔过程中或成孔后，孔壁坍落。

2）原因

① 泥浆相对密度不够，起不到可靠的护壁作用。

② 孔内水头高度不够或孔内出现承压水，降低了静水压力。

③ 护筒埋置太浅，下端孔坍塌。

④ 在松散砂层中钻孔时，进尺速度太快或停在一处空转时间太长，转速太快。

⑤ 冲击（抓）锥或掏渣筒倾倒，撞击孔壁。

⑥ 用爆破处理孔内孤石、探头石时，炸药量过大，造成很大震动。

3）防治措施

① 在松散砂土或流砂中钻进时，应控制进尺，选用相对密度、黏度、胶体率较大的优质泥浆（或投入黏土掺片石或卵石，低锤冲击，使黏土膏、片石、卵石挤入孔壁）。

② 如地下水位变化过大，应采取升高护筒、增大水头或用虹吸管连接等措施。

③ 严格控制冲程高度和炸药用量。

④ 孔口坍塌时，应先探明位置，将砂和黏土（或砂砾和黄土）混合物回填到坍孔位置以上 1～2m。如坍塌严重，应全部回填，等回填物沉积密实后再进行钻孔。

（四）主体结构工程施工质量要求及质量事故处理

1. 主体结构工程的施工质量要求

主体结构工程主要有钢筋混凝土结构、钢结构和砌体结构等，具体施工质量要求详见国家相应质量验收规范中的相关规定。

2. 钢筋混凝土结构工程中主要质量问题及防治措施

（1）钢筋错位

1）现象

柱、梁、板、墙主筋位置或保护层偏差过大。

2）原因

钢筋未按照设计或翻样尺寸进行加工和安装；钢筋现场翻样时，未合理考虑主筋的相互位置及避让关系；混凝土浇筑过程中，钢筋被碰撞移位后，在混凝土初凝前，没能及时被校正；保护层垫块尺寸或安装位置不准确。

3）防治措施

钢筋现场翻样时，应根据结构特点合理考虑钢筋之间的避让关系，应严格按照设计和现场翻样的尺寸进行钢筋加工和安装；钢筋绑扎或焊接必须牢固，固定钢筋措施可靠、有效；为使保护层厚度准确，垫块要沿主筋方向摆放，位置、数量准确；混凝土浇筑过程中应采取措施，尽量不碰撞钢筋，严禁砸、压、踩踏和直接顶撬钢筋，浇筑过程中还要有专人随时检查钢筋位置，并及时校正。

（2）混凝土强度等级偏低，不符合设计要求

1）现象

混凝土标准养护试块或现场检测强度，按规范标准评定达不到设计要求的强度等级。

2）原因

① 配制混凝土所用原材料的材质不符合国家标准的规定。

② 拌制混凝土时没有法定检测机构提供的混凝土配合比试验报告，或操作中未能严格按混凝土配合比进行规范操作。

③ 拌制混凝土时投料计量有误。

④ 混凝土搅拌、运输、浇筑、养护不符合规范要求。

3）防治措施

① 配制混凝土所用水泥、粗（细）骨料和外加剂等均必须符合有关标准规定。

② 必须按法定检测机构发出的混凝土配合比试验报告进行拌制。

③ 拌制混凝土必须按质量比计量投料，且计量要准确。

④ 混凝土拌合必须采用机械搅拌，加料顺序为粗骨料→水泥→细骨料→水，并严格控制搅拌时间。

⑤ 混凝土的运输和浇捣必须在混凝土初凝前进行。

⑥ 控制好混凝土的浇筑和振捣质量。

⑦ 控制好混凝土的养护。

（3）混凝土表面缺陷

1）现象

拆模后混凝土表面出现麻面、露筋、蜂窝、孔洞等。

2）原因

① 模板表面不光滑、安装质量差、接缝不严、漏浆，模板表面污染未清除。

② 木模板在混凝土入模之前没有充分湿润，钢模板脱模剂涂刷不均匀。

③ 钢筋保护层垫块厚度或放置间距、位置等不当。

④ 局部配筋、铁件过密，阻碍混凝土下料或无法正常振捣。

⑤ 混凝土坍落度、和易性不好。

⑥ 混凝土浇筑方法不当、不分层或分层过厚，布料顺序不合理等。

⑦ 混凝土浇筑高度超过规定要求且未采取措施，导致混凝土离析。

⑧ 漏振或振捣不实。

⑨ 混凝土拆模过早。

3）防治措施

① 模板使用前应进行表面清理，保持表面清洁、光滑，钢模板应保证边框平直，组

合后应使接缝严密，必要时可用胶带加强，浇筑混凝土前应充分湿润或均匀涂刷脱模剂。

② 按规定或方案要求合理布料，分层振捣，防止漏振。

③ 对局部配筋或铁件过密处，应事先制定处理措施，保证混凝土能够顺利通过，浇筑密实。

（4）混凝土柱、墙、梁等构件外形尺寸、轴线位置偏差大

1）现象

混凝土柱、墙、梁等外形尺寸、表面平整度、轴线位置等超过规范允许偏差值。

2）原因

① 没有按施工图进行施工放线或误差过大。

② 模板的强度和刚度不足。

③ 模板支撑基座不实，受力变形大。

3）防治措施

① 施工前必须按施工图放线，并确保构件断面几何尺寸和轴线定位线准确无误。

② 模板及其支撑（架）必须具有足够的承载力、刚度和稳定性，确保模具在浇筑混凝土及养护过程中不变形、不失稳、不跑模。

③ 要确保模板支撑基座坚实。

④ 在浇筑混凝土前后及过程中，要认真检查，及时发现问题，及时纠正。

（5）混凝土收缩裂缝

1）现象

裂缝多出现在新浇筑并暴露于空气中的结构构件表面，有塑态收缩、沉陷收缩、干燥收缩、碳化收缩、凝结收缩等收缩裂缝。

2）原因

① 混凝土原材料质量不合格，如骨料含泥量大等。

② 水泥或掺合料用量超出规范规定。

③ 混凝土水灰比、坍落度偏大，和易性差。

④ 混凝土浇筑振捣差，养护不及时或养护差。

3）防治措施

① 选用合格的原材料。

② 根据现场情况、图纸设计和规范要求，由有资质的试验室确定合适的混凝土配合比，并确保搅拌质量。

③ 确保混凝土浇筑振捣密实，并在初凝前进行二次抹压。

④ 确保混凝土及时养护，并保证养护质量满足要求。

3. 钢结构工程中主要质量问题及防治措施

（1）钢柱底部螺栓孔偏移

1）现象

钢柱底部预留螺栓孔与预埋螺栓不对中。

2）防治措施

① 钢柱底部预留螺栓孔应放大样后制作，并确保螺栓孔位与柱子轴线相对位置准确。

② 如螺栓孔偏移不大，经设计人员许可，沿偏差方向将孔扩大为椭圆孔，然后换用

加大的垫圈进行安装。

③ 如螺栓孔偏移较大，经设计人员认可，可将原孔塞焊，重新补钻孔。

（2）底脚螺栓位移

1）现象

底脚螺栓与轴线相对位置超过允许值。

2）防治措施

① 先浇筑混凝土，预留孔洞，后埋螺栓。埋螺栓时，采用型钢两次校正办法，检查无误后浇筑预留孔洞。

② 将每根柱的底脚螺栓用预埋钢架固定，一次浇筑混凝土。

③ 可用氧乙炔火焰将柱底座板螺栓孔扩大，安装时另加厚钢垫板。

④ 如螺栓孔相对偏移较大，经设计人员同意可将螺栓割除，将根部螺栓焊于预埋钢板上，附上一块与预埋钢板等厚的钢板，再与预埋钢板采取铆钉塞焊法焊上，然后根据设计要求焊上新螺栓。

（3）连接板拼装不严密

1）现象

连接板之间拼缝不密实，有间隙。

2）防治措施

① 连接处钢板应平直，变形较大者应调整后使用。

② 连接型钢或零件平面坡度＞1：20时，应放置斜垫片。

③ 连接板之间的间隙＜1mm时，可不作处理。

④ 连接板之间的间隙为1～3mm时，将厚的一侧做成向较薄一侧过渡的缓坡。

⑤ 连接板之间的间隙＞3mm时，填入垫板，垫板的表面与构件做同样处理。

4. 砌体结构工程中主要质量问题及防治措施

（1）住宅工程附墙烟道堵塞、串烟

1）现象

砖混结构住宅的居室和厨房附墙烟道被堵塞，或各楼层间烟道相互串烟，影响建筑物的使用和人身安全。

2）防治措施

① 砌筑附墙烟道部位应建立责任制，各楼层烟道采取定人定位（各楼层同一轴线的烟道，尽量由同一人砌筑），以便于明确责任和实行奖惩。

② 砌筑烟道安放瓦管时，应注意将接口对齐，接口周围用砂浆塞严，四周间隙内嵌塞碎砖，以嵌固瓦管。砌筑烟道时应先放瓦管后砌墙体，以防止碎砖、砂浆等杂物掉入管内。

③ 推广采用桶式提芯工具的施工方法，既可防止杂物落入烟道内造成堵塞，又可使烟道内壁砂浆光滑、密实，对防止串烟有利。

（2）因地基不均匀下沉引起的墙体裂缝

1）现象

① 在纵墙的两端出现斜裂缝，多数裂缝通过窗口的两个对角，裂缝向沉降较大的方向倾斜，并由下向上发展。裂缝多位于墙体下部，向上逐渐减少，裂缝宽度下大上小，常常在房屋建成后不久就出现，其数量及宽度随时间而逐渐发展。

② 在窗间墙的上下对角处成对出现水平裂缝，沉降大的一边裂缝在下，沉降小的一边裂缝在上。

③ 在纵墙中央的顶部和底部窗台处出现竖向裂缝，裂缝上宽下窄。当纵墙顶部有圈梁时，顶层中央顶部竖向裂缝较少。

2）防治措施

① 加强基坑（槽）钎探工作。对于较复杂的地基，在基坑（槽）开挖后应进行普遍钎探，待探出的软弱部位进行加固处理后，方可进行基础施工。

② 合理设置沉降缝。操作中应防止浇筑圈梁时将断开处浇在一起，或砖头、砂浆等杂物落入缝内，以免房屋不能自由沉降而发生墙体拉裂现象。

③ 提高上部结构的刚度，增强墙体抗剪强度。应在基础顶面（±0.000）及各楼层门窗口上部设置圈梁，减少建筑物端部门窗数量。操作中严格执行规范规定，如砖浇水润湿、改善砂浆和易性、提高砂浆饱满度和砖层间的粘结（提高灰缝的砂浆饱满度，可以大大提高墙体的抗剪强度）。在施工临时间断处应尽量留置斜槎。当留置直槎时，也应加拉结筋，坚决消灭阴槎又无拉结筋的做法。

④ 宽大窗口下部应考虑设混凝土梁或砌反砖拱以适应窗台反梁作用的变形，防止窗台处产生竖直裂缝。为避免多层房屋底层窗台下出现裂缝，除了加强基础整体性外，也可采取通长配筋的方法来加强；另外，窗台部位也不宜使用过多的半砖砌筑。

（3）填充墙砌筑不当，与主体结构交接处出现裂缝

1）现象

框架梁底、柱边出现裂缝。

2）防治措施

① 柱边（框架柱或构造柱）应设置间距≤500mm 的 2φ6 钢筋，且在砌体内锚固长度≥1000mm 的拉结筋。

② 填充墙梁下口最后 3 皮砖应在下部墙砌完 14d 后砌筑，并由中间开始向两边斜砌。

③ 如为空心砖外墙，里口用半砖斜砌墙；外口先立斗模，再浇筑强度等级≥C10 的细石混凝土，终凝拆模后将多余的混凝土凿去。

④ 外窗下为空心砖墙时，若设计无要求，应将窗台改为≥C10 的细石混凝土，其长度＞窗边 100mm，并在细石混凝土内加 2φ6 钢筋。

⑤ 柱与填充墙接触处应设钢丝网片，防止该处出现粉刷裂缝。

（五）防水工程施工质量要求及质量事故处理

1. 防水工程的施工质量要求

（1）地下建筑防水工程的施工质量要求

1）使用的材料应符合设计要求和质量标准的规定。

2）防水混凝土的抗压强度和抗渗压力必须符合设计要求。

3）防水混凝土应密实，表面应平整，不得有露筋、蜂窝等缺陷；缝隙混凝土应符合设计要求。

4）水泥砂浆防水层应密实、平整、粘结牢固，不得有空鼓、裂纹、起砂、麻面等缺陷；防水层厚度应符合设计要求。

5）卷材接缝应粘结牢固、封闭严密，防水层不得有损伤、空鼓、皱折等缺陷。

6）涂层应粘结牢固，不得有脱皮、流淌、鼓泡、露胎体、皱折等缺陷；涂层厚度应符合设计要求。

7）塑料板防水层应铺设牢固、平整，搭接焊缝应严密，不得有焊穿、下垂、绷紧现象。

8）金属板防水层焊缝不得有裂纹、未熔合、夹渣、焊瘤、咬边、烧穿、弧坑、针状气孔等缺陷，保护涂层应符合设计要求。

9）变形缝、施工缝、后浇带、穿墙管道等防水构造应符合设计要求。

（2）屋面防水工程的施工质量要求

1）使用的材料应符合设计要求和质量标准的规定。

2）找平层表面应平整，不得有酥松、起砂、起皮现象。

3）保温层的厚度、含水率和表观密度应符合设计要求。

4）天沟、檐沟、泛水和变形缝等构造应符合设计要求。

5）卷材铺贴方法和搭接顺序应符合设计要求，搭接宽度正确，接缝严密，不得有皱折、鼓泡和翘边现象。

6）涂膜防水层的厚度应符合设计要求，涂层无裂纹、皱折、流淌、鼓泡和露胎体现象。

7）刚性防水层表面应平整、压光，不起砂、不起皮、不开裂；分格缝应平直，位置正确。

8）嵌缝密封材料应与两侧基层粘牢，密封部位应光滑、平直，不得有开裂、鼓泡、下塌现象。

9）平瓦屋面的基层应平整、牢固，瓦片排列整齐、平直，搭接合理，接缝严密，不得有残缺瓦片。

10）防水层不得有渗漏或积水现象。

（3）室内防水工程的施工质量要求

1）材料检测报告、材料进场复试报告及其他存档资料须符合设计及国家相关标准要求。

2）涂膜厚度、卷材厚度、复合防水层厚度均应达到设计要求。

3）涂膜防水层应均匀一致，不得有开裂、脱落、气泡、孔洞及收头不严密等缺陷。

4）卷材铺贴表面应平整无皱折、搭接缝宽度一致，卷材粘贴牢固、嵌缝严密，不得有翘边、开裂及鼓泡等现象。

5）刚柔防水各层次之间应粘结牢固，防水层表面涂膜应均匀一致、平整，不得有气泡、脱落、孔洞及收头不严密等缺陷。

6）水泥基渗透结晶型防水材料施工的基面应为混凝土，非混凝土基面上必须做水泥砂浆基层后才能涂刷，其表面应坚实、平整，不得有露筋、蜂窝、孔洞、麻面和渗漏水现象；混凝土裂缝宽度应≤0.2mm，且不得有贯通裂缝。

7）水泥基渗透结晶型防水涂层应均匀，水泥基渗透结晶型防水砂浆应压实；两项均不应有起皮、空鼓、裂纹等缺陷；水泥基渗透结晶型防水涂层及防水砂浆层均应做3～7d的喷雾养护，养护后再做蓄水试验。

8）界面渗透型防水液喷涂应均匀一致（检查方法：喷涂防水液后应立即观察表面粉色酚酞反应显示状况，确定漏喷或不均匀现象，并采取措施补喷）。

9）防水细部构造处理应符合设计要求，施工完毕立即验收，并做好隐蔽工程记录。

10）竣工后的防水层不得有积水和渗漏现象，地面排水必须畅通。

（4）防水工程施工质量具体要求可详见《屋面工程质量验收规范》GB 50207—2012及《地下防水工程质量验收规范》GB 50208—2011 中的有关规定。

2. 防水工程质量问题及治理措施

（1）防水混凝土施工缝渗漏水

1）现象

施工缝处混凝土松散，骨料集中，接槎明显，沿缝隙处渗漏水。

2）原因

① 施工缝留设位置不当。

② 在支模和绑扎钢筋的过程中，掉入缝内的杂物没有及时清除。浇筑上层混凝土后，在新旧混凝土之间形成夹层。

③ 在浇筑上层混凝土时，未按规定处理施工缝，上、下层混凝土不能牢固粘结。

④ 钢筋过密，内外模板距离狭窄，混凝土浇捣困难，施工质量不易保证。

⑤ 下料方法不当，骨料集中于施工缝处。

⑥ 浇筑地面混凝土时，因工序衔接等原因造成新老接槎部位产生收缩裂缝。

3）治理措施

① 根据渗漏、水压大小情况，采用促凝胶浆或氰凝灌浆堵漏。

② 不渗漏的施工缝，可沿缝剔成八字形凹槽，将松散石子剔除，刷洗干净，用水泥素浆打底，抹 1∶2.5 水泥砂浆找平压实。

（2）防水混凝土裂缝渗漏水

1）现象

混凝土表面有不规则的收缩裂缝且贯通于混凝土结构，有渗漏水现象。

2）原因

① 混凝土搅拌不均匀或水泥品种混用，收缩不一产生裂缝。

② 设计中，对土的侧压力及水压作用考虑不周，结构缺乏足够的刚度。

③ 由于设计或施工等原因产生局部断裂或环形裂缝。

3）治理措施

① 采用促凝胶浆或氰凝灌浆堵漏。

② 对不渗漏的裂缝，可用灰浆或水泥压浆法处理。

③ 对于结构所出现的环形裂缝，可采用埋入式橡胶止水带、后埋式止水带、粘贴式氯丁胶片以及涂刷式氯丁胶片等方法处理。

（3）管道穿墙（地）部位渗漏水

1）现象

常温管道、热力管道以及电缆等穿墙（地）时与混凝土脱离，产生裂缝漏水。

2）原因

① 穿墙（地）管道周围混凝土浇筑困难，振捣不密实。

② 没有认真清除穿墙（地）管道表面锈蚀层，致使穿墙（地）管道不能与混凝土粘结严密。

③ 穿墙（地）管道接头不严或采用有缝管，水渗入管内后又从管内流出。

④ 在施工或使用中穿墙（地）管道受振松动，与混凝土间产生缝隙。

⑤ 热力管道穿墙部位构造处理不当，致使管道在温差作用下因往返伸缩变形而与结构脱离，产生裂缝。

3）治理措施

① 对于水压较小的常温管道穿墙（地）渗漏水，采用直接堵漏法处理：沿裂缝剔成八字形边坡沟槽，采用水泥胶浆将沟槽挤压密实，达到强度要求后，表面做防水层。

② 对于水压较大的常温管道穿墙（地）渗漏水，采用下线堵漏法处理：沿裂缝剔成八字形边坡沟槽，挤压水泥胶浆，同时留设线孔或钉孔，使漏水顺孔眼流出。经检查无渗漏后，沿沟槽抹素浆、砂浆各一道。待其有强度后再按①堵塞漏水孔眼，最后再把整条裂缝做好防水层。

③ 热力管道穿内墙部位出现渗漏水时，可将穿管孔眼剔大，采用埋设预制半圆混凝土套管进行处理。

④ 热力管道穿外墙部位出现渗漏水时，修复时需将地下水位降至管道标高以下，用设置橡胶止水套的方法处理。

（4）卷材屋面开裂

1）现象

卷材屋面开裂一般有两种情况：一种是装配式结构屋面上出现的有规则横向裂缝。当屋面无保温层时，这种横向裂缝往往是通长和笔直的，位置正对屋面板支座的上端；当屋面有保温层时，这种横向裂缝往往是断续和弯曲的，位于屋面板支座两边 10～50cm 范围内。这种有规则横向裂缝一般在屋面完成后 1～4 年的冬季出现，开始细如发丝，以后逐渐加剧，一直发展到 1～2mm 以至更宽；另一种是无规则裂缝，其位置、形状、长度各不相同，出现的时间也无规律，一般贴补后不再裂开。

2）原因

① 产生有规则横向裂缝的主要原因是：温度变化，屋面板产生胀缩，引起板端角变。此外，卷材质量低、老化或在低温条件下产生冷脆，降低了其韧性和延伸度等原因也会产生横向裂缝。

② 产生无规则裂缝的原因是：卷材搭接长度太小，卷材收缩后接头开裂、翘起，卷材老化龟裂、鼓泡破裂或外伤等。此外，找平层的分格缝设置不当或处理不好，以及水泥砂浆不规则开裂等，也会引起卷材的无规则开裂。

3）治理措施

对于基层未开裂的无规则裂缝（老化龟裂除外），一般在开裂处补贴卷材即可。有规则横向裂缝在屋面完工后的几年内，正处于发生和发展阶段，只有逐年治理方能收效。治理方法有：

① 用盖缝条补缝：盖缝条采用卷材或镀锌薄钢板制成。补缝时，按修补范围清理屋面，在裂缝处先嵌入防水油膏或浇灌热沥青。卷材盖缝条应用玛琋脂粘贴，周边要压实刮平。镀锌薄钢板盖缝条应用钉子钉在找平层上，其间距为 200mm 左右，两边再附贴一层宽 200mm 的卷材条。用盖缝条补缝，能适应屋面基层伸缩变形，避免防水层被拉裂，但盖缝条易被踩坏，故不适用于积灰严重、扫灰频繁的屋面。

② 用干铺卷材条作延伸层：在裂缝处干铺一层 250～400mm 宽的卷材条作延伸层。干铺卷材条两侧 20mm 处应用玛瑞脂粘贴。

③ 用防水油膏补缝：补缝用的油膏，目前采用的有聚氯乙烯胶泥和焦油麻丝两种。采用聚氯乙烯胶泥时，应先切除裂缝两边宽度各为 50mm 的卷材和找平层，保证深度为 30mm。然后，清理基层，热灌胶泥至高出屋面 5mm 以上。采用焦油麻丝嵌缝时，先清理裂缝两边宽度各为 50mm 的绿豆砂保护层，再灌上油膏即可。油膏中，焦油、麻丝、滑石粉之比为 100∶15∶60（质量比）。

（5）卷材屋面流淌

1）现象

① 严重流淌：流淌面积占屋面面积的 50% 以上，大部分流淌距离超过卷材搭接长度。卷材大多折皱成团，垂直面卷材拉开脱空，卷材横向搭接有严重错动。在一些脱空和拉断处，产生漏水。

② 中等流淌：流淌面积占屋面面积的 20%～50%，大部分流淌距离在卷材搭接长度范围之内，屋面有轻微折皱，垂直面卷材被拉开 100mm 左右，只有天沟卷材脱空耸肩。

③ 轻微流淌：流淌面积占屋面面积的 20% 以下，流淌距离仅 2～3cm，在屋架端坡处有轻微折皱。

2）原因

① 胶结料耐热度偏低。

② 胶结料粘结层过厚。

③ 屋面坡度过陡，而采用平行屋脊铺贴卷材；或采用垂直屋脊铺贴卷材，在半坡进行短边搭接。

3）治理措施

严重流淌的卷材防水层可考虑拆除重铺。轻微流淌的卷材防水层如不发生渗漏，一般可不予治理。中等流淌的卷材防水层，可采用下列方法治理：

① 切割法：对于天沟卷材脱空耸肩等部位，可先清除保护层，切开脱空的卷材，刮除卷材底下积存的旧胶结料，待内部冷凝水晒干后，将下部已脱开的卷材用胶结料粘贴好，加铺一层卷材，再将上部卷材盖上。

② 局部切除重铺法：对于天沟处折皱成团的卷材，先予以切除，仅保存原有卷材较为平整的部分，使其沿天沟纵向成直线（也可用喷灯烘烤胶结料后，将卷材剥离）；新旧卷材的搭接应按接槎法或搭槎法进行。

a. 接槎法：先将旧卷材槎口切齐，并铲除槎口边缘 200mm 处的保护层。新旧卷材按槎口分层对接，最后将表面一层新卷材搭入旧卷材 150mm 并压平，上面做一油一砂（此方法一般用于治理天窗泛水和山墙泛水处）。

b. 搭槎法：将旧卷材切成台阶形槎口，每台阶宽度 >80～150mm。用喷灯将旧胶结料烤软后，分层掀起 80～150mm，把旧胶结料除净，卷材下面的水汽晒干。最后，把新铺卷材分层压入旧卷材下面（此方法多用于治理天沟处）。

③ 钉钉子法：当施工后不久，卷材有下滑趋势时，可在卷材上部离屋脊 300～450mm 范围内钉三排 50mm 长圆钉，钉眼上灌胶结料。卷材流淌后，横向搭接若有错动，应清除边缘翘起处的旧胶结料，重新浇灌胶结料并压实刮平。

（6）屋面卷材起鼓

1）现象

卷材起鼓一般在施工后不久产生。在高温季节，有时上午施工下午就起鼓。鼓泡一般由小到大，逐渐发展，大的直径可达 200～300mm，小的直径数十毫米，大小鼓泡还可能成片串连。起鼓一般从底层卷材开始，其内还有冷凝水珠。

2）原因

在卷材防水层中粘结不密实的部位，窝有水分和气体；当其受到太阳照射或人工热源影响后，体积膨胀，造成鼓泡。

3）治理措施

① 直径 100mm 以下的中、小鼓泡可用抽气灌胶法治理，并压上几块砖，几天后再将砖移去即可。

② 直径 100～300mm 的鼓泡可先铲除鼓泡处的保护层，再用刀将鼓泡按斜十字形割开，放出鼓泡内的气体，擦干水分，清除旧胶结料，用喷灯把卷材内部吹干。随后，按顺序把旧卷材分片重新粘贴好，再新粘贴一块方形卷材（其边长比开刀范围大 100mm），压入卷材下。最后，粘贴覆盖好卷材，四边搭接好，并重新做保护层。上述分片粘贴顺序是按屋面流水方向，先下再左右后上。

③ 直径更大的鼓泡用割补法治理。先用刀把鼓泡卷材割除，按②中的做法进行基层清理，再用喷灯烘烤旧卷材槎口，并分层剥开，除去旧胶结料后，依次粘贴好旧卷材，上铺一层新卷材（四周与旧卷材搭接≥100mm），再依次粘贴旧卷材，上面覆盖第二层新卷材，最后粘贴覆盖好卷材，周边压实刮平，重新做保护层。

（7）山墙、女儿墙部位漏水

1）现象

在山墙、女儿墙部位漏水。

2）原因

① 卷材收口处张口，固定不牢；封口砂浆开裂、剥落，压条脱落。

② 压顶板滴水线破损，雨水沿墙进入卷材。

③ 山墙或女儿墙与屋面板缺乏牢固拉结，转角处没有做成钝角，垂直面卷材与屋面卷材没有分层搭槎，基层松动（如墙外倾或不均匀沉陷）。

④ 垂直面保护层因施工困难而被省略。

3）治理措施

① 清除卷材张口脱落处的旧胶结料，烤干基层，重新钉上压条，将旧卷材贴紧钉牢，再覆盖一层新卷材，收口处用防水油膏封口。

② 凿除开裂和剥落的压顶砂浆，重抹 1：（2～2.5）的水泥砂浆，并做好滴水线。

③ 将转角处开裂的卷材割开，旧卷材烘烤后分层剥离，清除旧胶结料。将新卷材分层压入旧卷材下，并搭接粘贴牢固。再在裂缝表面增加一层卷材，四周粘贴牢固。

七、建设工程施工现场安全生产管理

安全生产管理是一个系统性、综合性的管理，其管理的内容涉及建筑生产的各个环节。因此，建筑施工企业在安全管理中必须坚持"安全第一，预防为主，综合治理"的方针，制定安全政策、计划和措施，完善安全生产组织管理体系和检查体系，加强施工安全管理。

（一）工程安全生产管理

1. 建筑施工安全管理的目标

（1）建筑施工企业应依据企业的总体发展目标，制定企业安全生产年度及中长期管理目标。

（2）安全管理目标应包括生产安全事故控制指标、安全生产隐患治理目标以及安全生产、文明施工管理目标等，安全管理目标应量化。

（3）安全管理目标应分解到各管理层及相关职能部门，并定期进行考核。企业各管理层及相关职能部门应根据企业安全管理目标的要求制定自身管理目标和措施，共同保证目标实现。

2. 建筑施工安全管理的主要内容

（1）制定安全政策：任何一个单位或机构要想成功地进行安全管理，必须有明确的安全政策。这种政策不仅要满足法律上的规定和道义上的责任，而且要最大限度地满足业主、雇员和全社会的要求。施工单位的安全政策必须有效并有明确的目标。安全政策的目标应保证现有的人力、物力资源的有效利用，并且减少发生经济损失和承担责任的风险。安全政策能够影响施工单位很多决定和行为，包括资源和信息的选择、产品的设计和施工以及现场废弃物的处理等。加强制度建设是确保安全政策顺利实施的前提。

（2）建立、健全安全管理组织体系：一项政策的实施，有赖于一个恰当的组织，去贯彻落实。仅有一项政策，没有相应的组织去贯彻落实，那么政策仅是一纸空文。一定的组织机构和系统，是确保安全政策、安全目标顺利实现的前提。

（3）安全生产管理计划和实施：成功的施工单位能够有计划地、系统地落实所制定的安全政策。计划和实施的目标是最大限度地减少施工过程中的事故损失。计划和实施的重点是使用风险管理的方法，确定清除危险和规避风险的目标以及应该采取的步骤和先后顺序，建立有关标准以规范各种操作。对于必须采取的预防事故和规避风险的措施，应该预先加以计划，要尽可能通过对设备的精心选择和设计来消除风险，或通过使用物理控制措施来减少风险。如果上述措施仍不能满足要求，就必须使用相应的工作设备和个人保护装备来控制风险。

（4）安全生产管理业绩考核：任何一个施工单位对安全生产管理得成功与否，应该由事先订立的评价标准进行测量，以发现何时何地需要改进哪方面的工作。施工单位应采用涉及一系列方法的自我监控技术，用于判断控制风险的措施成功与否，包括对硬件（设备、材料）和软件（人员、程序和系统）进行评价，也包括对个人行为的检查进行评价，也可通过对事故及可能造成损失的事件的调查和分析，识别安全控制失败的原因。但不管是主动的评价还是对事故的调查，其目的都不仅仅是评价各种标准中所规定的行为本身，更重要的是要找出存在于安全管理系统的设计和实施过程中的问题，以避免事故和损失。

（5）安全生产管理业绩总结：施工单位需要对过去的资料和数据进行系统的分析总结，并用于今后工作的参考，这是安全生产管理的重要工作环节。安全业绩良好的施工单位能通过企业内部的自我规范和约束以及与竞争对手的比较，不断持续改进。

3. 建筑施工安全管理的程序

（1）确定安全管理目标；

（2）编制安全措施计划，

（3）实施安全措施计划；

（4）安全措施计划实施结果的验证；

（5）评价安全管理绩效并持续改进。

4. 安全措施计划的主要内容

（1）工程概况；

（2）管理目标；

（3）组织机构与职责权限；

（4）规章制度；

（5）风险分析与控制措施；

（6）专项施工方案；

（7）应急准备与响应；

（8）资源配置与费用投入计划；

（9）教育培训；

（10）检查评价、验证与持续改进。

5. 应单独编制专项施工方案的工程

（1）对于达到一定规模的危险性较大的分部分项工程，应单独编制专项施工方案。

1）基坑工程

① 开挖深度超过 3m 的基坑（槽）的土方开挖、支护、降水工程。

② 开挖深度虽未超过 3m，但地质条件、周围环境和地下管线复杂，或影响毗邻建（构）筑物安全的基坑（槽）的土方开挖、支护、降水工程。

2）模板工程及支撑体系

① 各类工具式模板工程：包括滑模、爬模、飞模、隧道模等工程。

② 混凝土模板支撑工程：搭设高度 5m 及以上；搭设跨度 10m 及以上；施工总荷载 $10kN/m^2$ 及以上；集中线荷载 15kN/m 及以上；高度大于支撑水平投影宽度且相对独立无联系构件的混凝土模板支撑工程。

③ 承重支撑体系：用于钢结构安装等满堂支撑体系。

3）起重吊装及起重机械安装拆卸工程

① 采用非常规起重设备、方法，且单件起吊重量在 10kN 及以上的起重吊装工程。

② 采用起重机械进行安装的工程。

③ 起重机械安装和拆卸工程。

4）脚手架工程

① 搭设高度 24m 及以上的落地式钢管脚手架工程。

② 附着式升降脚手架工程。

③ 悬挑式脚手架工程。

④ 高处作业吊篮。

⑤ 卸料平台、操作平台工程。

⑥ 异形脚手架工程。

5）拆除工程

可能影响行人、交通、电力设施、通信设施或其他建（构）筑物安全的拆除工程。

6）暗挖工程

采用矿山法、盾构法、顶管法施工的隧道、洞室工程。

7）其他

① 建筑幕墙安装工程。

② 钢结构、网架和索膜结构安装工程。

③ 人工挖孔桩工程。

④ 水下作业工程。

⑤ 装配式建筑混凝土预制构件安装工程。

⑥ 采用新技术、新工艺、新材料、新设备可能影响工程施工安全，尚无国家、行业及地方技术标准的分部分项工程。

（2）对于超过一定规模的危险性较大的分部分项工程，还应组织专家对单独编制的专项施工方案进行论证。

1）深基坑工程

开挖深度超过 5m（含 5m）的基坑（槽）的土方开挖、支护、降水工程。

2）模板工程及支撑体系

① 各类工具式模板工程：包括滑模、爬模、飞模、隧道模等工程。

② 混凝土模板支撑工程：搭设高度 8m 及以上；搭设跨度 18m 及以上；施工总荷载 $15kN/m^2$ 及以上；集中线荷载 20kN/m 及以上。

③ 承重支撑体系：用于钢结构安装等满堂支撑体系，承受单点集中荷载 7kN 及以上。

3）起重吊装及起重机械安装拆卸工程

① 采用非常规起重设备、方法，且单件起吊重量在 100kN 及以上的起重吊装工程。

② 起重量 300kN 及以上，或搭设总高度 200m 及以上，或搭设基础标高在 200m 及以上的起重机械安装和拆卸工程。

4）脚手架工程

① 搭设高度 50m 及以上的落地式钢管脚手架工程。

② 提升高度在 150m 及以上的附着式升降脚手架工程或附着式升降操作平台工程。

③ 分段架体搭设高度 20m 及以上的悬挑式脚手架工程。

5）拆除工程

① 码头、桥梁、高架、烟囱、水塔或拆除中容易引起有毒有害气（液）体或粉尘扩散、易燃易爆事故发生的特殊建（构）筑物的拆除工程。

② 文物保护建筑、优秀历史建筑或历史文化风貌区影响范围内的拆除工程。

6）暗挖工程

采用矿山法、盾构法、顶管法施工的隧道、洞室工程。

7）其他

① 施工高度 50m 及以上的建筑幕墙安装工程。

② 跨度 36m 及以上的钢结构安装工程；跨度 60m 及以上的网架和索膜结构安装工程。

③ 开挖深度 16m 及以上的人工挖孔桩工程。

④ 水下作业工程。

⑤ 重量 1000kN 及以上的大型结构整体顶升、平移、转体等施工工艺。

⑥ 采用新技术、新工艺、新材料、新设备可能影响工程施工安全，尚无国家、行业及地方技术标准的分部分项工程。

（3）施工单位应当在危险性较大的分部分项工程施工前编制专项施工方案。

（4）建筑工程实行施工总承包的，专项施工方案应当由施工总承包单位组织编制。其中，起重机械安装拆卸工程、深基坑工程、附着式升降脚手架等专业工程实行分包的，其专项施工方案可由专业承包单位组织编制。

（5）总承包专项施工方案应当由总承包单位技术部门组织本单位施工技术、安全、质量等部门的专业技术人员进行审核。经审核合格的，由施工单位技术负责人签字。实行施工总承包的，专业工程专项施工方案应当由总承包单位技术负责人及相关专业承包单位技术负责人签字。

（6）不需要经专家论证的专项施工方案，经施工单位审核合格后报监理单位，由项目总监理工程师审核签字。

6. 施工安全危险源辨识

危险源是指可能导致人员伤害或疾病、财产损失、环境破坏的情况或这些情况组合的根源或状态的因素。危险因素与危害因素同属于危险源。危险源是安全管理的主要对象。

（1）两类危险源

根据危险源在安全事故发生发展过程中的机理，一般把危险源划分为两大类，即第一类危险源和第二类危险源。

1）第一类危险源：能量和危险物质的存在是危害产生的最根本原因，通常把可能发生意外释放的能量或危害物质称作第一类危险源。此类危险源是事故发生的物理本质，一般来说，系统具有的能量越大，存在的危险物质越多，则其潜在的危险性和危害性也就越大。

2）第二类危险源：造成约束、限制能量和危险物质措施失控的各种不安全因素称为第二类危险源。该类危险源主要体现在设备故障或缺陷、人为失误和管理缺陷等几个方面。

3）危险源与事故：事故的发生是两类危险源共同作用的结果。第一类危险源是事故发生的前提，第二类危险源的出现是第一类危险源导致事故的必要条件。

（2）危险源的辨识

危险源辨识是安全管理的基础工作，主要目的就是从组织的活动中识别出可能造成人员伤害或疾病、财产损失、环境破坏的危险或危害因素，并判定其可能导致的事故类别和导致事故发生的直接原因的过程。

1）危险源的类型：为做好危险源的辨识工作，可以把危险源按工作活动的专业进行分类，如机械类、电器类、辐射类、物质类、高坠类、火灾类和爆炸类等。

2）危险源辨识的方法：危险源辨识的方法有很多种，常用的方法有专家调查法、头脑风暴法、德尔菲法、现场调查法、工作任务分析法、安全检查表法、危险与可操作性研究法、事件树分析法和故障树分析法等。

3）施工现场采用危险源提问表时的设问范围：

① 在平地上滑倒（跌倒）；

② 人员从高处坠落（包括从地坪处坠入深坑）；

③ 工具、材料等从高处坠落；

④ 头顶以上空间不足；

⑤ 用手举起搬运工具、材料等有关的危险源；

⑥ 与装配、试车、操作、维护、改造、修理和拆除等有关的装置、机械的危险源；

⑦ 车辆危险源，包括场地运输和公路运输；

⑧ 火灾和爆炸；

⑨ 邻近高压线路和起重设备伸出界外；

⑩ 吸入的物质；

⑪ 可伤害眼睛的物质或试剂；

⑫ 可通过皮肤接触和吸收而造成伤害的物质；

⑬ 可通过摄入（如通过口腔进入体内）而造成伤害的物质；

⑭ 有害能量（如电、辐射、噪声以及振动等）；

⑮ 由于经常性的重复动作而造成的与工作有关的上肢损伤；

⑯ 不适的热环境（如过热等）；

⑰ 照度；

⑱ 易滑、不平坦的场地（地面）；

⑲ 不合适的楼梯护栏和扶手；

⑳ 合同方人员的活动。

（3）重大危险源控制系统的组成

重大危险源控制的目的，不仅是要预防重大事故的发生，而且要做到一旦发生事故，能将事故危害限制到最低程度。由于工业活动的复杂性，需要采用系统工程的思想和方法控制重大危险源。

重大危险源控制系统主要由以下几个部分组成。

1）重大危险源的辨识

防止重大工业事故发生的第一步，是辨识或确认高危险性的工业设施（危险源）。由政府管理部门和权威机构在物质毒性、燃烧、爆炸特性的基础上，制定出危险物质及其临界量标准。通过危险物质及其临界量标准，可以确定哪些是可能发生事故的潜在危险源。

2）重大危险源的评价

根据危险物质及其临界量标准进行重大危险源辨识和确认后，就应对其进行风险分析评价。一般来说，重大危险源的风险分析评价包括以下几个方面：

① 辨识各类危险因素及其原因与机制；

② 依次评价已辨识的危险事件发生的概率；

③ 评价危险事件发生的后果；

④ 进行风险评价，即评价危险事件发生概率和发生后果的联合作用；

⑤ 风险控制，即将上述评价结果与安全目标值进行比较，检查风险值是否达到了可接受水平，否则需要进一步采取措施，降低危险水平。

3）重大危险源的管理

企业对工厂的安全生产负重要责任。在对重大危险源进行辨识和评价后，应针对每一个重大危险源制定出一套严格的安全管理制度，通过技术措施（包括化学品的选择、设施的设计、建造、运转、维修以及有计划的检查）和组织措施（包括对工作人员的培训与指导，提供保证其安全的设备；工作人员水平、工作时间、职责的确定；以及对外部合同工和现场临时工的管理），对重大危险源进行严格控制和管理。

4）重大危险源的安全报告

要求企业在规定的期限内，对已辨识和评价的重大危险源向政府主管部门提交安全报告。如属新建的有重大危害性的设施，则应在其投入运转之前提交安全报告。安全报告应详细说明重大危险源的情况、可能引发事故的危险因素以及前提条件、安全操作和预防失误的控制措施、可能发生的事故类型、事故发生的可能性及后果、限制事故后果的措施、现场事故应急救援预案等。

5）事故应急救援预案

事故应急救援预案是重大危险源控制系统的重要组成部分，企业应负责制定现场事故应急救援预案，并定期检验和评估现场事故应急救援预案和程序的有效程度，在必要时进行修订。场外事故应急救援预案，由政府主管部门根据企业提供的安全报告和有关资料制定。事故应急救援预案的目的是抑制突发事件，减少事故对工人、居民和环境的危害。因此，事故应急救援预案应提出详尽、实用、明确和有效的技术措施与组织措施。政府主管部门应保证将发生事故后要采取的安全措施和正确做法的有关资料散发给可能受事故影响的公众，并保证公众充分了解发生重大事故时应采取的安全措施，一旦发生重大事故，应尽快报警。每隔适当的时间应修订和重新散发事故应急救援预案宣传材料。

6）工厂选址和土地使用规划

政府有关部门应制定综合性的土地使用政策，确保重大危险源与居民区和其他工作场所、机场、水库、其他危险源和公共设施安全隔离。

7）重大危险源的监察

政府主管部门必须派出经过培训的、合格的技术人员定期对重大危险源进行监察、调查、评估和咨询。

（二）工程安全生产检查

1. 建筑工程施工安全检查的主要内容

（1）建筑工程施工安全检查以查安全思想、查安全责任、查安全制度、查安全措施、查安全防护、查设备设施、查教育培训、查操作行为、查劳动防护用品使用和查伤亡事故处理等为主要内容。

（2）安全检查要根据施工生产特点，具体确定检查的项目和检查的标准。

1）查安全思想主要是检查以项目经理为首的项目全体员工（包括分包作业人员）的安全生产意识和对安全生产工作的重视程度。

2）查安全责任主要是检查现场安全生产责任制度的建立；安全生产责任目标的分解与考核情况；安全生产责任制度与安全生产责任目标是否已落实到了每一个岗位和每一个人员，并得到了确认。

3）查安全制度主要是检查现场各项安全生产规章制度和安全技术操作规程的建立和

执行情况。

4）查安全措施主要是检查现场安全措施计划及各项专项施工方案的编制、审核、审批及实施情况；重点检查方案的内容是否全面、措施是否具体并有针对性、现场的实施运行是否与方案规定的内容相符。

5）查安全防护主要是检查现场临边、洞口等各项安全防护设施是否到位，有无安全隐患。

6）查设备设施主要是检查现场投入使用的设备设施的购置、租赁、安装、验收、使用、过程维护保养等各个环节是否符合要求；设备设施的安全装置是否齐全、灵敏、可靠，有无安全隐患。

7）查教育培训主要是检查现场教育培训岗位、教育培训人员、教育培训内容是否明确、具体、有针对性；三级安全教育制度和特种作业人员持证上岗制度的落实情况是否到位；教育培训档案资料是否真实、齐全。

8）查操作行为主要是检查现场施工作业过程中有无违章指挥、违章作业、违反劳动纪律的行为发生。

9）查劳动防护用品使用主要是检查现场劳动防护用品、用具的购置、产品质量、配备数量和使用情况是否符合安全与职业卫生的要求。

10）查伤亡事故处理主要是检查现场是否发生伤亡事故，对发生的伤亡事故是否已按照"四不放过"的原则进行了调查处理，是否已有针对性地制定了纠正与预防措施；制定的纠正与预防措施是否已得到落实并取得实效。

2. 建筑工程施工安全检查的主要形式

（1）建筑工程施工安全检查的主要形式一般可分为日常巡查、专项检查、定期安全检查、经常性安全检查、季节性安全检查、节假日安全检查、开工和复工安全检查、专业性安全检查和设备设施安全验收检查等。

（2）安全检查的组织形式应根据检查的目的、内容而定，因此参加检查的组成人员也就不完全相同。

1）定期安全检查。建筑施工企业应建立定期分级安全检查制度，定期安全检查属于全面性和考核性的检查，建筑工程施工现场应至少每旬开展一次安全检查工作，施工现场的定期安全检查应由项目经理亲自组织。

2）经常性安全检查。建筑工程施工应经常开展预防性的安全检查工作，以便于及时发现并消除事故隐患，保证施工生产正常进行。施工现场经常性的安全检查方式主要有：

① 现场专（兼）职安全生产管理人员及安全值班人员每天例行开展的安全巡视、巡查。

② 现场项目经理、责任工程师及相关专业技术管理人员在检查生产工作的同时进行的安全检查。

③ 作业班组在班前、班中、班后进行的安全检查。

3）季节性安全检查。季节性安全检查主要是针对气候特点（如暑季、雨季、风季、冬季等）可能给安全生产造成的不利影响或带来的危害而组织的安全检查。

4）节假日安全检查。在节假日、特别是重大或传统节假日（如"五一"、"十一"、元旦、春节等）前后和节假日期间，为防止现场管理人员和作业人员思想麻痹、纪律松懈等进行的安全检查。节假日加班，更要认真检查各项安全防范措施的落实情况。

5）开工和复工安全检查。针对工程项目开工和复工之前进行的安全检查，主要是检查现场是否具备保障安全生产的条件。

6）专业性安全检查。由有关专业人员对现场某项专业安全问题或在施工生产过程中存在的比较系统性的安全问题进行的单项检查。这类检查专业性强，主要应由专业工程技术人员、专业安全管理人员参加。

7）设备设施安全验收检查。针对现场塔式起重机等起重设备、外用施工电梯、龙门架及井架物料提升机、电气设备、脚手架、现浇混凝土模板支撑系统等设备设施在安装、搭设过程中或完成后进行的安全验收检查。

3. 建筑工程施工安全检查的要求

（1）根据检查内容配备力量，抽调专业人员，确定检查负责人，明确分工。

（2）应有明确的检查目的和检查项目、内容及检查标准、重点、关键部位。对大面积或数量多的项目可采取系统的观感和一定数量的测点相结合的检查方法。检查时尽量采用检测工具，用数据说话。

（3）对现场管理人员和操作工人不仅要检查是否有违章指挥和违章作业的行为，还应进行"应知应会"的抽查，以便了解管理人员和操作工人的安全素质。对于违章指挥、违章作业行为，检查人员可以当场指出并进行纠正。

（4）认真、详细进行检查记录，特别是对隐患的记录必须具体，如隐患的部位、危险性程度及处理意见等。采用安全检查评分表的，应记录每项扣分的原因。

（5）检查中发现的隐患应进行登记，并发出隐患整改通知书，引起整改单位的重视，并作为整改的备查依据。对凡是有即发型事故危险的隐患，检查人员应责令其停工，被查单位必须立即整改。

（6）尽可能系统、定量地做出检查结论，进行安全评价。以利于受检单位根据安全评价研究对策、进行整改、加强管理。

（7）检查后应对隐患整改情况进行跟踪复查，复查被检单位是否按"三定"原则（定人、定期限、定措施）落实整改，经复查整改合格后，进行销案。

4. 建筑工程施工安全检查的方法

建筑工程施工安全检查在正确使用安全检查评分表的基础上，可以采用"听"、"问"、"看"、"量"、"测"、"运转试验"等方法进行。

（1）"听"。听取基层管理人员或施工现场安全员汇报安全生产情况，介绍现场安全工作经验、存在的问题、今后的发展方向。

（2）"问"。主要是指通过询问、提问，对以项目经理为首的现场管理人员和操作工人进行应知应会的抽查，以便了解现场管理人员和操作工人的安全意识和安全素质。

（3）"看"。主要是指查看施工现场安全管理资料和对施工现场进行巡视。例如：查看项目负责人、专职安全管理人员、特种作业人员等的持证上岗情况；现场安全标志设置情况；劳动防护用品使用情况；现场安全防护情况；现场安全设施及机械设备安全装置配置情况等。

（4）"量"。主要是指使用测量工具对施工现场的一些设施、装置进行实测实量。例如：对脚手架各种杆件间距的测量；对现场安全防护栏杆高度的测量；对电气开关箱安装高度的测量；对在建工程与外电边线安全距离的测量等。

（5）"测"。主要是指使用专用仪器、仪表等监测器具对特定对象关键特性技术参数的测试。例如：使用漏电保护器测试仪对漏电保护器漏电动作电流、漏电动作时间的测试；使用地阻仪对现场各种接地装置接地电阻的测试；使用兆欧表对电机绝缘电阻的测试；使用经纬仪对塔式起重机、外用电梯安装垂直度的测试等。

（6）"运转试验"。主要是指由具有专业资格的人员对机械设备进行实际操作、试验，检验其运转的可靠性或安全限位装置的灵敏性。例如：对塔式起重机力矩限制器、变幅限位器、起重限位器等安全装置的试验；对施工电梯制动器、限速器、上下极限限位器、门连锁装置等安全装置的试验；对龙门架超高限位器、断绳保护器等安全装置的试验等。

5. 建筑工程施工安全检查的标准

《建筑施工安全检查标准》JGJ 59—2011 使建筑施工安全检查由传统的定性评价上升到定量评价，使安全检查进一步规范化、标准化。安全检查内容中包括保证项目和一般项目。

（1）《建筑施工安全检查标准》JGJ 59—2011 中各检查表检查项目的构成

1）《建筑施工安全检查评分汇总表》主要内容包括：安全管理、文明施工、脚手架、基坑工程、模板支架、高处作业、施工用电、物料提升机与施工升降机、塔式起重机与起重吊装、施工机具 10 项，所示得分作为对一个施工现场安全生产情况的综合评价依据。

2）《安全管理检查评分表》检查评定保证项目应包括：安全生产责任制、施工组织设计及专项施工方案、安全技术交底、安全检查、安全教育、应急救援。一般项目应包括：分包单位安全管理、持证上岗、生产安全事故处理、安全标志。

3）《文明施工检查评分表》检查评定保证项目应包括：现场围挡、封闭管理、施工场地、材料管理、现场办公与住宿、现场防火。一般项目应包括：综合治理、公示标牌、生活设施、社区服务。

4）脚手架安全检查评分表分为扣件式钢管脚手架、悬挑式脚手架、门式钢管脚手架、碗扣式钢管脚手架、承插型盘扣式钢管脚手架、满堂脚手架、高处作业吊篮、附着式升降脚手架 8 种脚手架的安全检查评分表。

5）《基坑工程安全检查评分表》检查评定保证项目应包括：施工方案、基坑支护、降排水、基坑开挖、坑边荷载、安全防护。一般项目应包括：基坑监测、支撑拆除、作业环境、应急预案。

6）《模板支架安全检查评分表》检查评定保证项目应包括：施工方案、支架基础、支架构件、支架稳定、施工荷载、交底与验收。一般项目应包括：杆件连接、底座与托撑、构配件材质、支架拆除。

7）《高处作业安全检查评分表》检查评定项目应包括：安全帽、安全网、安全带、临边防护、洞口防护、通道口防护、攀登作业、悬空作业、移动式操作平台、悬挑式物料钢平台。

8）《施工用电安全检查评分表》检查评定保证项目应包括：外电防护、接地与接零保护系统、配电线路、配电箱与开关箱。一般项目应包括：配电室与配电装置、现场照明、用电档案。

9）《物料提升机安全检查评分表》检查评定保证项目应包括：安全装置、防护设施、附墙架与缆风绳、钢丝绳、安拆、验收与使用。一般项目应包括：基础与导轨架、动力与传动、通信装置、卷扬机操作棚、避雷装置。

10)《施工升降机安全检查评分表》检查评定保证项目应包括：安全装置、限位装置、防护设施、附墙架、钢丝绳、滑轮与对重、安拆、验收与使用。一般项目应包括：导轨架、基础、电气安全、通信装置。

11)《塔式起重机安全检查评分表》检查评定保证项目应包括：载荷限制装置、行程限位装置、保护装置、吊钩、滑轮、卷筒与钢丝绳、多塔作业、安拆、验收与使用。一般项目应包括：附着装置、基础与轨道、结构设施、电气安全。

12)《起重吊装安全检查评分表》检查评定保证项目应包括：施工方案、起重机械、钢丝绳与地锚、索具、作业环境、作业人员。一般项目应包括：起重吊装、高处作业、构件码放、警戒监护。

13)《施工机具安全检查评分表》检查评定项目应包括：平刨、圆盘锯、手持电动工具、钢筋机械、电焊机、搅拌机、气瓶、翻斗车、潜水泵、振捣器、桩工机械。

（2）检查评分方法

1）分项检查评分表和检查评分汇总表的满分分值均应为100分，评分表的实得分值应为各检查项目所得分值之和。

2）评分应采用扣减分值的方法，扣减分值总和≤该检查项目的应得分值。

3）当按分项检查评分表评分时，保证项目中有一项未得分或保证项目小计得分不足40分，此分项检查评分表不应得分。

4）检查评分汇总表中各分项项目实得分值应按下式计算：

$$A_1 = \frac{B \cdot C}{100} \tag{1-4}$$

式中　A_1——汇总表各分项项目实得分值；

　　　　B——汇总表中该项应得满分值；

　　　　C——该项检查评分表实得分值。

5）当评分遇有缺项时，分项检查评分表或检查评分汇总表的总得分值应按下式计算：

$$A_2 = \frac{D}{E} \times 100 \tag{1-5}$$

式中　A_2——遇有缺项时总得分值；

　　　　D——实查项目在该表的实得分值之和；

　　　　E——实查项目在该表的应得满分值之和。

6）脚手架、物料提升机与施工升降机、塔式起重机与起重吊装项目的实得分值，应为所对应专业的分项检查评分表实得分值的算术平均值。

7）等级的划分原则

施工安全检查的评定结论分为优良、合格、不合格三个等级，依据是汇总表的总得分值和保证项目的达标情况。

建筑施工安全检查评定的等级划分应符合下列规定：

① 优良

分项检查评分表无零分，汇总表得分值应在80分及以上。

② 合格

分项检查评分表无零分，汇总表得分值应在 80 分以下，70 分及以上。

③ 不合格

a. 当汇总表得分值不足 70 分时；

b. 当有一个分项检查评分表得零分时。

当建筑施工安全检查评定的等级为不合格时，必须限期整改达到合格。

八、工程安全生产隐患防范

（一）基础工程安全隐患防范

基础工程施工容易发生基坑坍塌、中毒、触电、机械伤害等类型的生产安全事故，坍塌事故尤为突出。

1. 基础工程施工安全隐患的主要表现形式

（1）挖土机械作业无可靠的安全距离。

（2）没有按规定放坡或设置可靠的支撑。

（3）设计的考虑因素和安全可靠性不够。

（4）地下水没做到有效控制。

（5）土体出现渗水、开裂、剥落。

（6）在底部进行掏挖。

（7）沟槽内作业人员过多。

（8）施工时地面上无专人巡视监护。

（9）堆土离坑槽边过近、过高。

（10）邻近的坑槽有影响土体稳定的施工作业。

（11）基础施工离现有建筑物过近，其间土体不稳定。

（12）防水施工无防火、防毒措施。

（13）灌注桩成孔后未覆盖孔口。

（14）人工挖孔桩施工前未进行有毒气体检测。

2. 基坑发生坍塌前的主要迹象

（1）周围地面出现裂缝，并不断扩展。

（2）支撑系统发出挤压等异常响声。

（3）环梁或排桩、挡墙的水平位移较大，并持续发展。

（4）支护系统出现局部失稳。

（5）大量水土不断涌入基坑。

（6）相当数量的锚杆螺母松动，甚至有的槽钢松脱等。

3. 基础工程施工安全控制的主要内容

（1）挖土机械作业安全。

（2）边坡与基坑支护安全。

（3）降水设施与临时用电安全。

（4）防水施工时的防火、防毒安全。

（5）桩基施工的安全防范。

4. 基坑（槽）施工安全控制要点

（1）专项施工方案的编制

1）土方开挖之前要根据土质情况、基坑深度以及周边环境确定开挖方案和支护方案，深基坑或土层条件复杂的工程应委托具有岩土工程专业资质的单位进行边坡支护的专项设计。

2）编制专项施工方案的范围：

① 开挖深度超过 3m（含 3m）的基坑（槽）土方开挖、支护、降水工程；

② 开挖深度虽未超过 3m，但地质条件、周围环境和地下管线复杂，或影响毗邻建（构）筑物安全的基坑（槽）的土方开挖、支护、降水工程。

3）编制专项施工方案且进行专家论证的范围：

开挖深度超过 5m（含 5m）的基坑（槽）的土方开挖、支护、降水工程。

4）土方开挖专项施工方案的主要内容应包括：放坡要求、支护结构设计、机械选择、开挖时间、开挖顺序、分层开挖深度、坡道位置、车辆进出道路、降水措施及监测要求等。

（2）基坑（槽）开挖前的勘察内容

1）详尽搜集工程地质和水文地质资料。

2）认真查明地上、地下各种管线（如上下水、电缆、煤气、污水、雨水、热力等管线或管道）的分布和性状以及位置和运行状况。

3）充分了解和查明周围建（构）筑物的状况。

4）充分了解和查明周围道路交通状况。

5）充分了解周围施工条件。

（3）基坑（槽）土方开挖与回填安全技术措施

1）基坑（槽）开挖时，两人操作间距应＞2.5m。多台机械同时开挖时，挖土机间距应＞10m。在挖土机工作范围内，不允许进行其他作业。挖土应自上而下逐层进行，严禁先挖坡脚或逆坡挖土。

2）土方开挖不得在危岩、孤石的下面或贴近未加固的危险建筑物进行。施工中在基坑周边应设排水沟，防止地面水流入或渗入坑内，以免发生边坡塌方。

3）基坑周边严禁超堆荷载。在坑边堆放弃土、材料和移动施工机械时，应与坑边保持一定的距离，当土质良好时，要距坑边 1m 以外，堆放高度不能超过 1.5m。

4）基坑（槽）开挖应严格按要求进行放坡。施工时应随时注意土壁的变化情况，如发现有裂纹或部分坍塌现象，应及时进行支撑加固或放坡，并密切注意支撑的稳固和土壁的变化，同时对坡顶、坡面、坡脚采取降排水措施。当采取不放坡开挖时，应设置临时支护，各种支护应根据土质及基坑深度经计算确定。

① 采用机械多台阶同时开挖时，应验算边坡的稳定，挖土机与边坡之间应保持一定的安全距离，以防塌方，造成翻机事故。

② 在有支撑的基坑（槽）中使用机械挖土时，应采取必要的措施防止碰撞支护结构、工程桩或扰动基底原土。在坑槽边使用机械挖土时，应计算支护结构的整体稳定性，必要时应采取措施加强支护结构。

③ 开挖至坑底标高后坑底应及时满封闭并进行基础工程施工。

④ 地下结构工程施工过程中应及时进行夯实回填土施工。在进行基坑（槽）和管沟回填土时，其下方不得有人，所使用的打夯机等要检查电器线路，防止漏电、触电，停机时要切断电源。

⑤ 拆除护壁支撑时，应按照回填顺序，自下而上逐步拆除。更换护壁支撑时，必须先安装新的，再拆除旧的。

（4）基坑开挖的监控

1）基坑开挖前应制定系统的开挖监控方案，监控方案应包括监控目的、监测项目、监控报警值、监测方法及精度要求、监测点的布置、监测周期、工序管理和记录制度以及信息反馈系统等。

2）基坑工程的监测包括支护结构的监测和周围环境的监测。重点是做好支护结构水平位移、周围建筑物、地下管线变形、地下水位等的监测。

（5）地下水控制

1）为保证基坑开挖安全，在进行支护结构设计时，应根据场地及周边工程地质条件、水文地质条件和环境条件并结合基坑支护和基础施工方案综合确定地下水控制的设施和施工。

2）地下水控制方法常分为集水明排、降水、截水和回灌等形式单独或组合使用。

3）当因降水而危及基坑及周边环境安全时，宜采用截水或回灌方法。如果截水后基坑中的水量或水压较大时，宜采用基坑内降水。

4）当基坑底为隔水层且层底作用有承压水时，应进行坑底突涌验算，必要时可采取水平封底隔渗或钻孔减压措施保证坑底土层稳定。

（6）基坑施工的安全应急措施

1）在基坑开挖过程中，一旦出现渗水或漏水，应根据水量大小，采用坑底设沟排水、引流修补、密实混凝土封堵、压密注浆、高压喷射注浆等方法及时进行处理。

2）如果水泥土墙等重力式支护结构位移超过设计值时，应予以高度重视，同时做好位移监测，掌握发展趋势。如果位移持续发展，超过设计值较多时，则应采用水泥土墙背后卸载、加快垫层施工及加大垫层厚度和加设支撑等方法及时进行处理。

3）如果悬臂式支护结构位移超过设计值时，应采取加设支撑或锚杆、支护墙背卸土等方法及时进行处理。如果悬臂式支护结构发生深层滑动时，应及时浇筑垫层，必要时也可以加厚垫层，以形成下部水平支撑。

4）如果支撑式支护结构发生墙背土体沉陷时，应采取增设坑外回灌井、进行坑底加固、垫层随挖随浇、加厚垫层或采用配筋垫层、设置坑底支撑等方法及时进行处理。

5）对于轻微的流砂，在基坑开挖后可采用加快垫层浇筑或加厚垫层的方法"压住"流砂。对于较严重的流砂，应增加坑内降水措施进行处理。

6）如果发生管涌，可以在支护墙前再打设一排钢板桩，在钢板桩与支护墙之间进行注浆。

7）对邻近建筑物沉降的控制一般可以采用回灌井、跟踪注浆等方法。对于沉降很大，而压密注浆又不能控制的建筑物，如果其基础是钢筋混凝土的，则可以考虑采用静力锚杆压桩的方法进行处理。

8）对于基坑周围管线保护的应急措施一般包括增设回灌井、打设封闭桩或管线架空等方法。

5. 打（沉）桩施工安全控制要点

（1）打（沉）桩施工前，应编制专项施工方案，对邻近的原有建筑物、地下管线等进行全面检查，对有影响的建筑物或地下管线等应采取有效的加固措施或隔离措施，以确保施工安全。

（2）打桩机行走道路必须保持平整、坚实，保证打桩机移动时的安全。场地四周应挖排水沟用于排水。

（3）在施工前应先对机械进行全面检查，发现有问题时应及时解决。对机械全面检查后要进行试运转，严禁机械带病作业。

（4）在进行吊装就位作业时，起吊速度要慢，并要拉住溜绳。在打桩过程中遇有地坪隆起或下陷时，应随时调平机架及路轨。

（5）施工过程中机械操作人员要注意机械运转情况，发现异常要及时进行纠正。要防止机械倾斜、倾倒、桩锤突然下落等事故、事件的发生。打桩时桩头垫料严禁用手进行拨正。

（6）钻孔灌注桩在已成孔尚未浇筑混凝土前，必须用盖板封严桩孔。钢管桩打桩后必须及时加盖临时桩帽。预制混凝土桩送桩入土后的桩孔，必须及时用砂子或其他材料填灌，以免发生人身伤害事故。

（7）在进行冲抓钻或冲孔锤操作时，任何人不准进入落锤区施工范围内。在进行成孔钻机操作时，钻机要安放平稳，要防止钻架突然倾倒或钻具突然下落而发生事故。

（8）施工现场临时用电设施的安装和拆除必须由持证电工操作。机械设备电器必须按规定做好接零或接地，正确使用漏电保护装置。

6. 灌注桩施工安全控制要点

（1）灌注桩施工前应编制专项施工方案，严格按方案规定的程序组织施工。

（2）灌注桩在已成孔尚未浇筑混凝土前，应用盖板封严或沿四周设安全防护栏杆，以免掉土或发生人身安全事故。

（3）所有的设备电路应架空设置，不得使用不防水的电线或绝缘层有损坏的电线。电器必须有接地、接零和漏电保护装置。

（4）现场施工人员必须戴安全帽，拆除串筒时上空不得进行作业。严禁酒后操作机械和上岗作业。

（5）混凝土浇筑完毕后，及时抽干空桩部分泥浆，立即用素土回填，以免发生人、物陷落事故。

7. 人工挖孔桩施工安全控制要点

（1）人工挖孔桩施工前应编制专项施工方案，严格按方案规定的程序组织施工。开挖深度超过 16m 的人工挖孔桩工程还要对专项施工方案进行专家论证。

（2）桩孔内必须设置应急软爬梯供人员上下井，使用的电葫芦、吊笼等应安全可靠，并配有自动卡紧保险装置。

（3）每日开工前必须对井下有毒有害气体的成分和含量进行检测，并应采取可靠的安全防护措施。桩孔开挖深度超过 10m 时，应配置专门向井下送风的设备。

（4）孔口四周必须挖出的土石方应及时远离孔口，不得堆放在孔口四周 1m 范围内。

机动车辆通行应远离孔口。

（5）挖孔桩各孔内用电严禁一闸多用，孔上电缆必须架空 2.0m 以上，严禁拖地和埋压土中，孔内电缆线必须有防磨损、防潮、防断等措施。照明应采用安全矿灯或 12V 以下的安全电压。

（二）脚手架搭设安全隐患防范

脚手架是土木工程施工的重要设施，是为保证高处作业安全、顺利进行而搭设的工作平台和作业通道。在结构施工、装修施工和设备管道的安装施工中，都需要按照操作要求搭设脚手架。脚手架工程常用的安全技术规程有：

《建筑施工扣件式钢管脚手架安全技术规范》JGJ 130—2011；

《建筑施工碗扣式钢管脚手架安全技术规范》JGJ 166—2016；

《建筑施工门式钢管脚手架安全技术规范》JGJ 128—2010；

《建筑施工木脚手架安全技术规范》JGJ 164—2008；

《建筑施工工具式脚手架安全技术规范》JGJ 202—2010。

1. 脚手架的施工准备工作

脚手架搭设之前，应根据工程特点和施工工艺要求确定搭设（包括拆除）施工方案。

施工方案内容主要应包括：

（1）材料要求。

（2）基础要求。

（3）荷载计算、计算简图、计算结果、安全系数。

（4）立杆横距、立杆纵距、杆件连接、步距、允许搭设高度、连墙杆做法、门洞处理、剪刀撑要求、脚手板、挡脚板、扫地杆等构造要求。

（5）脚手架搭设、拆除；安全技术措施及安全管理、维护、保养；平面图、剖面图、立面图、节点图要求反映杆件连接、拉结基础等情况。

（6）悬挑式脚手架有关悬挑梁、横梁等的加工节点图，悬挑梁与结构的连接节点，钢梁平面图，悬挑设计节点图。

2. 脚手架的地基与基础施工

（1）脚手架底面底座标高宜高于自然地坪 50～100mm。

（2）当脚手架基础下有设备基础、管沟时，在脚手架使用过程中不应开挖，否则必须采取加固措施。

3. 脚手架的搭设

（1）脚手架搭设人员必须是经过考核合格的专业架子工。上岗人员应定期体检，合格者方可持证上岗。

（2）作业层上的施工荷载应符合作业要求，不得超载。不得将模板支架、缆风绳、泵送混凝土和砂浆的运输管等固定在脚手架上；严禁悬挂起重设备。

（3）单排脚手架的横向水平杆不应设置在下列部位：

1）设计不允许设置脚手眼的部位；

2）过梁上与过梁成 60°的三角形范围及过梁净跨度 1/2 的高度范围内；

3）宽度＜1m 的窗间墙；120mm 厚墙、料石墙、清水墙和独立柱；

4）梁或梁垫下及其左右 500mm 范围内；

5）砌体门窗洞口两侧 200mm（石砌体为 300mm）和转角处 450mm（石砌体为600mm）范围内；

6）独立或附墙砖柱，空斗砖墙、加气块墙等轻质墙体；

7）砌筑砂浆强度等级≤M2.5 的砖墙。

（4）脚手架必须配合施工进度搭设，一次搭设高度应≤相邻连墙件以上两步。

（5）纵向水平杆应设置在立杆内侧，其长度宜≥3 跨。

（6）纵向水平杆接长宜采用对接扣件连接，也可采用搭接。纵向水平杆的对接扣件应交错布置：两根相邻纵向水平杆的接头不宜设置在同步或同跨内；不同步或不同跨两个相邻接头在水平方向错开的距离应≥500mm；各接头中心至最近主节点的距离宜≤纵距的1/3。搭接长度应≥1m，应等间距设置 3 个旋转扣件固定，端部扣件盖板边缘至搭接纵向水平杆杆端的距离应≥100mm。

（7）主节点处必须设置一根横向水平杆，用直角扣件扣接且严禁拆除。主节点处的两个直角扣件的中心距应≤150mm。在双排脚手架中，离墙一端的外伸长度应≤0.4 倍的两节点的中心长度，且应≤500mm。作业层上非主节点处的横向水平杆，最大间距应≤纵距的 1/2。

（8）冲压钢脚手板、木脚手板、竹串片脚手板等，应设置在三根横向水平杆上。当脚手板长度＜2m 时，可采用两根横向水平杆支撑，但应将脚手板两端与其可靠固定，严防倾翻。这三种脚手板的铺设可采用对接平铺，亦可采用搭接铺设。

脚手板对接平铺时，接头处必须设两根横向水平杆，脚手板外伸长度应取 130～150mm，两块脚手板外伸长度之和应≤300mm；脚手板搭接铺设时，接头必须支在横向水平杆上，搭接长度应＞200mm，其伸出横向水平杆的长度应≥100mm。

（9）脚手架必须设置纵、横向扫地杆。纵向扫地杆应采用直角扣件固定在距底座上皮≤200mm 处的立杆上。横向扫地杆宜采用直角扣件固定在紧靠纵向扫地杆下方的立杆上。

当立杆的基础不在同一高度上时，必须将高处的纵向扫地杆向低处延长两跨与立杆固定，高低差应≤1m。靠边坡上方的立杆轴线到边坡的距离应≥500mm。

（10）立杆接长除顶层顶步可采用搭接外，其余各层各步必须采用对接扣件连接。立杆上的对接扣件应交错布置，两根相邻立杆的接头不应设置在同步内，同步内每隔一根立杆的两个相邻接头在高度方向错开的距离宜≥500mm；各接头中心至主节点的距离宜≤步距的 1/3。搭接长度应≥1m，应采用≥2 个旋转扣件固定，端部扣件盖板的边缘至杆端距离应≥100mm。

（11）立杆必须用连墙件与建筑物可靠连接，连墙件布置间距要符合规定。

（12）一字形、开口形脚手架的两端必须设置连墙件，连墙件的垂直间距应≤建筑物的层高，并应≤4m。

（13）高度 24m 以下的单、双排脚手架，宜采用刚性连墙件与建筑物可靠连接，亦可采用钢筋与顶撑配合使用的附墙连接方式。严禁使用只有钢筋的柔性连墙件。高度 24m以上的双排脚手架，必须采用刚性连墙件与建筑物可靠连接。

（14）连墙件必须采用可承受拉力和压力的构造。采用拉筋时必须配用顶撑，顶撑应可靠地顶在混凝土圈梁、柱等结构部位。拉筋应采用两根以上直径 4mm 的钢丝拧成一股，使用时应≥两股；亦可采用直径≥6mm的钢筋。

（15）剪刀撑应随立杆、纵向和横向水平杆等同步设置，各底层斜杆下端均必须支承在垫块或垫板上。高度24m以下的单、双排脚手架，均必须在外侧两端、转角及中间不超过15m的立面上各设置一道剪刀撑，并应由底至顶连续设置；高度24m及以上的双排脚手架，在外侧全立面连续设置剪刀撑。开口形双排脚手架的两端均必须设置横向斜撑。

4.脚手架的拆除

（1）拆除作业必须自上而下逐层进行，严禁上下同时作业。

（2）连墙件必须随脚手架逐层拆除，严禁先将连墙件整层拆除后再拆除脚手架；分段拆除高差应≤2步，如高差＞2步，应增设连墙件加固。

（3）各构配件严禁抛掷至地面。

5.脚手架的检查验收

（1）脚手架在下列阶段应进行检查与验收：

1）脚手架基础完工后，架体搭设前；

2）每搭设完6～8m高度后；

3）作业层上施加荷载前；

4）达到设计高度后或遇有6级及以上风或大雨后，冻结地区解冻后；

5）停用超过一个月。

（2）脚手架定期检查的主要内容：

1）杆件的设置与连接，以及连墙件、支撑、门洞桁架的构造是否符合要求；

2）地基是否积水，底座是否松动，立杆是否悬空，扣件螺栓是否松动；

3）高度24m以上的双排、满堂脚手架及高度20m以上的满堂支撑架，其立杆的沉降与垂直度的偏差是否符合技术规范要求；

4）架体安全防护措施是否符合要求；

5）是否有超载使用现象。

（三）现浇混凝土工程安全隐患防范

现浇混凝土工程容易发生模板支撑系统整体坍塌、高空坠落、物体打击、触电等类型的安全事故。在混凝土浇筑过程中，模板支撑系统整体坍塌事故尤为突出。

1.现浇混凝土工程安全隐患的主要表现形式

（1）模板支撑系统部分

1）模板支撑架体地基、基础下沉。

2）架体的杆件间距或步距过大。

3）架体未按规定设置斜杆、剪刀撑和扫地杆。

4）构架的节点构造和连接的紧固程度不符合要求。

5）主梁和荷载显著加大部位的构架未加密、加强。

6）高支撑架未设置一至数道加强的水平结构层。

7）大荷载部位的扣件指标数值不够。

8）架体整体或局部变形、倾斜，架体出现异常响声。

（2）混凝土浇筑过程

1）高处作业安全防护设施不到位。

2）机械设备的安装、使用不符合安全要求。

3）用电不符合安全要求。

4）混凝土浇筑方案使支撑架受力不均衡，产生过大的集中荷载、偏心荷载、冲击荷载或侧压力。

5）过早地拆除支撑和模板。

2. 现浇混凝土工程安全控制的主要内容

（1）模板支撑系统设计。

（2）模板支拆施工安全。

（3）钢筋加工及绑扎、安装作业安全。

（4）混凝土浇筑高处作业安全。

（5）混凝土浇筑用电安全。

（6）混凝土浇筑设备使用安全。

3. 现浇混凝土工程安全控制要点

（1）现浇混凝土工程专项施工方案的编制

1）现浇混凝土工程施工应编制专项施工方案。

2）专项施工方案的主要内容应包括模板支撑系统的设计、制作、安装和拆除的施工程序、作业条件。有关模板支撑系统的设计计算、材料规格、接头方法、构造大样及剪刀撑的设置要求等均应详细说明，并绘制施工详图。

（2）现浇混凝土工程模板支撑系统的选材及安装的安全技术措施

1）模板支撑系统的选材及安装应按设计要求进行，基土上的支撑点应牢固平整，支撑在安装过程中应考虑必要的临时固定措施，以保证其稳定性。

2）模板支撑系统的立柱材料可选用钢管、门形架、木杆，其材质和规格应符合设计和安全要求。

3）立柱底部支承结构必须具有支承上层荷载的能力。为合理传递荷载，立柱底部应设置木垫板，禁止使用砖及脆性材料铺垫。当支承在地基上时，应对地基土的承载力进行验算。

4）为保证立柱的整体稳定，在安装立柱的同时，应加设水平支撑和剪刀撑。

5）立柱的间距应经计算确定，按照施工方案的规定设置。若采用多层支模，则上下层立柱要垂直，并应在同一垂直线上。

（3）模板工程专项施工方案的编制

模板工程及支撑体系施工前，要按有关规定编制专项施工方案，必要时进行专家论证。

1）模板工程及支撑体系需编制专项施工方案的范围：

① 各类工具式模板工程：包括滑模、爬模、飞模、隧道模等工程。

② 混凝土模板支撑工程：搭设高度5m及以上；搭设跨度10m及以上；施工总荷载10kN/m² 及以上；集中线荷载15kN/m 及以上；高度大于支撑水平投影宽度且相对独立无连系构件的混凝土模板支撑工程。

③ 承重支撑体系：用于钢结构安装等满堂支撑体系。

2）模板工程及支撑体系需编制专项施工方案，同时必须进行专家论证的范围：

① 各类工具式模板工程：包括滑模、爬模、飞模、隧道模等工程。

② 混凝土模板支撑工程：搭设高度 8m 及以上；搭设跨度 18m 及以上；施工总荷载 15kN/m² 及以上；集中线荷载 20kN/m 及以上。

③ 承重支撑体系：用于钢结构安装等满堂支撑体系，承受单点集中荷载 7kN 及以上。

3）保证模板安装施工安全的基本要求

① 模板安装高度超过 3.0m 时，必须搭设脚手架，除操作人员外，脚手架下不得站其他人。

② 模板安装高度在 2m 及以上时，应符合国家现行标准《建筑施工高处作业安全技术规范》JGJ 80—2016 的有关规定。

③ 施工人员上下通行必须借助马道、施工电梯或上人扶梯等设施，不允许攀登模板、斜撑杆、拉条或绳索等上下，不允许在高处的墙顶、独立梁或其模板上行走。

④ 作业时，模板和配件不得随意堆放，模板应放平放稳，严防滑落。脚手架或操作平台上临时堆放的模板宜≤3 层，脚手架或操作平台上的施工总荷载应≤其设计值。

⑤ 高处支模作业人员所用工具和连接件应放在箱盒或工具袋中，不得散放在脚手板上，以免坠落伤人。

⑥ 安装模板时，上下应有人接应，随装随运，严禁抛掷。且不得将模板支搭在门窗框上，也不得将脚手板支搭在模板上，并严禁将模板与上料井架及有车辆运行的脚手架或操作平台支成一体。

⑦ 当钢模板高度超过 15m 时，应安设避雷设施，避雷设施的接地电阻应≤4Ω。大风地区或大风季节施工，模板应有抗风的临时加固措施。

⑧ 遇大雨、大雾、沙尘、大雪或 6 级以上大风等恶劣天气时，应暂停露天高处作业。遇 6 级及以上风力时，应停止高空吊运作业。雨、雪停止后，应及时清除模板和地面上的积水及积雪。

⑨ 在架空输电线路下方进行模板施工时，如果不能停电作业，则应采取隔离防护措施。

⑩ 模板施工中应设专人负责安全检查，发现问题应报告有关人员处理。当遇险情时，应立即停工和采取应急措施；待修复或排除险情后，方可继续施工。

4. 保证模板拆除施工安全的基本要求

（1）现浇混凝土结构模板及其支架拆除时的混凝土强度应符合设计要求。当设计无要求时，应符合下列规定：

1）不承重的侧模板，包括梁、柱、墙的侧模板，只要混凝土强度能保证其表面及棱角不因拆除模板而受损时，即可进行拆除。

2）承重模板，包括梁、板等水平结构构件的底模，应在与结构同条件养护的试块强度达到规定要求时，方可进行拆除。

3）后张预应力混凝土结构或构件模板的拆除，侧模应在预应力张拉前拆除，其混凝土强度达到侧模拆除条件即可。进行预应力张拉，必须在混凝土强度达到设计规定值时进行，底模必须在预应力张拉完毕后方能拆除。

4）在拆模过程中，如发现实际结构混凝土强度并未达到要求，有影响结构安全的质量问题时，应暂停拆模，经妥当处理且实际强度达到要求后，方可继续拆除。

5）已拆除模板及其支架的混凝土结构，应在混凝土强度达到设计要求后，才允许承受全部设计的使用荷载。

6）拆除芯模或预留孔的内模时，应在混凝土强度能保证不发生塌陷和裂缝时，方可拆除。

（2）拆模作业之前必须填写拆模申请，并在同条件养护试块强度记录达到规定要求时，技术负责人方可批准拆模。

（3）冬期施工的模板拆除应遵守冬期施工的有关规定，其中主要是要考虑混凝土模板拆除后的保温养护，如果不能进行保温养护，必须暴露在大气中，则要考虑混凝土受冻的临界强度。

（4）各类模板拆除的顺序和方法，应根据模板设计的要求进行。当模板设计无要求时，可按先支的后拆、后支的先拆，先拆非承重的模板、后拆承重的模板及支架的顺序进行。

（5）拆模时下方不能有人，拆模区应设警戒线，以防有人误入。拆除的模板向下运送传递时，一定要做到上下呼应、协调一致。

（6）模板不能采取猛撬以致大片塌落的方法进行拆除。

（7）拆除的模板必须随时清理，以免钉子扎脚、阻碍通行。使用后的木模板应拔除铁钉，分类进库，堆放整齐。露天堆放时，顶面应遮盖防雨篷布。

（8）使用后的钢模板、钢构件应及时将粘结物清理干净，进行必要的维修、刷油，整理合格后方可运往其他施工现场或入库。

（9）钢模板在装车运输时，不宜超出车栏杆，少量高出部分必须拴牢，零配件应分类装箱，不得散装运输。装车时，应轻搬轻放，不得相互碰撞。卸车时，严禁成捆从车上推下和拆散抛掷。

（10）模板及配件应放入室内或敞棚内，当需露天堆放时，底部应垫高100mm，顶面应遮盖防雨篷布或塑料布。

5. 混凝土浇筑施工的安全技术措施

（1）混凝土浇筑作业人员的作业区域内，应按高处作业的有关规定，设置临边、洞口安全防护设施。

（2）混凝土浇筑所使用机械设备的接零（接地）保护、漏电保护装置应齐全有效，作业人员应正确使用安全防护用具。

（3）交叉作业应避免在同一垂直作业面上进行，否则应按规定设置隔离防护设施。

（4）用井架运输混凝土时，应设制动安全装置，升降应有明确信号，操作人员未离开提升台时，不得发长降信号。提升台内停放的手推车不得伸出台外，车辆前后要挡牢。

（5）用料斗进行混凝土吊运时，料斗的斗门在装料吊运前一定要关好卡牢，以防止吊运过程中被挤开抛卸。

（6）用溜槽及串筒下料时，溜槽和串筒应固定牢固，人员不得直接站到溜槽帮上操作。

（7）用混凝土输送泵泵送混凝土时，混凝土输送泵的管道应连接和支撑牢固，试送合格后才能正式输送，检修时必须卸压。

（8）有倾倒、掉落危险的浇筑作业应采取相应的安全防护措施。

（四）吊装工程安全隐患防范

1. 吊装工程的主要施工特点

（1）受预制构件的类型和质量影响大。

（2）正确选用起重机具是完成吊装任务的主导因素。

（3）构件的应力状态变化多。

（4）高空作业多，容易发生事故，必须加强安全教育，并采取可靠措施。

2. 吊装作业

（1）吊装机械作业常用的安全技术规程

《建筑施工塔式起重机安装、使用、拆卸安全技术规程》JGJ 196—2010；

《建筑起重机械安全评估技术规程》JGJ/T 189—2009。

（2）起吊作业的人员及场地要求

1）特种作业人员必须经过专门的安全培训，经考核合格后持特种作业操作资格证书上岗。特种作业人员应按规定进行体检和复审。

2）起重吊装作业前，应根据施工组织设计要求划定危险作业区域，设置醒目的警示标志，防止无关人员进入。还应视现场作业环境专门设置监护人员，防止高处作业或交叉作业时造成落物伤人事故。

（3）起重设备

1）根据《危险性较大的分部分项工程安全管理规定》（住房和城乡建设部令第37号）及关于实施《危险性较大的分部分项工程安全管理规定》有关问题的通知（建办质〔2018〕31号）的规定，下列起重工程属于危险性较大的分部分项工程：

① 采用非常规起重设备、方法，且单件起吊重量在10kN及以上的起重吊装工程。

② 采用起重机械进行安装的工程。

③ 起重机械安装和拆卸工程。

2）起重机械按施工方案要求选型，运到现场重新组装后，应进行试运转和验收，确认符合要求并记录、签字。起重机械经检验后可以持续使用并要持有市级有关部门定期核发的准用证。

3）须经检查确认的安全装置包括超高限位器、力矩限制器、臂杆幅度指示器及吊钩保险装置，且均须符合要求。当该机说明书中尚有其他安全装置时应按说明书规定进行检查。

4）起重机械要做到"十不吊"，即：超载或被吊物质量不清时不吊；被吊物上有人或浮置物时不吊；工作场地昏暗，无法看清场地、被吊物和指挥信号时不吊；歪拉斜吊重物时不吊；指挥信号不明确时不吊；被吊物棱角处与捆绑钢绳间未加衬垫时不吊；遇有拉力不清的埋置物件时不吊；容器内装的物品过满时不吊；捆绑、吊挂不牢或不平衡，可能引起滑动时不吊；结构或零部件有影响安全工作的缺陷或损伤时不吊。

5）汽车式起重机进行吊装作业时，行走用的驾驶室内不得有人，吊物不得超越驾驶室上方，并严禁带载行驶。

6）双机抬吊时，要根据起重机的起重能力进行合理的负载分配，操作时要统一指挥，互相密切配合。在整个起吊过程中，两台起重机的吊滑车均应基本保持垂直状态。

（4）起重扒杆

1）起重扒杆的选用应符合作业工艺要求，其材料、截面以及组装形式必须按设计图纸要求进行，组装后经有关部门检验确认符合要求。

2）扒杆与钢丝绳、滑轮、卷扬机等组合后，应先经试吊确认。可按 1.2 倍额定荷载吊运地面 200～500mm，使各缆风绳就位，起升钢丝绳逐渐绷紧，确认各部门滑车及钢丝绳受力良好，轻轻晃动吊物，检查扒杆、地锚及缆风绳情况，确认符合设计要求。

（5）钢丝绳与地锚

1）钢丝绳断丝数在一个节距中超过 10％、钢丝绳锈蚀或表面磨损达 40％以及有死弯、结构变形、绳芯挤出等情况时，应报废停止使用。

2）扒杆滑轮及地面导向滑轮的选用，应与钢丝绳的直径相适应，其直径比值应≥15，各组滑轮必须用钢丝绳牢靠固定，滑轮出现翼缘破损等缺陷时应及时更换。

3）缆风绳应使用钢丝绳，其安全系数 $K＝3.5$，规格应符合施工方案要求，缆风绳应与地锚牢固连接。

4）地锚的埋设做法应经计算确定，地锚的位置及埋设应符合施工方案要求和扒杆作业时的实际角度。当移动扒杆时，必须使用经过计算的正式地锚，不准随意拴在电杆、树木和构件上。

（6）预制构件的运输

1）工厂预制的构件需在吊装前运至工地，构件运输宜选用载重量较大的载重汽车和半拖式或全拖式平板拖车，将构件直接运到工地构件堆放处。

2）运输时混凝土预制构件的强度应≥设计混凝土强度的 75％。在运输过程中构件的支撑位置和方法应根据设计的吊（垫）点设置，不应引起超应力和使构件损伤。叠放运输构件之间必须用隔板或垫木隔开。上、下垫木应保持在同一垂直线上，支垫数量要符合设计要求以免构件受折；运输道路要有足够的宽度和转弯半径。

（7）构件堆放

1）构件应堆放平稳，底部按设计位置设置垫木。

2）构件多层叠放时，柱子不超过 2 层；梁不超过 3 层；大型屋面板、多孔板 6～8 层；钢屋架不超过 3 层。各层的支承垫木应在同一垂直线上，各堆放构件之间应留≥0.7m 宽的通道。

3）重心较高的构件（如屋架、大架等）除在底部设垫木外，还应在两侧加设支撑或将几榀大梁以方木铁丝将其连成一体，提高其稳定性，侧向支撑沿梁长度方向≥3 道。墙板堆放架应经设计计算确定，并确保满足抗倾覆要求。

（8）吊点

1）根据重物的外形、重心及工艺要求选择吊点，并在方案中进行规定。

2）吊点是在重物起吊、翻转、移位等作业中都必须使用的，吊点应与重物的重心在同一垂直线上，且吊点应在重物的重心之上（吊点与重物重心的连线和重物的横截面垂直）。使重物垂直起吊，严禁斜吊。

3）当采用几个吊点起吊时，应使各吊点的合力在重物的重心位置之上。必须正确计算每根吊索的长度，使重物在吊装过程中始终保持稳定位置。当构件无吊鼻需用钢丝绳绑扎时，必须对棱角处采取保护措施，其安全系数为 $K＝6～8$；当起吊重、大或精密的重物时，除应采取妥善保护措施外，吊索的安全系数应取 10。

（9）高处作业安全控制要点

1）起重吊装于高处作业时，应按规定设置安全措施防止高处坠落。包括各洞口盖严盖牢，临边作业应搭设防护栏杆并张挂密目网等。高处作业规范规定："屋架吊装以前，应预先在下弦挂设安全网，吊装完毕后，即将安全网铺设固定"。

2）吊装作业人员必须佩戴安全帽，在高空作业和移动时，必须系牢安全带。

3）作业人员上下应采用专用的爬梯或斜道，不允许攀爬脚手架或沿建筑物上下。

4）遇大雨、雾、大雪、6 级及以上大风等恶劣天气时应停止吊装作业。雨雪后进行吊装作业时，应及时清理冰雪并采取防滑和防漏电措施，先试吊，确认制动器灵敏可靠后方可进行作业。

5）在高处用气割或电焊切割物件时，应采取措施，防止火花飞落伤人。

（10）触电事故安全控制要点

1）吊装作业起重机的任何部位与架空输电线路边线之间的距离要符合规定。

2）吊装作业使用的电源线必须架高，手把线绝缘要良好。在雨天或潮湿地点作业的人员，应戴绝缘手套、穿绝缘鞋。

3）吊装作业使用行灯照明时，电压应≤36V。

（11）构件吊装和管道安装时的注意事项

1）钢结构的吊装，构件应尽可能在地面组装，并应搭设进行临时固定、电焊、高强度螺栓连接等工序的高空安全设施，随构件同时上吊就位。拆卸时的安全措施，亦应一并考虑和落实。高空吊装预应力混凝土屋架、桁架等大型构件之前，也应搭设悬空作业中所需的安全设施。

2）悬空安装大模板、吊装第一块预制构件、吊装单独的大中型预制构件时，必须站在操作平台上操作。吊装中的大模板和预制构件以及石棉水泥板等屋面板上，严禁站人和行走。

3）安装管道时必须有已完结构或操作平台为立足点，严禁在安装中的管道上站立和行走。

（五）高处作业安全隐患防范

高处作业是指凡在坠落高度基准面 2m 以上（含 2m），有可能坠落的高处进行的作业。高处作业易发生高处坠落、物体打击等安全事故。高处作业要严格遵守《建筑施工高处作业安全技术规范》JGJ 80—2016。

1. 高处作业安全隐患的主要表现形式

（1）作业人员不正确佩戴安全帽，在无可靠安全防护措施的情况下不按规定系挂安全带。

（2）作业人员患有不适宜高处作业的疾病。

（3）违章酒后作业。

（4）各种形式的临边无防护或防护不严密。

（5）各种类型的洞口无防护或防护不严密。

（6）攀登作业所使用的工具不牢固。

（7）设备、管道安装，临空构筑物模板支设，钢筋绑扎，安装钢筋骨架、框架、过梁、雨篷，小平台混凝土浇筑等作业无操作架；操作架搭设不稳固，防护不严密。

（8）构架式操作平台、预制钢平台设计、安装、使用不符合安全要求。

（9）不按安全程序组织施工，地上地下并进，多层多工种交叉作业。

（10）安全设施无人监管，在施工中任意拆除、改变。

（11）高处作业的作业面材料、工具乱堆乱放。

（12）暑期施工无良好的防暑降温措施。

2. 高处作业安全控制的主要内容

（1）临边作业安全。

（2）洞口作业安全。

（3）攀登与悬空作业安全。

（4）操作平台作业安全。

（5）交叉作业安全。

3. 临边作业的安全防范措施

（1）基坑周边，尚未安装栏杆或栏板的阳台、料台与悬挑平台周边，雨篷与挑檐边，无外脚手的屋面与楼层周边及水箱与水塔周边等处，必须设置防护栏杆。

（2）头层墙高度超过 3.2m 的二层楼面周边以及无外脚手架的高度超过 3.2m 的楼层周边，必须在外围架设安全平网一道。

（3）分层施工的楼梯口和梯段边，必须安装临时护栏。顶层楼梯口应随工程结构进度安装正式防护栏杆。

（4）井架、施工用电梯和脚手架等及建筑物通道的两侧边，必须设防护栏杆。地面通道上部应装设安全防护棚。双笼井架通道中间应予分隔封闭。

（5）各种垂直运输接料平台，除两侧设防护栏杆外，平台口还应设置安全门或活动防护栏杆。

4. 洞口作业的安全防范措施

（1）板与墙的洞口必须设置牢固的盖板、防护栏杆、安全网或其他防坠落的防护设施。

（2）电梯井口必须设防护栏杆或固定栅门；电梯井内应每隔两层并最多隔 10m 设一道安全网。

（3）钢管桩、钻孔桩等桩孔上口，杯形、条形基础上口，未填土的坑槽，人孔、天窗、地板门等处，均应按洞口防护设置稳固的盖件。

（4）施工现场通道附近的各类洞口与坑槽等处，除设置防护设施与安全标志外，夜间还应设红灯示警。

（5）洞口根据具体情况采取设防护栏杆、加盖件、张挂安全网与装栅门等措施时，必须符合规范要求。

（6）垃圾井道和烟道应随楼层的砌筑或安装而消除洞口，或参照预留洞口作防护。管道井施工时，还应加设明显的标志。如有临时性拆移，需经施工负责人核准，工作完毕后必须恢复防护设施。

（7）位于车辆行驶道旁的洞口、深沟与管道坑槽所加盖板应能承受≥当地额定卡车后轮有效承载力 2 倍的荷载。

（8）墙面等处的竖向洞口，凡落地的洞口应加装开关式、工具式或固定式的防护门，门栅网格的间距应≤15cm，也可采用防护栏杆，下设挡脚板（笆）。

（9）下边沿至楼板或底面低于80cm的窗台等竖向洞口，如侧边落差>2m时，应加设1.2m高的临时护栏。

5. 攀登作业的安全防范措施

（1）在施工组织设计中应确定用于现场施工的登高和攀登设施。

（2）攀登用具在结构构造上必须牢固可靠。供人上下的踏板其使用荷载应≤1100kN。当梯面上有特殊作业，重量超过上述荷载时，应按实际情况加以验算。

（3）移动式梯子均应按现行国家标准验收其质量。

（4）梯脚底部应坚实，不得垫高使用。

（5）梯子如需接长使用，必须有可靠的连接措施，且接头≤1处，连接后梯梁的强度应≥单梯梯梁的强度。

（6）使用折梯时，折梯上部夹角以35°～45°为宜，铰链必须牢固，并应有可靠的拉撑措施。

（7）固定式直爬梯应采用金属材料制成，梯宽应≤50cm，支撑应采用≥L70×6的角钢，埋设与焊接均必须牢固。梯子顶端的踏棍应与攀登的顶面齐平，并加设1～1.5m高的扶手。使用直爬梯进行攀登作业时，攀登高度以5m为宜。超过2m时，宜加设护笼；超过8m时，必须设置梯间平台。

（8）作业人员应从规定的通道上下，不得沿阳台之间等非规定通道进行攀登，也不得任意利用吊车臂架等施工设备进行攀登。

（9）登高安装钢柱时，应使用钢挂梯或设置在钢柱上的爬梯。钢柱的接柱应使用梯子或操作台。操作台横杆高度，当无电焊防风要求时，宜≥1m；有电焊防风要求时，其宜≥1.8m。

（10）登高安装钢梁时，应视钢梁高度，在两端设置挂梯或搭设钢管脚手架。需在梁面上行走时，其一侧的临时护栏横杆可采用钢索，当改用扶手绳时，绳的自然下垂度应≤1/20，并应控制在10cm以内。

6. 悬空作业的安全防范措施

（1）悬空作业处应有牢靠的立足处，并必须视具体情况，配置防护栏网、栏杆或其他安全设施。

（2）悬空作业所用的索具、脚手板、吊篮、吊笼、平台等设备，均需经过技术鉴定或检证方可使用。

（3）支撑和拆卸模板时的悬空作业必须遵守下列规定：

1）支模应按规定的作业程序进行，模板未固定前不得进行下一道工序。严禁在连接件和支撑件上攀登上下，并严禁在上下同一垂直面上装、拆模板。结构复杂的模板，装、拆应严格按照施工组织设计的措施进行。

2）支设高度在3m以上的柱模板时，四周应设斜撑，并应设置操作平台。低于3m的可使用马凳操作。

3）支设悬挑形式的模板时，应有稳固的立足点。支设临空构筑物模板时，应搭设支架或脚手架。模板上有预留洞时，应在安装后将洞口覆盖。拆模后混凝土板上形成的临边或洞口，应按《建筑施工高处作业安全技术规范》JGJ 80—2016 有关章节进行防护。拆模高处作业，应配置登高用具或搭设支架。

（4）绑扎钢筋时的悬空作业必须遵守下列规定：

1）绑扎钢筋和安装钢筋骨架时，必须搭设脚手架和马道。

2）绑扎圈梁、挑梁、挑檐、外墙和边柱等钢筋时，应搭设操作台架和张挂安全网。悬空大梁钢筋的绑扎，必须在满铺脚手板的支架或操作平台上操作。

3）绑扎立柱和墙体钢筋时，不得站在钢筋骨架上或攀登骨架上下。3m 以内的柱钢筋，可在地面或楼面上绑扎，整体竖立；绑扎 3m 以上的柱钢筋，必须搭设操作平台。

（5）浇筑混凝土时的悬空作业必须遵守下列规定：

1）浇筑离地 2m 以上框架、过梁、雨篷和小平台时，应设操作平台，不得直接站在模板或支撑件上操作。

2）浇筑拱形结构时，应自两边拱脚对称地相向进行。浇筑储仓时，下口应先行封闭，并搭设脚手架以防人员坠落。

3）特殊情况下如无可靠的安全设施，必须系好安全带并扣好保险钩，或架设安全网。

（6）进行预应力张拉的悬空作业时必须遵守下列规定：

1）进行预应力张拉时，应搭设站立操作人员和设置张拉设备用的牢固可靠的脚手架或操作平台，雨天张拉时，还应架设防雨篷。

2）预应力张拉区域应设置明显的安全标志，禁止非操作人员进入，张拉钢筋的两端必须设置挡板，挡板应距所张拉钢筋的端部 1.5～2m，且应高出最上一组张拉钢筋 0.5m，其宽度应距张拉钢筋两外侧各≥1m。

3）孔道灌浆应按预应力张拉安全设施的有关规定进行。

（7）悬空进行门窗作业时必须遵守下列规定：

1）安装门、窗，刷漆及安装玻璃时，严禁操作人员站在樘子、阳台栏板上操作。门、窗临时固定，封填材料未达到强度以及电焊时，严禁手拉门、窗进行攀登。

2）在高处外墙安装门、窗，无外脚手时，应张挂安全网。无安全网时，操作人员应系好安全带，其保险钩应挂在操作人员上方的可靠物件上。

3）进行各项窗口作业时，操作人员的重心应位于室内，不得在窗台上站立，必要时应系好安全带进行操作。

7. 操作平台的安全防范措施

（1）移动式操作平台必须符合下列规定：

1）操作平台应由专业技术人员按现行相应规范的规定进行设计，计算书及图纸应编入施工组织设计。

2）操作平台的面积应≤10m²，高度应≤5m，还应进行稳定验算，并采取措施减少立柱的长细比。

3）装设轮子的移动式操作平台，轮子与平台的接合处应牢固可靠，立柱底端离地面≤80mm。

4）操作平台可采用 ϕ(48～51)×3.5 的钢管以扣件连接，亦可采用门架式或承插式钢管脚手架部件，按产品使用要求进行组装。平台的次梁，间距应≤40cm；台面应满铺 3cm 厚的木板或竹笆。

5）操作平台四周必须按临边作业要求设置防护栏杆，并应布置登高扶梯。

（2）悬挑式钢平台必须符合下列规定：

1）悬挑式钢平台应按现行相应规范的规定进行设计，其结构构造应能防止左右晃动，计算书及图纸应编入施工组织设计。

2）悬挑式钢平台的搁支点与上部拉结点必须位于建筑物上，不得设置在脚手架等施工设备上。

3）斜拉杆或钢丝绳，构造上宜两边各设前后两道，两道中的每一道均应进行作单道受力计算。

4）应设置4个经过验算的吊环。吊运平台时应使用卡环，不得使吊钩直接钩挂吊环。吊环应采用甲类3号沸腾钢制作。

5）安装钢平台时，钢丝绳应采用专用的挂钩挂牢，采取其他方式时卡头的卡子应≥3个，建筑物锐角利口围系钢丝绳处应加衬软垫物，钢平台外口应略高于内口。

6）钢平台左右两侧必须装设固定的防护栏杆。

7）钢平台吊装，需待横梁支撑点电焊固定，接好钢丝绳，调整完毕，经过检查验收，方可松卸起重吊钩，上下操作。

8）钢平台使用过程中，应有专人进行检查，发现钢丝绳有锈蚀损坏应及时调换，焊缝脱焊应及时修复。

（3）操作平台上应显著地标明容许荷载值。操作平台上人员和物料的总重，严禁超过设计容许荷载值，并应配备专人加以监督。

（六）拆除工程安全隐患防范

拆除工程容易发生坍塌、物体打击、机械伤害、火灾、爆炸等类型的安全事故。

1. 拆除工程安全隐患的主要表现形式

（1）拆除工程施工方案和设计计算存在缺陷，未进行专家论证。

（2）拆除工程施工时，场内电线和市政管线未予切断、迁移或加以保护。

（3）拆除工程施工时，未设安全警戒区和派专人监护。

（4）拆除工程施工中，作业面上人员过度集中。

（5）采用掏挖根部推倒方式拆除工程时，掏挖过深，人员未退出至安全距离以外。

（6）采用人工掏挖、拽拉、站在被拆除物上猛砸等危险作业。

（7）拆除工程施工所使用的机械其工作面不稳固。

（8）被拆除物在未完全分离的情况下，采用机械强行进行吊拉。

（9）在人口稠密和交通要道等地区采用火花起爆拆除建筑物。

（10）爆破实施操作的程序、爆破部位的防护及爆破器材的储存、运输管理不到位。

2. 拆除工程的安全控制要点

（1）拆除工程施工准备

1）拆除工程开工前应全面了解拆除工程的图纸和资料，进行现场勘察，根据工程特点、构造情况、工程量等编制专项施工方案。但涉及如下范围的工程编制的专项施工方案必须经过专家论证：

① 码头、桥梁、高架、烟囱、水塔或拆除中容易引起有毒有害气（液）体或粉尘扩散、易燃易爆事故发生的特殊建（构）筑物的拆除工程；

② 文物保护建筑、优秀历史建筑或历史文化风貌区影响范围内的拆除工程。

2）拆除工程必须制定应急救援预案，采取严密防范措施，并配备应急救援的必要器材。根据拆除工程施工现场作业环境，制定相应的消防安全措施。

3）拆除工程施工前，应做好影响拆除工程安全施工的各种管线的切断、迁移工作。当外侧有架空线路或电缆线路时，应与有关部门联系，采取措施，确认安全后方可施工。

4）当拆除工程可能会对周围相邻建筑的安全产生影响时，必须采取相应的保护措施，对建筑内的人员进行撤离安置。

5）拆除工程施工区域应设置硬质封闭围挡及醒目的安全警示标志，非施工人员不得进入施工区域。当临街的被拆除建筑与交通通道的安全距离不能满足要求时，必须采取相应的安全隔离措施。

6）拆除工程应当由具备相应建筑业企业资质等级和安全生产许可证的施工企业承担，拆迁人应当与负责拆除工程的施工企业签订拆除工程合同。

7）拆除工程合同应明确双方的安全施工、环境卫生、控制扬尘污染职责和施工企业的项目负责人、技术负责人、安全负责人。

8）拆除工程施工企业必须严格按照施工方案和安全技术规程进行拆除。对作业人员要做好安全教育、安全技术交底，并做好书面记录。特种作业人员必须持证上岗。

9）施工企业拆除工程时应确保拟拆除工程已停止供水、供电、供气，居住人员已全部撤离。

10）施工企业实施拆除前应划定危险区域，设置警戒线和明显的警示标志。在居民密集点、交通要道附近施工，必须采用全封闭围护，并搭设安全防护隔离网。拆除施工现场必须配备洒水设施，认真做好降尘工作。

（2）人工拆除作业的安全技术措施

1）拆除施工程序应从上至下，按板、非承重墙、梁、承重墙、柱等顺序依次进行拆除，或依照先非承重结构后承重结构的原则进行拆除。

2）拆除施工应逐层拆除、分段进行，不得垂直交叉作业，作业面的孔洞应加以封闭。

3）作业时，楼板上严禁多人聚集或集中堆放材料，作业人员应站在稳定的结构或脚手架上操作，被拆除的构件应有安全的放置场所。

4）建筑的栏杆、楼梯、楼板等构件的拆除进度应与建筑结构的整体拆除进度相配合，不得先行拆除。建筑的承重梁、柱，应在其所承载的全部构件拆除后，再进行拆除。

5）人工拆除建筑墙体时，严禁采用掏掘或推倒的方法。

6）拆除梁或悬挑构件时，应在采取有效的塌落控制措施后，方可切断两端的支撑。

7）拆除柱子时，应沿柱子底部剔凿出钢筋，使用手动捯链进行定向牵引，再采用气焊切割柱子的三面钢筋，保留牵引方向正面的钢筋。

8）拆除原用于有毒有害、可燃气体的管道及容器时，必须查清其残留物的种类、化学性质及残留量，采取相应措施后，方可进行拆除作业，以确保拆除人员的安全。

9）作业人员所使用的机具（包括风镐、水钻、冲击钻等），严禁超负荷使用或带故障运转。

10）拆除的垃圾严禁向下抛掷。

（3）机械拆除作业的安全技术措施

1）拆除施工时，应按照专项施工方案设计选定的机械设备及吊装方案进行施工，严禁超载作业或任意扩大使用范围。供机械设备使用的场地必须保证具有足够的承载力，确保机械设备具备不发生塌陷、倾覆的工作面。作业中，机械的回转和行走动作不得同时进行。

2）拆除施工程序应从上至下、逐层逐段进行，应先拆除非承重结构，再拆除承重结构。对只进行部分拆除的建筑，必须先将保留部分进行加固，然后再进行分离拆除。

3）当进行高处拆除作业时，对较大尺寸的构件或沉重的材料，必须使用起重机具及时吊下。拆卸下来的各种材料应及时清理，分类堆放在指定场所，严禁向下抛掷。

4）拆除钢屋架时，必须采用绳索将其拴牢，待起重机吊稳后，方可进行气焊切割作业。吊运过程中，应采取辅助措施使被吊物处于稳定状态。

5）在拆除施工过程中，必须由专人负责随时监测被拆除建筑的结构状态，发现有不稳定状态的趋势时，应立即停止作业，并采取有效措施，消除隐患。

6）拆除吊装作业的起重机司机和信号指挥员必须持证上岗，并严格执行操作规程。

7）起重机要做到"十不吊"，即：超载或被吊物质量不清不吊；被吊物上有人或浮置物时不吊；工作场地昏暗，无法看清场地、被吊物和指挥信号时不吊；歪拉斜吊重物时不吊；指挥信号不明确不吊；被吊物棱角处与捆绑钢绳间未加衬垫时不吊；遇有拉力不清的埋置物件时不吊；容器内装的物品过满时；不吊捆绑、吊挂不牢或不平衡，可能引起滑动时不吊；结构或零部件有影响安全工作的缺陷或损伤时不吊。

（4）爆破拆除作业的安全技术措施

1）爆破拆除工程的设计必须按《爆破安全规程》GB 6722—2014 规定的级别作出安全评估，并经当地有关部门审核批准后方可实施。

2）爆破拆除工程的实施应在工程所在地有关部门领导下成立爆破指挥部，并应按照施工组织设计确定的安全距离设置警戒。

3）爆破拆除单位必须持有所在地公安部门核发的《爆炸物品使用许可证》，承担相应等级的爆破拆除工程。爆破拆除工程的设计人员应具有爆破工程技术人员作业证，从事爆破拆除施工的作业人员亦应持证上岗。

4）购买爆破器材，必须向工程所在地公安部门申请领取《爆炸物品购买许可证》，到指定的供应点进行购买，爆破器材严禁赠送、转让、转卖、转借。

5）运输爆破器材时，必须向所在地公安部门申请领取《爆破物品运输许可证》，并按照规定的路线运输，派专职押运员押送。爆破器材的临时保管地点，必须经当地公安部门批准，严禁同室保管与爆破器材无关的物品。

6）爆破拆除的预拆除施工应确保建筑安全和稳定。预拆除施工可采用机械和人工方法拆除非承重的墙体或不影响结构稳定的构件。

7）爆破拆除的预拆除是指爆破实施前有必要进行部分拆除的施工。预拆除施工可以减少钻孔和爆破装药量，清除下层障碍物（如非承重的墙体），有利于建筑塌落破碎解体（如烟囱定向爆破时开凿定向窗口有利于倒塌方向准确）。

8）对烟囱、水塔类的构筑物采用定向爆破拆除时，爆破拆除设计应控制构筑物倒塌时的触地振动。必要时应在倒塌范围铺设缓冲材料或开挖防振沟。

9）爆破拆除建筑施工时，应对爆破部位进行覆盖和遮挡防护，覆盖材料和遮挡设施应牢固可靠。

10）爆破拆除工程的设计和施工，必须按照《爆破安全规程》GB 6722—2014 中有关爆破实施操作的规定进行。

（5）静力破碎作业的安全技术措施

1）进行建筑基础或局部块体拆除时，宜采用静力破碎的方法。

2）采用具有腐蚀性的静力破碎剂作业时，灌浆人员必须佩戴防护手套和防护眼镜。

3）孔内注入静力破碎剂后，作业人员应保持安全距离，严禁在注孔区域行走或停留。

4）静力破碎剂严禁与其他材料混放。

5）在相邻的两孔之间，严禁钻孔与静力破碎剂注入同步施工。

6）在进行静力破碎时，如发生异常情况，必须停止作业，待查清原因并采取相应措施确保安全后，方可继续施工。

九、建筑工程项目相关管理规定

（一）建筑工程项目管理的有关规定

1. 项目管理规划

（1）项目管理规划应包括项目管理规划大纲和项目管理实施规划两类文件。项目管理规划大纲应由组织的管理层或组织委托的项目管理单位编制；项目管理实施规划应由项目经理组织编制。

（2）编制项目管理规划大纲应遵循下列程序：明确项目目标；分析项目环境和条件；收集项目的有关资料和信息；确定项目管理组织模式、结构和职责；明确项目管理内容；编制项目目标计划和资源计划；汇总整理，报送审批。

（3）项目管理规划大纲可根据下列资料编制：可行性研究报告；设计文件、标准、规范与有关规定；招标文件及有关合同文件；相关市场信息与环境信息。

（4）项目管理规划大纲可包括下列内容，组织应根据需要选定：项目概况；项目范围管理规划；项目目标管理规划；项目组织管理规划；项目成本管理规划；项目进度管理规划；项目质量管理规划；项目职业健康安全与环境管理规划；项目采购与资源管理规划；项目信息管理规划；项目沟通管理规划；项目风险管理规划；项目收尾管理规划。

（5）编制项目管理实施规划应遵循下列程序：了解项目相关各方的要求；分析项目条件和环境；熟悉相关的法规和文件；组织编制；履行报批手续。

（6）项目管理实施规划可根据下列资料编制：项目管理规划大纲；项目条件和环境分析资料；工程合同及相关文件；同类项目的相关资料。

（7）项目管理实施规划应包括下列内容：项目概况；总体工作计划；组织方案；技术方案；进度计划；质量计划；职业健康安全与环境管理计划；成本计划；资源需求计划；风险管理计划；信息管理计划；项目沟通管理计划；项目收尾管理计划；项目现场平面布置图；项目目标控制措施；技术经济指标。

2. 项目组织管理

（1）项目管理组织的建立应遵循下列原则：组织结构科学、合理；有明确的管理目标和责任制度；组织成员具备相应的职业资格；保持相对稳定，并根据实际需要进行调整。

（2）建立项目经理部应遵循下列步骤：根据项目管理规划大纲确定项目经理部的管理

任务与组织结构；根据项目管理目标责任书进行目标分解与责任划分；确定项目经理部的组织设置；确定人员的职责、分工与权限；制定工作制度、考核制度与奖惩制度。

3. 项目经理责任制

（1）项目经理责任制应作为项目管理的基本制度，是评价项目经理绩效的依据。项目经理责任制的核心是项目经理承担实现项目管理目标责任书确定的责任。

（2）项目经理应由法定代表人任命，并根据法定代表人授权的范围、期限和内容履行管理职责，并对项目实施全过程、全面管理。项目经理不应同时担任两个或两个以上未完项目的领导。

（3）编制项目管理目标责任书应依据下列资料：项目合同文件；组织的管理制度；项目管理规划大纲；组织的经营方针和目标。

（4）项目管理目标责任书可包括下列内容：项目管理实施目标，组织与项目经理部之间的责任、权限和利益分配；项目设计、采购、施工、试运行等管理的内容和要求，项目需用资源的提供方式和核算办法；法定代表人向项目经理委托的特殊事项；项目经理部应承担的风险，项目管理目标评价的原则、内容和方法，对项目经理部进行奖惩的依据、标准和办法，项目经理解职和项目经理部解体的条件及办法。

（5）确定项目管理目标应遵循下列原则：满足组织管理目标的要求；满足合同的要求；预测相关的风险，具体且操作性强，便于考核。

4. 项目合同管理

（1）承包人的合同管理应遵循下列程序：合同评审，合同订立，合同实施计划；合同实施控制，合同综合评价；有关知识产权的合法使用。

（2）合同评审应包括下列内容：招标内容和合同的合法性审查，招标文件和合同条款的合法性及完备性审查，合同双方责任、权益和项目范围认定，与产品或过程有关要求的评审，合同风险评估。

（3）合同实施计划应包括合同实施总体安排、分包策划以及合同实施保证体系的建立等内容。合同实施计划应规定必要的合同实施工作程序。

（4）合同实施控制包括合同交底、合同跟踪与诊断、合同变更管理和索赔管理等工作。

（5）合同总结报告应包括下列内容：合同签订情况评价，合同执行（履行）情况评价，合同管理工作评价，对本项目有重大影响的合同条款的评价，其他经验和教训。

5. 项目采购管理

（1）项目采购工作应符合有关合同、设计文件所规定的数量、技术要求和质量标准，符合进度、安全、环境和成本管理等要求。采购资料应真实、有效、完整，并具有可追溯性。

（2）组织应根据项目合同、设计文件、项目管理实施规划和有关采购管理制度编制采购计划。采购计划应包括下列内容：采购工作范围、内容及管理要求；采购信息，包括产品或服务的数量、技术要求和质量标准；检验方式和标准；供应方资质审查要求；采购控制目标及措施。

（3）组织应对采购报价进行有关技术和商务的综合评审，并应制定选择、评审和重新评审的准则。评审记录应保存。

（4）项目采用的设备、材料应经检验合格，并符合设计及相应现行标准的要求，检验产品使用的计量器具及产品的抽样、抽检应符合规范要求。

（5）进口产品应按国家政策和相关法规办理报关和商检等手续。

6. 项目进度管理

（1）组织应建立项目进度管理制度，制定项目进度管理目标。项目进度管理目标应按项目实施过程、专业、阶段或实施周期进行分解。

（2）项目经理部应按下列程序进行进度管理：制定进度计划，进度计划交底；落实责任；实施进度计划，跟踪检查，对存在的问题分析原因并纠正偏差，必要时对进度计划进行调整；编制进度报告，报送组织管理部门。

（3）组织应根据合同文件、项目管理规划文件、资源条件及内外部约束条件编制项目进度计划。组织应提出项目控制性进度计划。控制性进度计划可包括下列种类：整个项目的总进度计划；分阶段进度计划；子项目进度计划和单体进度计划；年（季）度计划。

（4）项目经理部应编制项目作业性进度计划。项目作业性进度计划可包括下列内容：分部分项工程进度计划、月（旬）作业计划。

（5）各类进度计划应包括下列内容：编制说明、进度计划表、资源需要量及供应平衡表。

（6）编制进度计划可使用文字说明、里程碑表、工作量表、横道计划、网络计划等方法。

（7）项目作业性进度计划必须采用网络计划方法或横道计划方法进行编制。

（8）在实施进度计划的过程中应进行下列工作：跟踪检查，收集实际进度数据，将实际进度数据与计划进度进行对比；分析计划执行情况，对产生的进度变化采取措施予以纠正或调整计划，检查措施的落实情况，进度计划的变更必须与有关单位和部门及时沟通。

（9）进度计划的检查应包括下列内容：工程量的完成情况；工作时间的执行情况；资源使用及进度的匹配情况；上次检查提出问题的整改情况。

（10）进度计划的调整应包括下列内容：工程量；起止时间；工作关系；资源提供；必要的目标调整。

7. 项目质量管理

（1）质量管理应坚持预防为主的原则，按照策划、实施、检查、处置的循环方式进行系统运作。

（2）项目质量管理应按下列程序实施：进行质量策划，确定质量目标；编制质量计划；实施质量计划；总结项目质量管理工作，提出持续改进的要求。

（3）组织应进行质量策划，确定质量目标，规定实施项目质量管理体系的过程和资源，编制针对项目质量管理的文件。该文件可称为质量计划。质量计划也可以作为项目管理实施规划的组成部分。

（4）质量计划应确定下列内容：质量目标和要求；质量管理组织和职责；所需的过程、文件和资源；产品（或过程）所要求的评审、验证、确认、监视、检验和试验活动，以及接收准则；记录的要求；所采取的措施。

（5）项目经理部应在质量控制的过程中跟踪收集实际数据并进行整理，并应将项目的实际数据与质量标准和目标进行比较，分析偏差，并采取措施予以纠正和处置，必要时对处置效果和影响进行复查。

（6）设计的质量控制应包括下列过程：设计策划，设计输入；设计活动；设计输出；

设计评审；设计验证；设计确认，设计变更控制。

（7）采购的质量控制应包括：确定采购程序；确定采购要求；选择合格供应单位以及采购合同的控制和进货检验。

（8）施工过程的质量控制应包括：施工目标实现策划；施工过程管理；施工改进；产品（或过程）的验证和防护。

（9）检验和测试装置的控制应包括：确定装置的型号、数量；明确工作过程；制定质量保证措施等内容。

8. 项目职业健康安全管理

（1）项目职业健康安全管理应遵循下列程序：识别并评价危险源及风险；确定职业健康安全目标；编制并实施项目职业健康安全技术措施计划；项目职业健康安全技术措施计划实施结果验证，持续改进相关措施和绩效。

（2）编制项目职业健康安全技术措施计划应遵循下列步骤：工作分类，识别危险源；确定风险；评价风险；制定风险对策；评审风险对策的充分性。

（3）项目职业健康安全技术措施计划应包括：工程概况、控制目标、控制程序、组织机构、职责权限、规章制度、资源配置、安全措施、检查评价和奖惩制度以及对分包的安全管理等内容。策划过程应充分考虑有关措施与项目人员能力相适宜的要求。

（4）项目职业健康安全技术措施计划应由项目经理主持编制，经有关部门批准后，由专职安全管理人员进行现场监督实施。

（5）组织应建立分级职业健康安全生产教育制度，实施公司、项目经理部和作业队三级教育，未经教育的人员不得上岗作业。项目经理部应建立职业健康安全生产责任制，并把责任目标分解落实到人。

（6）职业健康安全技术交底应符合下列规定：工程开工前，项目经理部的技术负责人应向有关人员进行安全技术交底；结构复杂的分项工程实施前，项目经理部的技术负责人应进行安全技术交底；项目经理部应保存安全技术交底记录。

（7）项目经理部进行职业健康安全事故处理应坚持"事故原因不清楚不放过，事故责任者和人员没有受到教育不放过，事故责任者没有处理不放过，没有制定纠正和预防措施不放过"的原则。

（8）处理职业健康安全事故应遵循下列程序：报告安全事故；事故处理；事故调查；处理事故责任者；提交调查报告。

9. 项目环境管理

（1）组织应根据批准的建设项目环境影响报告，通过对环境因素的识别和评估，确定管理目标及主要指标，并在各个阶段贯彻实施。

（2）项目环境管理应遵循下列程序：确定项目环境管理目标；进行项目环境管理策划；实施项目环境管理策划；验证并持续改进。

（3）项目经理部应对环境因素进行控制，制定应急准备和相应措施，并保证信息畅通，预防可能出现非预期的损害。在出现环境事故时，应消除污染，并应制定相应措施，防止环境二次污染。

（4）文明施工应包括下列工作：进行现场文化建设；规范场容，保持作业环境整洁卫生；创造有序生产的条件；减少对居民和环境的不利影响。

（5）项目经理部应对施工现场的环境因素进行分析，对于可能产生的污水、废气、噪声、固体废弃物等污染源采取措施进行控制。

（6）项目经理部应依据施工条件，按照施工总平面图、施工方案和施工进度计划的要求，认真进行所负责区域的施工平面图的规划、设计、布置、使用和管理。

（7）项目入口处的醒目位置应公示下列内容：工程概况；安全纪律；防火须知；安全生产与文明施工规定；施工平面图；项目经理部组织机构图及主要管理人员名单。

10．项目成本管理

（1）组织应建立、健全全面成本管理责任体系，明确业务分工和职责关系，把管理目标分解到各项技术工作和管理工作中。项目全面成本管理责任体系应包括两个层次：

1）组织管理层：负责项目全面成本管理的决策，确定项目的合同价格和成本计划，确定项目管理层的成本目标。

2）项目经理部：负责项目成本的管理，实施成本控制，实现项目管理目标责任书中的成本目标。

（2）项目经理部的成本管理应包括：成本计划；成本控制；成本核算；成本分析；成本考核。

（3）项目经理部应依据下列文件编制成本计划：合同文件，项目管理实施规划；可研报告和相关设计文件；市场价格信息；相关定额；类似项目的成本资料。

（4）项目经理部应依据下列资料进行成本控制：合同文件；成本计划；进度报告；工程变更与索赔资料。

（5）成本控制应遵循下列程序：收集实际成本数据；实际成本数据与成本计划目标进行比较；分析成本偏差及原因；采取措施纠正偏差，必要时修改成本计划；按照规定的时间间隔编制成本报告。成本控制宜运用价值工程和净值法。

（6）成本核算应坚持形象进度、产值统计、成本归集的三同步原则。

（7）成本分析应依据会计核算、统计核算和业务核算的资料进行。成本分析应采用比较法、因素分析法、差额分析法和比率法等基本方法；也可采用分部分项成本分析、年季月（或周、旬等）度成本分析、竣工成本分析等综合成本分析方法。

（8）组织应以项目成本降低额和项目成本降低率作为主要考核指标。项目经理部应设置成本降低额和成本降低率等考核指标。发现偏离时，应及时采取改进措施。

11．项目资源管理

（1）资源管理包括人力资源管理、材料管理、机械设备管理、技术管理和资金管理。

（2）资源管理计划应包括建立资源管理制度，编制资源使用计划、供应计划和处置计划，规定控制程序和责任体系。

（3）资源管理控制应包括按资源管理计划进行资源的选择、资源的组织和进场后的管理等内容。

（4）资源管理考核应通过对资源投入、使用、调整以及计划与实际的对比分析，找出管理中存在的问题，并对其进行评价。通过考核能及时反馈信息，提高资金使用价值，持续改进。

12．项目信息管理

（1）信息管理应满足下列要求：有时效性和针对性，有必要的精度；综合考虑信息成本及信息收益，实现信息效益最大化。

（2）信息管理应遵循下列程序：确定项目信息管理目标；进行项目信息管理策划；项目信息收集；项目信息处理；项目信息运用；项目信息管理评价。

（3）信息管理计划应包括信息需求分析、信息编码系统、信息流程、信息管理制度以及信息的来源、内容、标准、时间要求、传递途径、反馈的范围、人员及其职责和工作程序等内容。

（4）信息过程管理应包括信息的收集、加工、传输、储存、检索、输出和反馈等内容，宜使用计算机进行信息过程管理。

（5）项目信息管理工作应采取必要的安全保密措施，包括信息的分级、分类管理方式。确保项目信息的安全、合理、有效使用。

13. 项目风险管理

（1）项目风险管理应包括项目实施全过程的风险识别、风险评估、风险响应和风险控制。

（2）组织识别项目风险应遵循下列程序：收集与项目风险有关的信息；确定风险因素，编制项目风险识别报告。

（3）组织应按下列内容进行风险评估：分析风险因素发生的概率；风险损失量的估计；风险等级评估。

（4）项目风险控制对策应形成风险管理计划，其内容包括：风险管理目标，风险管理范围，可使用的风险管理方法、工具以及数据来源；风险分类和风险排序要求；风险管理的职责与权限，风险跟踪的要求，相应的资源预算。

（5）在整个项目进程中，组织应收集和分析与项目风险相关的各种信息，获取风险信号，预测未来的风险并提出预警，纳入项目进展报告。组织应对可能出现的风险因素进行监控，根据需要制定应急计划。

14. 项目沟通管理

（1）项目沟通与协调的对象是项目所涉及的内部和外部有关组织及个人，包括建设单位和勘察设计、施工、监理、咨询服务等单位以及其他相关组织。

（2）项目沟通计划应包括信息沟通方式和途径、信息收集归档格式、信息的发布和使用权限、沟通管理计划的调整以及约束条件和假设等内容。

15. 项目收尾管理

项目收尾阶段应是项目管理全过程的最后阶段，包括竣工收尾、验收、结算、决算、回访保修、考核评价等方面的管理。

（1）项目经理部应全面负责项目竣工收尾工作，组织编制项目竣工计划，报上级主管部门批准后按期完成。竣工计划应包括下列内容：竣工项目名称；竣工项目收尾具体内容，竣工项目质量要求，竣工项目进度计划安排；竣工项目文件档案资料的整理要求。

（2）项目决算应包括下列内容：项目竣工财务决算说明书；项目竣工财务决算报表；项目造价分析资料表等。

（3）项目考核评价的定量指标可包括工期、质量、成本、职业安全健康、环境保护等。

（二）建设项目工程总承包管理的有关规定

1. 工程总承包管理的内容与程序

（1）工程总承包管理的主要内容应包括：任命项目经理，组建项目部，进行项目策划并编制项目计划；实施设计管理、采购管理、施工管理、试运行管理；进行项目范围管理，进度管理，费用管理，设备材料管理，资金管理，质量管理，安全、职业健康和环境管理，资源管理，风险管理，沟通与信息管理，合同管理，现场管理，项目收尾管理等。

（2）项目部应严格执行项目管理程序，并使每一个管理过程都体现计划、实施、检查、处理（PDCA）的持续改进过程。

2. 工程总承包管理的组织

（1）建设项目工程总承包应实行项目经理责任制。工程总承包企业宜采用"项目管理目标责任书"的形式，明确项目目标和项目经理的职责、权限和利益。

（2）项目部应具有对工程总承包项目进行组织实施和控制的职能。项目部应对项目的质量、安全、费用和进度目标的实现全面负责。在工程总承包合同范围内，项目部应具有与业主、工程总承包企业各职能部门以及其他各相关方沟通与协调的职能。

（3）工程总承包的项目经理应具备以下条件：具有注册工程师、注册建造师、注册建筑师等一项或多项执业资格，具有决策、组织、领导和沟通能力，能正确处理和协调与业主、相关方之间及企业内部各专业、各部门之间的关系；具有工程总承包项目管理的专业技术及相关的经济和法律、法规知识；具有类似项目的管理经验，具有良好的职业道德。

3. 项目策划

（1）工程总承包项目策划属项目初始阶段的工作，项目策划的输出文件是项目计划，包括项目管理计划和项目实施计划。项目策划应针对项目的实际情况，依据合同和总承包企业管理的要求，明确项目目标、范围，分析项目的风险以及采取的应对措施，确定项目管理的各项原则要求、措施和过程。

（2）项目策划应包括下列内容：明确项目目标，包括技术、质量、安全、费用、进度、职业健康、环境保护等目标，确定项目的管理模式、组织机构和职责分工，制定技术、质量、安全、费用、进度、职业健康、环境保护等方面的管理程序和控制指标，制定资源（人力、财力、物力、技术和信息等）的配置计划；制定项目沟通的程序和规定，指导风险管理计划；制定分包计划。

4. 项目设计管理

（1）工程总承包项目应将采购纳入设计程序。设计组应负责采购文件的编制、报价技术评审和技术谈判、供货厂商图纸资料的审查和确认等工作。

（2）设计计划宜包括如下内容：设计依据；设计范围；设计的原则和要求；组织机构及职责分工；标准规范；质量保证程序和要求；进度计划和主要控制点；技术经济要求；安全、职业健康和环境保护要求；与采购、施工和试运行的接口关系及要求。

（3）编制初步设计和基础工程设计文件时，应当满足编制施工招标文件、主要设备材料订货和编制施工图设计或详细工程设计文件的需要。编制施工图设计或详细工程设计文件时，应当满足设备材料采购、非标准设备制作和施工以及试运行的需要。

（4）设计质量控制点主要包括：设计人员资格的管理；设计输入的控制；设计策划的控制（包括组织、技术、条件接口）；设计技术方案的评审；设计文件的校审与会签；设计输出的控制；设计变更的控制。

5. 项目采购管理

（1）采购工作应遵循公平、公正、公开的原则来选定供货厂商。保证按项目的质量、数量和时间要求，以合理的价格和可靠的供货来源，获得所需的设备材料及有关服务。

（2）采购计划应包括以下内容：编制依据；项目概况；采购原则；采购工作范围和内容；采购的职能岗位设置及其主要职责；采购进度的主要控制目标和要求；长周期设备和特殊材料采购的计划安排；采购费用控制的主要目标、要求和措施；采购质量控制的主要目标、要求和措施；采购协调程序；特殊采购事项的处理原则；现场采购管理要求。

（3）采购合同文件应完整、准确、严密、合法，包括下列内容：采购合同；询价文件及其修订补充文件；满足询价文件的全部报价文件；供货厂商协调会会议纪要；任何涉及询价、报价内容变更所形成的其他书面形式的文件。

（4）采购组接到项目经理批准的变更单后，应了解变更的范围和对采购的要求，预测相关费用和时间，制定变更实施计划并按计划实施。变更单应填写以下主要内容：变更的内容；变更的理由及处理措施；变更的性质和责任承担方；对项目进度和费用的影响。

（5）仓库管理工作应包括物资保管及技术档案、单据、账目管理和仓库安全管理等。仓库管理应建立"物资动态明细台账"，所有物资应注明货位、档案编号、标识码以便查找。仓库管理员要及时登账，经常核对，保证账物相符。

6. 项目施工管理

（1）施工计划应依据合同约定和项目计划的要求，在项目初始阶段由施工经理组织编制，经项目经理批准后组织实施，必要时报业主确认。施工计划应包括以下内容：工程概况；施工组织原则，包括施工组织设计要求；施工质量计划；施工安全、职业健康和环境保护计划；施工进度计划；施工费用计划；施工技术管理计划，包括施工技术方案要求；资源供应计划；施工准备工作要求。

（2）施工进度计划应包括施工总进度计划、单项工程进度计划和单位工程进度计划。编制施工进度计划应遵循下列程序：收集编制依据资料；确定进度控制目标；计算工程量；确定各单项工程、单位工程的施工期限和开竣工日期；确定施工流程，编制施工进度计划；编写施工进度计划说明书。

（3）施工组宜采用净值法等先进的管理技术，进行施工费用测量，分析费用偏差，进行趋势预测，及时采取有效的纠正和预防措施。

（4）项目在施工前应组织设计交底，理解设计意图和设计文件对施工的技术、质量和标准要求。施工单位应对施工过程的质量控制绩效进行分析和评价，明确改进目标，制定纠正和预防措施，进行持续改进。

（5）施工组应根据项目安全管理实施计划进行施工阶段安全策划，编制施工安全计划，建立施工安全管理制度，明确安全职责，落实施工安全管理目标。施工组应对施工各阶段、部位和场所的危险源进行识别和风险分析，制定应对措施，并对其实施管理和控制。

（6）项目部应按国家有关规定和合同约定办理人身意外伤害保险，制定应急预案，落实救护措施，在事故发生时及时组织实施。

（7）当发生安全事故时，项目部应按合同约定和相关法规规定，及时报告，并组织或参与事故的处理、调查和分析。

7. 项目试运行管理

（1）试运行管理计划应包括试运行的总说明、组织及人员、进度计划、费用计划、试运行文件编制要求、试运行准备工作要求、培训计划和业主及相关方的责任分工等内容。

（2）试运行经理应按合同约定，负责组织或协助业主编制试运行方案。试运行方案应包括以下主要内容：工程概况；编制依据和原则；目标与采用标准；试运行应具备的条件；组织指挥系统；试运行进度安排；试运行资源配置；环境保护设施投运安排；安全及职业健康要求；试运行预计的技术难点和采取的应对措施等。

8. 项目进度管理

（1）项目经理应将进度控制、费用控制和质量控制相互协调、统一决策，实现项目的总体目标。项目进度管理应按项目工作分解结构逐级管理，用控制基本活动的进度来达到控制整个项目的进度。项目基本活动的进度控制宜采用赢得值管理技术和工程网络计划技术。

（2）项目进度计划文件应由下列两部分组成：

1）进度计划图表。可选择采用单代号网络图、双代号网络图、时标网络计划和隐含有活动逻辑关系的横道图。进度计划图表中宜有资源分配。

2）进度计划编制说明。主要内容包括进度计划编制依据、计划目标、关键线路说明、资源要求、外部约束条件、风险分析和控制措施。

（3）项目总进度计划应包括下列内容：表示各单项工程的周期，以及最早开始时间、最早完成时间、最迟开始时间和最迟完成时间，并表示各单项工程之间的衔接；表示主要单项工程设计进度的最早开始时间和最早完成时间，以及初步设计或基础工程设计完成时间；表示关键设备和材料的采购进度计划，以及关键设备和材料运抵现场时间；表示各单项工程施工的最早开始时间和最早完成时间，以及主要单项施工分包工程的计划招标时间；表示各单项工程试运行时间，以及供电、供水、供气时间。

（4）进度偏差分析可按下列程序进行：首先用净值管理技术，通过时间偏差分析进度偏差；当进度发生偏差时，应运用网络计划技术分析对进度的影响，并控制进度。

（5）在设计与施工的接口关系中，应按下列内容的接口进度实施重点控制：施工对设计的可施工性分析，设计文件交付，设计交底或图纸会审；设计变更对施工进度的影响。

（6）在项目收尾阶段，项目经理应组织对项目进度管理进行总结。项目进度管理总结应包括下列内容：合同工期及计划工期目标完成情况；项目进度管理经验；项目进度管理中存在的问题及分析；项目进度管理方法的应用情况；项目进度管理的改进意见。

9. 项目质量管理

（1）项目质量管理应贯穿项目管理的全过程，坚持"计划、实施、检查、处理"（PD-CA）循环工作方法，持续改进过程的质量控制。项目质量管理应遵循下列程序：明确项目质量目标；编制项目质量计划；实施项目质量计划；监督检查项目质量计划的执行情况；收集、分析、反馈质量信息并制定预防和改进措施。

（2）项目质量计划应包括下列主要内容：项目的质量目标、质量指标、质量要求；项目的质量管理组织和职责；项目的质量保证与协调程序；项目应执行的标准、规范、规程；实施项目质量目标和质量要求应采取的措施。

（3）项目质量控制应对项目输入的所有信息、要求和资源的有效性进行控制，确保项目质量输入正确和有效。项目部应按规定对项目实施过程中形成的质量记录进行标识、收集、保存、归档。

（4）项目部所有人员均应收集和反馈项目的各种质量信息。对收集的质量信息宜采用统计技术进行数据分析，数据分析结果应包括以下主要内容：顾客满意程度；与工程总承包项目要求的符合性；工程总承包项目实施过程质量控制的有效性；工程总承包项目产品的特性及其质量趋势；项目相关方提供的产品和服务业绩的信息。

10. 项目费用管理

（1）项目部应设置费用估算和费用控制人员，负责编制工程总承包项目费用估算，制定费用计划和实施费用控制。项目部宜采用净值管理技术及相应的项目管理软件进行费用管理。

（2）编制费用估算的主要依据应包括以下内容：项目合同；工程设计文件；工程总承包企业决策；有关的估算基础资料；有关法律文件和规定。

（3）费用计划编制的主要依据为项目费用估算、工作分解结构和项目进度计划。费用计划编制可采用以下方式：按项目费用构成分解；按工作结构分解；按项目进度分解。

（4）项目部应根据项目进度计划和费用计划，优化配置各类资源，采用动态管理方法对实施费用进行控制。费用控制宜按以下步骤进行：

1）检查：对工程进展进行跟踪和检测，采集相关数据。

2）比较：已完成工作的实际费用和预算费用进行比较，发现费用偏差。

3）分析：对比较的结果进行分析，确定偏差幅度及偏差产生的原因。

4）纠偏：根据工程的具体情况和偏差分析结果，采取适当的措施，使费用偏差控制在允许的范围内。

（5）项目费用管理应建立并执行费用变更控制程序，包括变更申请、变更批准、变更实施和变更费用控制。只有经过规定程序批准后，变更才能在项目中实施。

11. 项目安全、职业健康和环境管理

（1）项目安全管理必须坚持"安全第一，预防为主"的方针，通过系统的危险源辨识和风险分析，制定安全管理计划，并进行有效控制。

（2）项目职业健康管理应坚持"以人为本"的方针。通过系统的污染源辨识和评估，制定健康管理计划，并进行有效控制。

（3）项目环境保护应贯彻执行环境保护设施工程与主体工程同时设计、同时施工、同时投入使用的"三同时"原则。应根据建设项目环境影响报告和总体环保规划，制定环境保护计划，并进行有效控制。

（4）项目部应在系统辨识危险源并对其进行风险分析的基础上，编制危险源初步辨识清单，根据项目的安全管理目标，制定项目安全管理计划，并按规定程序批准后实施。项目安全管理计划应包括下列内容：项目安全管理目标；项目安全管理组织机构和职责；项目安全危险源的辨识与控制技术以及管理措施；对从事危险环境下作业人员的培训教育计划；对危险源及其风险规避的宣传与警示方式；项目安全管理的主要措施与要求。

（5）项目安全管理必须贯穿于工程设计、采购、施工、试运行各阶段。

（6）在分包合同中应明确各自在安全建设和生产方面的责任，分包人应服从项目部安全生产的统一管理，并对其安全保障承担主要责任。项目部对分包工程的安全承担管理责任。

（7）项目部应制定并执行项目安全日常巡视检查和定期检查制度，记录并保存检查的结果，对不符合要求的状况进行处理。如果发生安全事故，项目部应按规定及时报告并处置。

（8）项目部应贯彻工程总承包企业的职业健康方针，制定项目职业健康管理计划，按规定程序经批准后实施。

（9）项目职业健康管理计划应包括下列内容：项目职业健康管理目标；项目职业健康管理组织机构和职责；项目职业健康管理的主要措施。

（10）项目应根据批准的建设项目环境影响报告，编制用于指导项目实施过程的项目环境保护计划，其主要内容应包括：项目环境保护的目标及主要指标，项目环境保护的实施方案，项目环境保护所需的人力、物力、财力和技术等资源的专项计划；项目环境保护所需的技术研发、技术攻关等工作；落实防治环境污染和生态破坏的措施以及环境保护设施的投资估算。

12. 项目资源管理

（1）项目资源管理应在满足工程总承包项目质量、安全、费用、进度以及其他目标的基础上，实现项目资源的优化配置和动态平衡。项目资源管理的全过程应包括项目资源的计划、配置、优化、控制和调整。

（2）项目部应对项目人力资源进行人力动态平衡与成本管理，实现项目人力资源的精干高效，并对项目人员的从业资格进行管理。项目部应根据工程总承包企业人才激励机制，通过绩效考核和奖励措施，提高项目绩效。

（3）项目部应编制设备材料控制计划，建立项目设备材料控制程序和现场管理规定，确保供应及时、领发有序、责任到位，满足项目实施的需要。

（4）项目部应做好施工现场机具的使用与统一管理工作，切实履行工程机具报验程序。进入施工现场的机具应由专门的操作人员持证上岗，实行岗位责任制，严格按操作规程作业，并在使用中做好维护和保养工作，保持机具处于良好状态。

（5）项目部应对项目涉及的工艺技术、工程设计技术、项目管理技术进行全面管理，对项目设计、采购、施工、试运行等过程中涉及的技术资源与技术活动进行全过程、全方位的管理，并最终实现合同约定的各项技术指标。

（6）项目部应严格对项目资金计划的管理，项目财务管理人员应根据项目进度计划、费用计划、合同价款及支付条件，编制项目资金流动计划和项目财务用款计划，按规定程序审批后实施，对项目资金的运作实行严格的监控。

（7）项目部应重视资金风险的防范，坚持做好项目的资金收入和支出分析，进行计划收支与实际收支对比，找出差异，分析原因，提高资金预测水平和资金使用价值，降低资金使用成本，提高资金风险防范水平。

13. 项目沟通与信息管理

（1）项目信息可以数据、表格、文字、图纸、音像、电子文件等载体方式表示，保证项目信息能及时得到收集、整理、共享，并具有可追溯性。

（2）项目沟通管理应贯穿建设工程项目的全过程。沟通的主要内容包括与项目建设有关的所有信息，特别是需要在所有项目干系人之间共享的核心信息。

（3）项目信息管理应包括以下主要内容：确定项目信息管理目标；制定项目信息管理计划；收集项目信息，处理项目信息，分发项目信息；根据项目信息分析、评价项目管理成效，必要时调整相关计划。

（4）项目部应按照有关档案管理标准和规定，将项目设计、采购、施工、试运行等项目管理过程中形成的文件、资料进行归档。项目应确保项目档案资料的真实、有效和完整，不得对项目档案资料进行伪造、篡改和随意抽撤。

（5）项目部应根据工程总承包企业关于信息安全和保密的方针及相关规定，制定信息安全与保密措施，防止和处理在信息传递与处理过程中的失误与失密，保证信息管理系统安全、可靠地为项目服务。

14. 项目合同管理

（1）总承包合同和分包合同必须以书面形式订立。实施过程中的合同变更应按程序规定进行书面签认，并成为合同的组成部分。

（2）总承包合同管理的主要内容宜包括：接收合同文本并检查、确认其完整性和有效性；熟悉和研究合同文本，全面了解和明确业主的要求；确定项目合同控制目标，制定实施计划和保证措施；对项目合同变更进行管理；对合同履行中发生的违约、争议、索赔等事宜进行处理；对合同文件进行管理；进行合同收尾。

（3）项目部应建立合同变更管理程序。合同变更宜按下列程序进行：提出合同变更申请；报项目经理审查、批准，必要时经企业合同管理部门负责人签认，重大的合同变更须报企业负责人签认；经业主签认，形成书面文件；组织实施。

（4）项目部应按以下程序进行合同争议处理：准备并提供合同争议事件的证据和详细报告；通过"和解"或"调解"无效时，可按合同约定提交仲裁或诉讼处理；当事人应接受并执行最终裁定或判决的结果。

（5）项目部应按下列规定对合同的违约责任进行处理：当事人应承担合同约定的责任和义务，并对合同执行效果承担应负的责任；当发包人或第三方违约并造成当事人损失时，合同管理人员应按规定追究违约方的责任，并获得损失的补偿；项目部应加强对连带责任引起的风险预测和控制。

（6）项目部应按下列规定进行索赔处理：应执行合同约定的索赔程序和规定；在规定时限内向对方发出索赔通知，并提出书面赔偿报告和索赔证据；对索赔费用和时间的真实性、合理性及正确性进行核定；按最终商定或裁定的索赔结果进行处理，索赔金额可作为合同总价的增补款或扣减款。

（7）项目部应建立并执行分包合同管理程序。分包合同管理程序的主要内容包括：明确分包合同的管理职责；分包招标的准备和实施；分包合同订立；对分包合同实施监控；分包合同变更处理；分包合同争议处理；分包合同索赔处理；分包合同文件管理；分包合同收尾。

（8）订立分包合同应遵循下列原则：合同当事人的法律地位平等，一方不得将自己的意志强加给另一方；当事人依法享有自愿订立合同的权利，任何单位和个人不得非法干预；当事人确定各方的权利和义务应当遵守公平原则，当事人行使权利、履行义务应当遵循诚实信用原则；当事人应当遵守法律、行政法规和社会公德，不得扰乱社会经济秩序，不得损害社会公共利益；分包人不得将分包的全部工程再行转包。

（9）分包合同文件组成及其优先次序应符合下列要求：协议书；中标通知书（或中标函）、专用条件、通用条件；投标书和构成合同组成部分的其他文件（包括附件）。

（10）在分包合同履行过程中，分包人就分包工程向项目承包人负责。由于分包人的过失给发包人造成损失的，项目承包人承担连带责任。分包合同变更管理应满足以下要求：项目部及合同管理人员应严格按合同变更程序对分包合同的变更实施控制。应对变更范围、内容及影响程度进行评审和确认并形成书面文件，变更经批准后实施；由分包人实施分包合同约定范围内的变化和更改均不构成分包合同变更；经确认和批准的变更应成为分包合同的组成部分，对于重大变更应按规定向工程总承包企业合同管理部门报告。

（11）分包合同争议处理应按以下规定进行：项目部应按分包合同约定程序和方法处理争议事件；当事人应努力采用"和解"或"调解"方式解决合同争议；当事人应按商定或最终裁定的结果执行。

（12）分包合同索赔处理应按以下规定进行：当事人应执行合同约定的索赔程序和方法，进行真实、合法及合理的索赔；索赔通知、证据、报告及裁定结果均应形成书面文件并纳入合同管理范围。

（三）建筑施工组织设计管理的有关规定

1. 基本规定

（1）施工组织设计按编制对象可分为施工组织总设计、单位工程施工组织设计和施工方案三个层次。

（2）施工组织设计应包括编制依据、工程概况、施工部署、施工进度计划、施工准备与资源配置计划、主要施工方法、施工现场平面布置及主要施工管理计划等基本内容。

（3）施工组织设计应由项目负责人主持编制，可根据项目实际需要分阶段编制和审批。

（4）施工组织总设计应由总承包单位技术负责人审批；单位工程施工组织设计应由施工单位技术负责人或技术负责人授权的技术人员审批；施工方案应由项目技术负责人审批；重点、难点分部（分项）工程和专项工程的施工方案应由施工单位技术部门组织相关专家评审，施工单位技术负责人批准。

（5）由专业承包单位施工的分部（分项）工程或专项工程的施工方案，应由专业承包单位技术负责人或其授权的技术人员审批；有总承包单位时，应由总承包单位项目技术负责人核准备案。

（6）规模较大的分部（分项）工程和专项工程的施工方案应按单位工程施工组织设计进行编制和审批。

（7）施工组织设计应实行动态管理，当发生重大变动时，应进行相应的修改或补充，经修改或补充的施工组织设计应重新审批后实施。

项目施工过程中，发生以下情况之一时，施工组织设计应及时进行修改或补充：

1）工程设计有重大修改；

2）有关法律、法规、规范和标准实施、修订和废止；

3）主要施工方法有重大调整；

4）主要施工资源配置有重大调整；

5）施工环境有重大改变。

（8）项目施工前，应进行施工组织设计逐级交底；项目施工过程中，应对施工组织设计的执行情况进行检查、分析并适时调整。

（9）工程竣工验收后，施工组织设计应按照《建设工程文件归档规范》GB/T

50328—2014 的要求进行归档保存。

2. 施工组织总设计

（1）施工组织总设计主要包括工程概况、总体施工部署、施工总进度计划、总体施工准备与主要资源配置计划、主要施工方法、施工总平面布置等几方面的内容。

（2）工程概况应包括项目主要情况和项目主要施工条件等内容。

（3）总体施工部署应对以下方面进行宏观部署：

1）确定项目施工总目标；

2）根据总目标确定项目分阶段（期）交付计划；

3）明确项目分阶段（期）施工的合理顺序及空间组织。

总体施工部署中还应对项目施工的重点和难点进行简要分析。对于施工中开发和使用的新技术、新工艺要做出明确部署，并对主要分包施工单位的资质和能力提出明确要求。

（4）总体施工准备包括技术准备、现场准备和资金准备等；主要资源配置计划应包括劳动力配置计划和物资配置计划等方面。

（5）施工组织总设计应对项目涉及的单位（子单位）工程和主要分部（分项）工程所采用的施工方法进行简要说明；对脚手架工程、起重吊装工程、临时用水用电工程、季节性施工等专项工程所采用的施工方法进行简要说明。

（6）施工总平面布置应符合如下原则：

1）平面布置科学、合理，施工场地占用面积少；

2）合理组织运输，减少二次搬运；

3）施工区域的划分和场地的临时占用应符合总体施工部署和施工流程的要求，减少相互干扰；

4）充分利用既有建（构）筑物和既有设施为项目施工服务，降低临时设施的建造费用；

5）临时设施应方便生产和生活，办公区、生活区和生产区宜分离设置；

6）符合节能、环保、安全和消防等要求；

7）遵守当地主管部门和建设单位关于施工现场安全文明施工的相关规定。

3. 单位工程施工组织设计

（1）单位工程施工组织设计主要包括工程概况、施工部署、施工进度计划、施工准备与资源配置计划、主要施工方案、施工现场平面布置等几方面的内容。

（2）工程概况应包括工程主要情况、各专业设计简介和工程施工条件等。

（3）首先根据施工合同、招标文件以及本单位对工程管理目标的要求等确定工程施工目标，包括进度、质量、安全、环境和成本等目标。对工程施工的重点和难点进行分析，并包括组织管理和施工技术两个方面的详细分析。

（4）单位工程应按照《建筑工程施工质量验收统一标准》GB 50300—2013 中的分部、分项工程划分原则，对主要分部、分项工程制定有针对性的施工方案。

（5）施工现场平面布置图应按照"1A420210 建筑工程施工现场平面布置"中的相应规定并结合施工组织总设计，按不同施工阶段分别绘制。

4. 施工方案

（1）施工方案主要包括工程概况、施工安排、施工进度计划、施工准备与资源配置计划、施工方法及工艺要求等几方面的内容。

（2）工程概况应包括工程主要情况、设计简介和工程施工条件等。

（3）施工安排中应确定施工顺序以及流水段的划分情况等。

（4）明确分部（分项）工程或专项工程施工方法并进行必要的技术核算，并明确主要分项工程（工序）的施工工艺要求。对易发生质量通病、易出现安全问题、施工难度大、技术含量高的分项工程（工序）等应做出重点说明，对开发和使用的新技术、新工艺、新材料、新设备应通过必要的试验或论证并制定详细计划，并提出详细的季节性施工安排。

5. 主要施工管理计划

（1）施工管理计划应包括进度管理计划、质量管理计划、安全管理计划、环境管理计划、成本管理计划以及其他管理计划等内容。

（2）进度管理应按照项目施工的技术规律和合同的施工顺序，保证各工序在时间上和空间上顺利衔接。

（3）质量管理计划可参照《质量管理体系 要求》GB/T 19001—2016，并在施工单位质量管理体系的框架内进行编制。

（4）安全管理计划可参照《职业健康安全管理体系 要求》GB/T 28001—2011，并在施工单位安全管理体系的框架内进行编制。

（5）环境管理计划可参照《环境管理体系 要求及使用指南》GB/T 24001—2016，并在施工单位环境管理体系的框架内进行编制。

（6）成本管理计划应以项目施工预算和施工进度计划为依据进行编制。

（7）其他管理计划宜包括绿色施工管理计划、消防安全工作计划、合同管理计划、组织协调管理计划、创优质工程管理计划、质量保修管理计划以及对施工现场人力资源、施工机具、材料设备等生产要素的管理计划等。

第二章　法律法规及技术标准

　　党的十八届四中全会通过的《中共中央关于全面推进依法治国若干重大问题的决定》中指出，全面推进依法治国，总目标是建设中国特色社会主义法治体系，建设社会主义法治国家。为此，要坚持法治国家、法治政府、法治社会一体建设，实现科学立法、严格执法、公正司法、全民守法，促进国家治理体系和治理能力现代化。作为一名建造师，必须增强法律意识和法治观念，做到学法、懂法、守法和用法，这是新时期对建造师从事执业活动的基本要求。

一、法律法规

1. 法律

(1)《中华人民共和国建筑法》；

(2)《中华人民共和国招标投标法》；

(3)《中华人民共和国合同法》；

(4)《中华人民共和国安全生产法》。

2. 行政法规

(1)《建筑工程安全生产管理条例》；

(2)《建筑工程质量管理条例》；

(3)《中华人民共和国招标投标法实施条例》；

(4)《安全生产许可证条例》；

(5)《建筑施工企业安全生产许可证管理规定》；

(6)《建筑工程施工许可管理办法》；

(7)《生产安全事故报告和调查处理条例》；

(8)《危险性较大的分部分项工程安全管理规定》；

(9)《关于实施〈危险性较大的分部分项工程安全管理规定〉的有关问题的通知》。

二、常用技术标准

(1)《建筑结构可靠性设计统一标准》GB 50068；

(2)《建筑结构荷载规范》GB 50009；

(3)《混凝土结构设计规范》GB 50010；

(4)《砌体结构设计规范》GB 50003；

(5)《钢结构设计标准》GB 50017；

(6)《建筑地基基础设计规范》GB 50007；

(7)《建筑抗震设计规范》GB 50011；

(8)《高层建筑混凝土结构技术规程》JGJ 3；

(9)《建筑桩基技术规范》JGJ 94；

(10)《建筑工程施工质量验收统一标准》GB 50300；

(11)《建筑地基基础工程施工质量验收标准》GB 50202；

(12)《混凝土结构工程施工质量验收规范》GB 50204；

(13)《砌体结构工程施工质量验收规范》GB 50203；

(14)《钢结构工程施工质量验收规范》GB 50205；

(15)《屋面工程技术规范》GB 50345；

(16)《地下工程防水技术规范》GB 50108；

(17)《屋面工程质量验收规范》GB 50207；

(18)《地下防水工程质量验收规范》GB 50208；

(19)《建筑地面工程施工质量验收规范》GB 50209；

(20)《建筑装饰装修工程质量验收标准》GB 50210；

(21)《建筑施工组织设计规范》GB/T 50502；

(22)《施工企业安全生产管理规范》GB 50656；

(23)《建筑施工安全检查标准》JGJ 59；

(24)《建设工程项目管理规范》GB/T 50326。

第三章　工程技术专业实务

一、施工测量技术

（一）施工测量的内容和方法

1. 施工测量的基本工作

施工测量现场主要工作有长度的测设、角度的测设、建筑物细部点平面位置的测设、建筑物细部点高程位置的测设及倾斜线的测设等。测角、测距和测高差是测量的基本工作。

平面控制测量必须遵循"由整体到局部"的组织实施原则，以避免放样误差的积累。对于大中型施工项目，应先建立场区控制网，再分别建立建筑物施工控制网，以平面控制网的控制点为基础，测设建筑物的主轴线，再根据主轴线进行建筑物的细部放样；对于规模小或精度高的独立施工项目，可通过市政水准测控控制点直接布设建筑物施工控制网。

高程控制测量宜采用水准测量。

2. 施工测量的内容

（1）施工控制网的建立

1) 场区控制网，应充分利用勘察阶段的已有平面和高程控制网。原有平面控制网的边长，应投影到测区的主施工高程面上，并进行复测检查。精度满足施工要求时，可作为场区控制网使用，否则，应重新建立场区控制网。新建场区控制网，可利用原控制网中的点组（由三个或三个以上的点组成）进行定位。小规模场区控制网，也可选用原控制网中一个点的坐标和一个边的方位进行定位。

2) 建筑物施工控制网，应根据场区控制网进行定位、定向和起算；控制网的坐标轴，应与工程设计所采用的主副轴线一致；建筑物的 ± 0.000 高程面，应根据场区水准点测设。

3) 建筑方格网点的布设，应与建（构）筑物的设计轴线平行，并构成正方形或矩形格网。方格网的测设方法，可采用布网法或轴线法。当采用布网法时，宜增测方格网的对角线；当采用轴线法时，长轴线的定位点应≥3 个，点位偏离直线应在 $180° \pm 5''$ 以内，短轴线应根据长轴线定向，其直角偏差应在 $90° \pm 5''$ 以内。水平角观测的测角中误差应≤2.5''。

（2）建筑物定位、基础放线及细部测设

在拟建的建筑物或构筑物外围，应建立线板或控制桩。线板应注记中心线编号，并测设标高。线板和控制桩应做好保护，该控制桩将作为未来施工轴线校核的依据。

依据控制桩和已经建立的建筑物施工控制网及图纸给定的细部尺寸进行轴线控制和细部测设。

（3）施工和运营期间建筑物的变形观测

1) 地基基础设计等级为甲级的建筑、复合地基或软弱地基上的设计等级为乙级的建筑、加层或扩建的建筑、受邻近深基坑开挖施工影响或受场地地下水等环境因素变化影响的建筑、需要积累经验或进行设计反分析的建筑在施工和使用期间应进行变形测量。

2）普通建筑可在基础完工或地下室砌筑完成后开始沉降观测；大型、高层建筑可在基础垫层或基础底部完成后开始沉降观测。

3）施工期间，建筑物沉降观测次数与时间应视地基与加荷情况而定；竣工后的观测周期可根据建筑物的稳定情况确定，变形观测应制定相应的方案。

4）当建筑变形观测过程中发生下列情况之一时，必须立即报告委托方，同时应及时增加观测次数或调整变形测量方案：

① 变形量或变形速率出现异常变化；

② 变形量达到或超出预警值；

③ 周边或开挖面出现塌陷、滑坡；

④ 建筑本身、周边建筑及地表出现异常；

⑤ 由于地震、暴雨、冻融等自然灾害引起的其他变形异常情况。

3. 施工测量的方法

（1）已知长度的测设

测设某一已经确定的长度，就是从一点开始，按给定的方向和长度进行丈量，求得线段的另一端点。方法如下：

1）将经纬仪安置在直线的起点上并标定直线的方向；

2）陆续在地面上打入尺段桩和终点桩，并在桩面上刻画十字标志；

3）精密丈量距离，同时测定量距时的温度及各尺段高差，经尺长改正、温度改正及倾斜改正后，求出丈量的结果；

4）根据丈量结果与已知长度的差值，在终点桩上修正初步标定的刻线；若差值较大，点位落在桩外时，则须换桩。

当采用短程光电测距仪进行已知长度测设时，一般只需要移动反光镜的位置，就可确定终点桩上的标志位置。

（2）已知角度的测设

测设已知角度时，只给出一个方向，按已知角值，在地面上测定另一个方向。

（3）建筑物细部点平面位置的测设

放出一点的平面位置的方法有很多种，要根据控制网的形式及分布、放线的精度要求及施工现场的条件来选用。

1）直角坐标法

当建筑场地的施工控制网为方格网或轴线形式时，采用直角坐标法放线最为方便。用直角坐标法测定一个已知点的位置时，只需要按其坐标差数量取距离和测设直角，用加减法计算即可，工作方便，并便于检查，测量精度也较高。

2）极坐标法

极坐标法适用于测设点靠近控制点，便于量距的地方。用极坐标法测定一个点的平面位置时，系在一个控制点上进行，但该点必须与另一个控制点通视。根据测设点与控制点的坐标，计算出它们之间的夹角（极角 β）与距离（极距 S），按 β 与 S 之值即可将给定的点位定出。

3）角度前方交会法

角度前方交会法适用于不便量距或测设点远离控制点的地方。对于一般小型建筑物或管线的定位，亦可采用此法。

4）距离交会法

从控制点到测设点的距离，若不超过测距尺的长度，则可用距离交会法来测定。用距离交会法来测定点位，不需要使用仪器，但精度较低。

5）方向线交会法

这种方法的特点是：测定点由相对应的两个已知点或两个定向点的方向线交会而得。方向线的设立可以用经纬仪，也可以用细线绳。

施工层的轴线投测，宜使用 2" 级激光经纬仪或激光铅直仪进行。控制轴线投测至施工层后，应在结构平面上按闭合图形对投测轴线进行校核。合格后，才能进行本施工层上的其他测设工作；否则，应重新进行投测。

（4）建筑物细部点高程位置的测设

1）地面上点的高程测设

测定地面上点的高程，采用如图 3-1 所示方法，设 B 为待测点，其设计高程为 H_B，A 为水准点，已知其高程为 H_A。为了将设计高程 H_B 测定于 B，安置水准仪于 A、B 之间，先在 A 点立尺，读得后视读数为 a，然后在 B 点立尺，为了

图 3-1　高程测设示意图

使 B 点的标高等于设计高程 H_B，升高或降低 B 点上所立之尺，使前视尺之读数等于 b。b 可按下式计算：

$$b = H_A + a - H_B$$

所测出的高程通常用木桩固定下来；或将设计高程标识在墙上。即当前尺读数等于 b 时，沿尺底在木桩或墙上画线（标记），即为 B 点高程。

2）高程传递

① 用水准测量法传递高程。

当开挖较深的基槽时，可用水准测量法传递高程。图 3-2 是向低处传递高程的情形。做法是：在坑边架设一吊杆，从杆顶向下挂一根钢尺（钢尺 0 点在下），在钢尺下端吊一重锤，重锤的重量应与检定钢尺时所用的拉力相同。为了将地面水准点 A 的高程 H_A 传递到坑内的临时水准点 B 上，在地面水准点和基坑之间安置水准仪，先在 A 点立尺，测出后视读数 a，然后前视钢尺，测出前视读数 b。接着将仪器搬到坑内，测出钢尺上后视读数 c 和 B 点前视读数 d。则坑内临时水准点 B 之高程 H_B 按下式计算：

$$H_B = H_A + a - (b - c) - d$$

式中 $(b-c)$ 为通过钢尺传递的高差，如高程传递的精度要求较高时，对 $(b-c)$ 之值应进行尺长改正及温度改正。上例是由地面向低处引测高程点的情况。当需要由地面向高处传递高程时，也可以采用同样方法进行。

② 用钢尺直接丈量垂直高度传递高程

施工层标高的传递，宜采用悬挂钢尺代替水准尺的水准测量方法进行，并应对钢尺读数进行温度、尺长和拉力改正，层数较多时，过程中应进行误差修正。

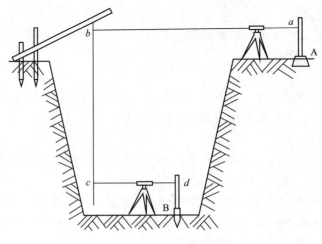

图 3-2　高程传递法示意图

（二）常用工程测量仪器的性能与应用

1. 水准仪

水准仪主要由望远镜、水准器和基座三个部分组成，是为水准测量提供水平视线和对水准标尺进行读数的一种仪器。

水准仪有 DS05、DS1、DS3、DS10 等几种不同精度的仪器。"D"和"S"分别代表"大地"和"水准仪"汉语拼音的第一个字母，"05""1""3""10"表示该类仪器的精度，即每千米往返测得高差中数的中误差（以毫米计）。通常在书写时省略字母"D"。S05 型和 S1 型水准仪称为精密水准仪，用于国家一、二等水准测量及其他精密水准测量；S3 型水准仪称为普通水准仪，用于国家三、四等水准测量及一般工程水准测量。水准仪的精度等级划分见表 3-1。

常用水准仪系列及精度　　　　　　　　　　　　　　　表 3-1

型号	DS05	DS1	DS3
每千米往返测得高差中数的中误差（mm）	0.5	1	3

水准仪的主要功能是测量两点间的高差 h，它不能直接测量待测点的高程 H，但可由控制点的已知高程来推算待测点的高程；另外，利用视距测量原理，它还可以测量两点间的水平距离 D，但精度不高。

测量时水准仪应整平，使圆气泡居中即可，每次读数时 U 形气泡还须对准。

激光水准仪是在水准仪的望远镜上加装一只气体激光器而成。用激光水准仪测高程时，激光束在水准尺上显示出一个明亮清晰的光斑。可直接在尺上读数，既迅速又正确，减少了读数中可能发生的错误；另外，由于激光束射程较长，因此立尺点可距仪器更远，在平坦地区作长距离高程测量时，测站数较少，提高了测量的效率。在大面积的楼面、地面抄平工作中，安置一次仪器可以测量很大一块面积的高差，极为方便。

2. 经纬仪

经纬仪由照准部、水平度盘和基座三部分组成，是对水平角和竖直角进行测量的一种仪器。

经纬仪有 DJ07、DJ1、DJ2、DJ6 等几种不同精度的仪器。"D"和"J"分别代表"大地"和"经纬仪"汉语拼音的第一个字母，"07"、"1"、"2"、"6"表示该类仪器一测回方向观测中误差的秒数。通常在书写时省略字母"D"。DJ07、DJ1、DJ2 型经纬仪属于精密经纬仪，DJ6 型经纬仪属于普通经纬仪。在建筑工程中，常用 DJ2 和 DJ6 型光学经纬仪。国产光学经纬仪的精度等级划分见表 3-2。

常用经纬仪系列及精度　　　　　　　　　　　　　　表 3-2

型号	DJ07	DJ1	DJ2	DJ6
一测回方向观测中误差	0.7″	1″	2″	6″

经纬仪的主要功能是测量两个方向之间的水平夹角 β，也可以测量竖直角 α；借助水准尺，利用视距测量原理，它还可以测量两点间的水平距离 D 和高差 h。

经纬仪使用时应对中、整平、水平度盘归零。

激光经纬仪是在光学经纬仪的望远镜上加装一只激光器而成。激光经纬仪除具有普通经纬仪的技术性能可作一般常规测量外，又能发射激光，用于精度较高的角度坐标测量和定向准直测量。它与一般工程经纬仪相比，有如下的特点：

（1）望远镜在垂直（或水平）平面上旋转，发射的激光可扫描形成垂直（或水平）的激光平面，在这两个平面上被观测的目标，任何人都可以清晰地看到。

（2）一般经纬仪在场地狭小、安置仪器逼近测量目标时，如仰角＞50°时就无法观测。激光经纬仪主要依靠发射激光束来扫描定点，可不受场地狭小的影响。

（3）激光经纬仪可向天顶发射一条垂直的激光束，用它代替传统的坠球吊线法测定垂直度，不受风力的影响，施测方便、准确、可靠。

（4）能在夜间或黑暗场地进行测量工作，不受照度的影响。

由于激光经纬仪具有上述特点，特别适合进行以下的施工测量工作：

1）高层建筑及烟囱、塔架等高耸构筑物施工中的垂度观测和准直定位。

2）结构构件及机具安装的精密测量和垂直度控制测量。

3）管道铺设及隧道、井巷等地下工程施工中的轴线测设及导向测量工作。

3. 全站仪

全站仪由电子经纬仪、光电测距仪和数据记录装置组成。

全站仪在测站上一经观测，必要的观测数据如斜距、天顶距（竖直角）、水平角等均能自动显示，而且几乎是在同一瞬间内得到平距、高差、点的坐标和高程。如果通过传输接口把全站仪野外采集数据的终端与计算机、绘图机连接起来，配以数据处理软件和绘图软件，即可实现测图的自动化。

全站仪一般用于大型工程的场地坐标测设及复杂工程的定位和细部测设。

二、土方工程施工技术

（一）岩土的分类和性能

岩土的工程分类及工程性能是地基设计与施工的基础，是勘察工作及勘察报告的重要内容。

1. 岩土的工程分类

（1）根据《土的工程分类标准》GB/T 50145—2007 的规定，土按其不同粒组的相对含量可划分为巨粒类土、粗粒类土、细粒类土，是土的基本分类。

（2）根据《岩土工程勘察规范》GB 50021—2001（2009 年版）的规定，岩石按坚硬程度可划分为坚硬岩、较硬岩、较软岩、软岩、极软岩。

根据地质成因，土可划分为残积土、坡积土、洪积土、冲击土、淤积土、冰积土和风积土等。

根据粒径和塑性指数，土可划分为碎石土、砂土、粉土、黏性土。

碎石土：粒径＞2mm 的颗粒质量＞总质量 50％的土。碎石土又分为：漂石、块石、卵石、碎石、圆砾、角砾。

砂土：粒径＞2mm 的颗粒质量≤总质量 50％，粒径＞0.075mm 的颗粒质量＞总质量 50％的土。砂土又分为：砾砂、粗砂、中砂、细砂、粉砂。

粉土：粒径＞0.075mm 的颗粒质量≤总质量 50％，且塑性指数≤10 的土。

黏性土：塑性指数＞10 的土。黏性土又分为：粉质黏土和黏土。

（3）根据《建筑地基基础设计规范》GB 50007—2011 的分类方法，作为建筑地基的岩土可分为岩石、碎石土、砂土、粉土、黏性土和人工填土。

（4）根据土方开挖的难易程度不同，可将土石分为八类，以便选择施工方法和确定劳动量，为计算劳动力、机具及工程费用提供依据。

1）一类土：松软土

主要包括砂土、粉土、冲积砂土层、疏松的种植土、淤泥（泥炭）等。坚实系数为 0.5～0.6，用铁锹、锄头挖掘，少许用脚蹬。

2）二类土：普通土

主要包括粉质黏土；潮湿的黄土；夹有碎石、卵石的砂；粉土混卵（碎）石；种植土、填土等。坚实系数为 0.6～0.8，用铁锹、锄头挖掘，少许用镐翻松。

3）三类土：坚土

主要包括软及中等密实黏土；重粉质黏土、砾石土；干黄土、含有碎石卵石的黄土、粉质黏土；压实的填土等。坚实系数为 0.8～1.0，主要用镐挖掘，少许用铁锹、锄头挖掘，部分用撬棍翻松。

4）四类土：砂砾坚土

主要包括坚硬密实的黏性土或黄土；含碎石卵石的中等密实的黏性土或黄土；粗卵石；天然级配砂石；软泥灰岩等。坚实系数为 1.0～1.5，整个先用镐、撬棍翻松，后用铁锹挖掘，部分使用楔子及大锤翻松。

5）五类土：软石

主要包括硬质黏土；中密的页岩、泥灰岩、白垩土；胶结不紧的砾岩；软石灰及贝壳石灰石等。坚实系数为 1.5～4.0，用镐或撬棍、大锤挖掘，部分使用爆破方法开挖。

6）六类土：次坚石

主要包括泥岩、砂岩、砾岩；坚实的页岩、泥灰岩，密实的石灰岩；风化的花岗岩、片麻岩及正长岩等。坚实系数为 4.0～10.0，用爆破方法开挖，部分用风镐挖掘。

7）七类土：坚石

主要包括大理石；辉绿岩；玢岩；粗、中粒花岗岩；坚实的白云石、砂岩、砾岩、片麻岩、石灰岩；微风化的安山岩；玄武岩等。坚实系数为10.0～18.0，用爆破方法开挖。

8）八类土：特坚石

主要包括安山岩；玄武岩；花岗片麻岩；坚实的细粒花岗岩、闪长岩、石英岩、辉长岩、辉绿岩、玢岩、角闪岩等。坚实系数为18.0～25.0以上，用爆破方法开挖。

2. 岩土的工程性能

岩土的工程性能主要是强度、弹性模量、变形模量、压缩模量、黏聚力、内摩擦角等物理力学性能，各种性能应按标准试验方法经过试验确定。

（1）内摩擦角：土体中颗粒间相互移动和胶合作用形成的摩擦特性。其数值为强度包线与水平线的夹角。

内摩擦角是土的抗剪强度指标，是土力学上很重要的一个概念，也是工程设计的重要参数。土的内摩擦角反映了土的摩擦特性。

内摩擦角在力学上可以理解为块体在斜面上的临界自稳角，在这个角度内，块体是稳定的；大于这个角度，块体就会产生滑动。利用这个原理，可以分析边坡的稳定性。

（2）抗剪强度：是指土体抵抗剪切破坏的极限强度，包括内摩擦力和内聚力。抗剪强度可通过剪切试验测定。

当土中某点由于外力所产生的剪应力达到土的抗剪强度而发生了土体的一部分相对于另一部分的移动时，便认为该点发生了剪切破坏。工程实践和室内试验都验证了土受剪产生的破坏。剪切破坏是强度破坏的重要特点，所以强度问题是土力学中最重要的基本内容之一。

（3）黏聚力：是在同种物质内部相邻各部分之间的相互吸引力，这种相互吸引力是同种物质分子之间存在分子力的表现。只有当各分子十分接近时（$<10^{-6}$ cm）才显示出来。黏聚力能使物质聚集成液体或固体。特别是在与固体接触的液体附着层中，由于黏聚力与附着力相对大小的不同，致使液体浸润固体或不浸润固体。

（4）土的天然含水量：土中所含水的质量与土的固体颗粒质量之比的百分率，称为土的天然含水量。土的天然含水量对挖土的难易、土方边坡的稳定、填土的压实等均有影响。

（5）土的天然密度：土在天然状态下单位体积的质量，称为土的天然密度。土的天然密度随着土的颗粒组成、孔隙的多少和水分含量而变化，不同的土密度不同。

（6）土的干密度：单位体积内土的固体颗粒质量与总体积的比值，称为土的干密度。干密度越大，表明土越坚实。在进行土方填筑时，常以土的干密度控制土的夯实标准。

（7）土的密实度：是指土被固体颗粒所充实的程度，反映了土的紧密程度。

（8）土的可松性：天然土经开挖后，其体积因松散而增加，虽经振动夯实，仍不能完全恢复到原来的体积，这种性质称为土的可松性。它是挖填土方时，计算土方机械生产率、回填土方量、运输机具数量及进行场地平整规划竖向设计、土方平衡调配的重要参数。

（二）基坑支护施工技术

基坑支护与土方开挖施工必须遵守《危险性较大的分部分项工程安全管理规定》（住

房和城乡建设部令第 37 号）及《关于实施〈危险性较大的分部分项工程安全管理规定〉有关问题的通知》（建办质［2018］31 号）的相关规定。开挖深度超过 3m（含 3m）的基坑（槽）的土方开挖、支护、降水工程；开挖深度虽未超过 3m，但地质条件、周围环境和地下管线复杂，或影响毗邻建（构）筑物安全的基坑（槽）的土方开挖、支护、降水工程，属于危险性较大的分部分项工程范围。开挖深度超过 5m（含 5m）的基坑（槽）的土方开挖、支护、降水工程，属于超过一定规模的危险性较大的分部分项工程范围。

1. 浅基坑的支护

（1）斜柱支撑：水平挡土板钉在柱桩内侧，柱桩外侧用斜撑支顶，斜撑底端支在木桩上，在挡土板内侧回填土。适于开挖较大型、深度不大的基坑或采用机械挖土时使用。

（2）锚拉支撑：水平挡土板支在柱桩内侧，柱桩一端打入土中，另一端用拉杆与锚桩拉紧，在挡土板内侧回填土。适于开挖较大型、深度较深的基坑或采用机械挖土而不能安设横撑时使用。

（3）型钢桩横挡板支撑：沿挡土位置预先打入钢轨、工字钢或 H 型钢桩，间距 1.0～1.5m，然后边挖方边将 3～6cm 厚的挡土板塞进钢桩之间挡土，并在横挡板与型钢桩之间打上楔子，使横挡板与土体紧密接触。适于地下水位较低、深度不是很大的一般黏性土或砂土层中使用。

（4）短桩横隔板支撑：打入小短木桩或钢桩，部分打入土中，部分露出地面，钉上水平挡土板，在背面填土、夯实。适于开挖宽度大的基坑，当部分地段下部放坡不够时使用。

（5）临时挡土墙支撑：沿坡脚用砖、石叠砌或用装水泥的聚丙烯扁丝编织袋、草袋装土、砂堆砌，使坡脚保持稳定。适于开挖宽度大的基坑，当部分地段下部放坡不够时使用。

（6）挡土灌注桩支护：在开挖基坑的周围，用钻机或洛阳铲成孔，桩径 400～500mm，现场灌注钢筋混凝土桩，桩间距为 1.0～1.5m，桩间土方挖成外拱形使之起土拱作用。适于开挖较大、较浅（＜5m）的基坑，邻近有建筑物，不允许背面地基有下沉、位移时使用。

（7）叠袋式挡墙支护：采用编织袋或草袋装碎石（砂砾石或土）堆砌成重力式挡墙作为基坑的支护，在墙下部砌 500mm 厚的块石基础，墙底宽 1500～2000mm，顶宽适当放坡卸土 1.0～1.5m，表面抹砂浆保护。适用于一般黏性土、面积大、开挖深度在 5m 以内的浅基坑支护。

2. 深基坑的支护

深基坑土方开挖，当施工现场不具备放坡条件。放坡无法保证施工安全。通过放坡及加设临时支撑已经不能满足施工需要时，一般采用支护结构进行临时支挡，以保证基坑的土壁稳定。支护结构的选型有排桩、地下连续墙、水泥土墙、逆作拱墙或采用上述形式的组合等（见表 3-3）。

支护结构选型　　　　　　　　　　　　　　　　　　　　表 3-3

结构形式	使用条件
排桩或地下连续墙	1. 基坑侧壁安全等级为一、二、三级； 2. 悬臂式结构在软土场地中宜≤5m； 3. 当地下水位高于基坑底面时，宜采用降水、排桩加截水帷幕或地下连续墙

续表

结构形式	使用条件
水泥土墙	1. 基坑侧壁安全等级宜为二、三级； 2. 水泥土墙施工范围内地基土承载力宜≤150kPa； 3. 基坑深度宜≤6m
土钉墙	1. 基坑侧壁安全等级宜为二、三级的软土场地； 2. 基坑深度宜≤12m； 3. 当地下水位高于基坑底面时，应采取降水或截水措施
逆作拱墙	1. 基坑侧壁安全等级宜为二、三级； 2. 淤泥和淤泥质土场地不宜采用； 3. 拱墙轴线的矢跨比宜≥1/8； 4. 基坑深度宜≤12m； 5. 地下水位高于基坑底面时，应采取降水或截水措施
原状土放坡	1. 基坑侧壁安全等级宜为三级； 2. 施工场地应满足放坡条件； 3. 可独立使用或与上述其他结构结合使用； 4. 当地下水位高于坡脚时，应采取降水措施

（1）排桩、地下连续墙

1）悬臂式排桩结构桩径宜≥600mm，桩间距应根据排桩受力大小及桩间土稳定条件确定。

2）排桩顶部应设钢筋混凝土冠梁连接，冠梁宽度水平方向宜≥桩径，冠梁高度竖直方向宜≥400mm。排桩与桩顶冠梁的混凝土强度等级宜＞C20，当冠梁作为连系梁时可按构造配筋。

3）基坑开挖后，排桩的桩间土防护可采用钢丝网混凝土护面、砖砌等处理方法；当桩间渗水时，应在护面设泄水孔。当基坑底面在实际地下水位以上且土质较好、暴露时间较短时，可不对桩间土进行防护处理。

4）悬臂式现浇钢筋混凝土地下连续墙厚度宜≥600mm，地下连续墙顶部应设钢筋混凝土冠梁，冠梁宽度宜≥地下连续墙厚度，冠梁高度宜≥400mm。

5）水下灌注混凝土地下连续墙的混凝土强度等级宜＞C20，地下连续墙作为地下室外墙时还应满足抗渗要求。

6）锚杆长度设计应符合下列规定：

① 锚杆自由段长度宜≥5m，并应超过潜在滑裂面1.5m；

② 土层锚杆锚固段长度宜≥4m；

③ 锚杆杆体下料长度应为锚杆自由段、锚固段及外露长度之和，外露长度须满足台座、腰梁尺寸及张拉作业要求。

7）锚杆布置应符合下列规定：

① 锚杆上下排垂直间距宜≥2.0m，水平间距宜≥1.5m；

② 锚杆锚固体上覆土层厚度宜≥4m；

③ 锚杆倾角宜为15°～25°，且应≤45°。

8）钢筋混凝土支撑应符合下列要求：

① 钢筋混凝土支撑构件的混凝土强度等级应≥C20；

② 钢筋混凝土支撑体系在同一平面内应整体浇筑，基坑平面转角处的腰梁连接点应按刚节点设计。

9）钢结构支撑应符合下列要求：

① 钢结构支撑构件的连接可采用焊接或高强度螺栓连接；

② 腰梁连接点宜设置在支撑点的附近，且应≤支撑间距的 1/3；

③ 钢腰梁与排桩、地下连续墙之间宜采用强度等级≥C20 的细石混凝土填充；钢腰梁与钢支撑的连接点应设加劲板。

10）支撑拆除前应在主体结构与支护结构之间设置可靠的换撑传力构件或回填夯实。

（2）水泥土墙

1）水泥土墙采用格栅布置时，水泥土的置换率对于淤泥宜≥0.8，对于淤泥质土宜≥0.7，对于一般黏性土及砂土宜≥0.6；格栅长宽比宜≤2。

2）水泥土桩与桩之间的搭接宽度应根据挡土及截水要求确定，考虑截水作用时，桩的有效搭接宽度宜≥150mm，不考虑截水作用时，搭接宽度宜≥100mm。

3）当变形不能满足要求时，宜采用基坑内侧土体加固或水泥土墙插筋加混凝土面板及加大嵌固深度等措施。

（3）土钉墙

1）土钉墙设计及构造应符合下列规定：

① 土钉墙墙面坡度宜≤1∶0.1；

② 土钉必须和面层有效连接，应设置承压板或加强钢筋等构造措施，承压板或加强钢筋应由土钉螺栓连接或钢筋焊接连接；

③ 土钉的长度宜为开挖深度的 0.5～1.2 倍，间距宜为 1～2m，与水平面的夹角宜为 5°～20°；

④ 土钉钢筋宜采用 HRB335、HRB400 级钢筋，钢筋直径宜为 16～32mm，钻孔直径宜为 70～120mm；

⑤ 注浆材料宜采用水泥浆或水泥砂浆，其强度等级宜≥M10；

⑥ 喷射混凝土面层宜配置钢筋网，钢筋直径宜为 6～10mm，间距宜为 150～250mm；喷射混凝土强度等级宜≥C20，面层厚度宜≥80mm；

⑦ 坡面上下段钢筋网搭接长度应＞300mm。

2）当地下水位高于基坑底面时，应采取降水或截水措施；土钉墙墙顶应采用砂浆或混凝土护面，坡顶和坡脚应设排水措施，坡面上可根据具体情况设置泄水孔。

（4）逆作拱墙

1）钢筋混凝土拱墙结构的混凝土强度等级宜≥C25。

2）拱墙截面宜为 Z 字形，拱墙壁的上、下端宜加肋梁；当基坑较深且一道 Z 字形拱墙的支护高度不够时，可由数道拱墙叠合组成，沿拱墙高度应设置数道肋梁，其竖向间距宜≤2.5m。当基坑边坡地较窄时，可不加肋梁但应加厚拱壁。

3）拱墙结构水平方向应通长双面配筋，总配筋率应≥0.7%。

4）圆形拱墙壁厚应≥400mm，其他拱墙壁厚应≥500mm。

5）拱墙结构不应作为防水体系使用。

3. 基坑工程施工

（1）一般规定

1）土方开挖的顺序、方法必须与设计工况相一致，并遵循"开槽支撑，先撑后挖，分层开挖，严禁超挖"的原则。

2）基坑（槽）、管沟土方施工中应对支护结构、周围环境进行观察和监测，如出现异常情况应及时处理，待恢复正常后方可继续施工。

3）基坑（槽）、管沟土方工程验收必须以确保支护结构安全和周围环境安全为前提。当设计有指标时，以设计要求为依据；当设计无指标时，应按表3-4的规定执行。

基坑变形的监控值（cm） 表 3-4

基坑类别	围护结构墙顶位移监控值	围护结构墙体最大位移监控值	地面最大沉降监控值
一级基坑	3	5	3
二级基坑	6	8	6
三级基坑	8	10	10

注：1. 符合下列情况之一，为一级基坑：
(1) 重要工程或支护结构作为主体结构的一部分；
(2) 开挖深度>10m；
(3) 与邻近建筑物、重要设施的距离在开挖深度以内的基坑；
(4) 基坑范围内有历史文物、近代优秀建筑、重要管线等需严加保护的基坑。
2. 三级基坑为开挖深度<7m，且周围环境无特别要求的基坑。
3. 除一级和三级以外的基坑属于二级基坑。
4. 当周围已有的设施有特殊要求时，尚应符合这些要求。

（2）排桩墙支护工程

1）排桩墙支护结构包括灌注桩、预制桩、板桩等类型桩构成的支护结构。

2）排桩墙支护的基坑，开挖后应及时支护，每一道支撑施工应确保基坑变形在设计要求的控制范围内。

3）在含水地层范围内的排桩墙支护基坑，应有可靠的止水措施，确保基坑施工及邻近构筑物的安全。

（3）锚杆及土钉墙支护工程

1）一般情况下，应遵循分段开挖、分段支护的原则，不宜按一次挖就位再行支护的方式施工，且应考虑土钉与锚杆均有一段养护时间。

2）施工中应对锚杆或土钉位置，钻孔直径、深度及角度，锚杆或土钉插入长度，注浆配合比、压力及注浆量，喷锚墙面厚度及强度，锚杆或土钉应力等进行检查。

3）每段支护体施工完后，应检查坡顶或坡面位移、坡顶沉降及周围环境变化，如有异常情况应采取措施，恢复正常后方可继续施工。

（4）钢或混凝土支撑系统

1）施工过程中应严格控制开挖和支撑的程序及时间，对支撑的位置（包括立柱及立柱桩的位置）、每层开挖深度、预加顶力（如需要时）、钢围檩与围护体或支撑与围檩的密贴度应做周密检查。

2）全部支撑安装结束后，仍应维持整个系统的正常运转直至支撑全部拆除。

3）作为永久性结构的支撑系统尚应符合现行国家标准《混凝土结构工程施工质量验收规范》GB 50204—2015 的要求。

（5）降水与排水

1）降水与排水是配合基坑开挖的安全措施，施工前应有降水与排水设计。当在基坑外降水时，应有降水范围的估算，对重要建筑物或公共设施在降水过程中应进行监测。

2）基坑内明排水应设置排水沟及集水井，排水沟纵坡宜控制在1‰～2‰。

（三）人工降排地下水施工技术

降水工程必须按《危险性较大的分部分项工程安全管理规定》（住房和城乡建设部令第37号）及《关于实施〈危险性较大的分部分项工程安全管理规定〉有关问题的通知》（建办质〔2018〕31号）的规定执行。

在地下水位以下含水丰富的土层中开挖大面积基坑时，采用一般的明沟排水方法常会遇到大量地下涌水，难以排干；当遇到粉、细砂层时，还可能出现严重的翻浆、冒泥、流砂等现象。不仅使基坑无法挖深，而且还会造成大量水土流失，使边坡失稳或附近地面出现塌陷，严重时还会影响邻近建筑物的安全。当遇有此种情况出现时，一般应采用人工降低地下水位的方法施工。

1. 地下水控制技术方案选择

（1）地下水控制应根据工程地质情况、基坑周边环境、支护结构形式选用截水、降水、集水明排或其组合的技术方案。

（2）在软土地区，当基坑开挖深度浅时，可边开挖边用排水沟和集水井进行集水明排；当基坑开挖深度超过3m时，一般就要用井点降水。当因降水而危及基坑及周边环境安全时，宜采用截水或回灌方法。

（3）当基坑底为隔水层且层底作用有承压水时，应进行坑底突涌验算。必要时可采取水平封底隔渗或钻孔减压措施，保证坑底土层稳定；避免突涌的发生。

2. 人工降低地下水位施工技术

人工降低地下水位常采用各种井点排水技术（见表3-5）。在基坑土方开挖之前，用真空（轻型）井点、喷射井点或管井深入含水层内，用不断抽水的方式使地下水位下降至坑底以下；同时，使土体产生固结，以方便土方开挖。

地下水控制方法适用条件　　　　　　　　　　表3-5

方法名称		土类	渗透系数（m/d）	降水深度（m）	水文地质特征
集水明排		填土、粉土、黏性土、砂土	7.0～20.0	＜5	上层滞水或水量不大的潜水
降水	真空井点		0.1～20.0	单级＜6 多级＜20	
	喷射井点		0.1～20.0	＜20	
	管井	粉土、砂土、碎石土、可溶岩、破碎带	1.0～200.0	＞5	含水丰富的潜水、承压水、裂隙水
截水		黏性土、粉土、砂土、碎石土、岩溶土	不限	不限	
井点回灌		填土、粉土、砂土、碎石土	0.1～200.0	不限	

（1）真空（轻型）井点降水

真空（轻型）井点降水系在基坑的四周或一侧埋设井点管深入含水层内，井点管的上端通过连接弯管与集水总管连接，集水总管再与真空泵和离心水泵相连，启动抽水设备，地下水便在真空泵吸力的作用下，经滤水管进入井点管和集水总管。排出空气后，由离心水泵的排水管排出，使地下水位降到基坑底以下。该方法具有机具简单、使用灵活、装拆方便、降水效果好、可防止流砂现象发生、提高边坡稳定、费用较低等优点；但需配置一套井点设备。适于渗透系数为 $0.1\sim20.0$ m/d 的土以及含有大量细砂和粉砂的土或明沟排水易引起流砂、塌方等情况使用。

真空（轻型）井点降水系统主要由井点管、连接弯管、集水总管及抽水设备等组成。

井点管的布置应根据基坑平面形状与大小、地质和水文情况、工程性质、降水深度等确定。

（2）喷射井点降水

喷射井点降水是在井点管内部装设特制的喷射器，用高压水泵或空气压缩机通过井点管中的内管向喷射器输入高压水（喷水井点）或压缩空气（喷气井点）形成水气射流，将地下水经井点外管与内管之间的间隙抽出排走。该方法设备较简单，排水深度大，可达 $8\sim20$ m，比多层轻型井点降水设备少，基坑土方开挖量少，施工快，费用低。适于基坑开挖较深、降水深度>6m、渗透系数为 $0.1\sim20.0$ m/d 的填土、粉土、黏性土、砂土使用。

（3）管井降水

管井降水系统由滤水井管、吸水管和抽水机械等组成。管井降水设备较为简单，排水量大，降水较深，较轻型井点具有更好的降水效果，可代替多组轻型井点作用，水泵设在地面，易于维护。适于渗透系数较大，地下水丰富的土层、砂层或用明沟排水法易造成土粒大量流失，引起边坡塌方及用轻型井点难以满足要求的情况下使用。但管井属于重力排水范畴，吸程高度受到一定限制，要求渗透系数较大 $(0.1\sim200.0$ m/d)。

（4）截水

截水即利用截水帷幕切断基坑外的地下水使其不能流入基坑内部。截水帷幕的厚度应满足基坑防渗要求，截水帷幕的渗透系数宜$<1.0\times10^{-6}$ cm/s。

落底式竖向截水帷幕应插入不透水层。当地下含水层渗透性较强、厚度较大时，可采用悬挂式竖向截水与坑内井点降水相结合或采用悬挂式竖向截水与水平封底相结合的方案。

截水帷幕目前常用注浆、旋喷法、深层搅拌水泥土桩挡墙等。

（5）井点回灌

进行基坑开挖时，为保证挖掘部位地基土稳定，常用井点降水等方法降低地下水位。在降水的同时，由于挖掘部位地下水位的降低，导致其周围地区地下水位随之下降，使土层中因失水而产生压密，因而经常会引起邻近建（构）筑物、管线的不均匀沉降或开裂。为了防止这一情况的发生，通常采用设置井点回灌的方法。

井点回灌是在井点降水的同时，将抽出的地下水（或工业水）通过回灌井点持续地再灌入地基土层内，使降水井点的影响半径不超过回灌井点的范围。这样，回灌井点就形成一道隔水帷幕，阻止回灌井点外侧的建筑物下的地下水流失，使地下水位基本保持不变，土层压力仍处于原始平衡状态，从而可有效地防止降水井点对周围建（构）筑物、地下管线等的影响。

（四）土方工程施工技术

1. 土方开挖

土方开挖的顺序、方法必须与设计要求相一致，并遵循"开槽支撑，先撑后挖，分层开挖，严禁超挖"的原则。

基坑边界周围地面应设排水沟，对坡顶、坡面、坡脚采取降排水措施。

（1）浅基坑的土方开挖

1）浅基坑土方开挖，应先进行测量定位，抄平放线，定出开挖长度，按放线分块（段）分层挖土。根据土质和水文情况，采取在四周或两侧直立开挖或放坡，保证施工操作安全。

2）当所开挖基坑土体含水量大而不稳定，或基坑较深，或受到周围场地限制而需用较陡的边坡或直立开挖而土质较差时，应采用临时性支撑加固。挖土时，土壁要求平直，挖好一层，支一层支撑。开挖宽度较大的基坑，当在局部地段无法放坡，或下部土方受到基坑尺寸限制不能放较大坡度时，应在下部坡脚采取加固措施，如采用短桩与横隔板支撑或砌砖、毛石或用编织袋、草袋装土堆砌临时矮挡土墙，保护坡脚。

3）开挖相邻基坑时，应遵循先深后浅或同时进行的施工程序。挖土应自上而下水平分段分层进行，边挖边检查坑底宽度及坡度，不够时及时修整，至设计标高，再统一进行一次修坡清底，检查坑底宽度和标高。

4）基坑开挖应尽量防止对地基土的扰动。当采用人工挖土，基坑挖好后不能立即进行下道工序时，应预留 15～30cm 厚的土不挖，待下道工序开始时再挖至设计标高。采用机械开挖基坑时，为避免破坏基底土，应在基底标高以上预留一层土结合人工挖掘修整。使用铲运机、推土机时，保留土层厚度为 15～20cm；使用正铲、反铲或拉铲挖土时，保留土层厚度为 20～30cm。

5）在地下水位以下挖土时，应在基坑四周挖好临时排水沟和集水井，或采用井点降水，将水位降低至坑底以下 50cm，以利挖方进行。降水工作应持续到基础（包括地下水位下回填土）施工完成。

6）雨期施工时，基坑应分段开挖，挖好一段浇筑一段垫层，并在基坑四周围以土堤或挖排水沟，以防地面雨水流入基坑内；同时，应经常检查边坡和支撑情况，以防止坑壁受水浸泡，造成塌方。

7）开挖基坑时，应对平面控制桩、水准点、基坑平面位置、水平标高、边坡坡度等经常复测检查。

8）基坑开挖完成后应进行验槽，做好记录；如发现地基土质与地质勘探报告、设计要求不符时，应与有关人员研究及时处理。

（2）深基坑的土方开挖

在深基坑土方开挖前，要制定土方工程专项施工方案并通过专家论证；要对支护结构、地下水位及周围环境进行必要的监测和保护。

1）深基坑工程的挖土方案，主要有放坡挖土、中心岛式（也称墩式）挖土、盆式挖土和逆作法挖土。第一种无支护结构，后三种皆有支护结构。

2）土方开挖顺序、方法必须与设计工况一致，并遵循"开槽支撑，先撑后挖，分层开挖，严禁超挖"的原则。

3）为防止深基坑挖土后土体回弹变形过大，在基坑开挖过程中和开挖后，应保证井点降水正常进行，在挖至设计标高后，要尽快浇筑垫层和底板，减少基底暴露时间。必要时，可对基础结构下部土层进行加固。

4）防止边坡失稳。

5）打桩完毕后开挖基坑时，应制定合理的施工顺序和技术措施，防止桩的位移和倾斜。

如果打桩后紧接着开挖基坑，由于开挖时的应力释放，再加上挖土高差形成一侧卸荷的侧向推力，土体易产生一定的水平位移，使先打设的桩易产生水平位移。在软土地区施工时，这种事故已屡有发生，值得重视。为此，在群桩基础打桩后，宜停留一定时间，并用降水设备预抽地下水，待土中由于打桩积聚的应力有所释放、孔隙水压力有所降低、被扰动的土体重新固结后，再开挖基坑土方。而且土方的开挖宜均匀、分层，尽量减少开挖时的土压力差，以保证桩位正确和边坡稳定。

6）配合深基坑支护结构施工。

挖土方式影响支护结构的荷载，要尽可能使支护结构均匀受力，减少变形。为此，要坚持采用分层、分段、均衡、对称的方式进行挖土。

2. 土方回填

（1）土料要求与含水量控制

填方土料应符合设计要求，保证填方的强度和稳定性。一般不能选用淤泥、淤泥质土、膨胀土、有机质＞8％的土、含水溶性硫酸盐＞5％的土、含水量不符合压实要求的黏性土。填方土料应尽量采用同类土。土料含水量一般以手握成团、落地开花为适宜。在气候干燥时，须加速挖土、运土、平土和碾压过程，以减少土的水分散失。当填料为碎石类土（充填物为砂土）时，碾压前应充分洒水湿透，以提高压实效果。

（2）基底处理

1）清除基底上的垃圾、草皮、树根、杂物，排除坑穴中的积水、淤泥和种植土，将基底充分夯实和碾压密实。

2）应采取措施防止地表滞水流入填方区，浸泡地基，造成基土下陷。

3）当填土场地地面陡于1/5时，应先将斜坡挖成阶梯形，阶高0.2～0.3m，阶宽＞1m，然后分层填土，以利于结合和防止滑动。

（3）土方填筑与压实

1）填方的边坡坡度应根据填方高度、土的种类及其重要性确定。对使用时间较长的临时性填方的边坡坡度，当填方高度＜10m时，可采用1∶1.5；超过10m时，可做成折线形，上部采用1∶1.5，下部采用1∶1.75。

2）填土应从场地最低处开始，自下而上整个宽度分层铺填。每层虚铺厚度应根据夯实机械确定，一般情况下每层虚铺厚度见表3-6。

填土施工分层厚度及每层压实遍数　　　　　　表3-6

压实机具	分层厚度（mm）	每层压实遍数（次）
平碾	250～300	6～8
振动压实机	250～350	3～4
柴油打夯机	200～250	3～4
人工打夯	＜200	3～4

3）填方应在相对两侧或周围同时进行回填和夯实。

4）填土应尽量采用同类土，填方的密实度要求和质量指标通常以压实系数表示。压实系数＝控制（实际）干土密度 ρ_d ÷最大干土密度 ρ_{dmax}。最大干土密度 ρ_{dmax} 是在最优含水量下，通过标准的击实方法确定的。填土应控制土的压实系数 λ_c 满足设计要求。

（五）基坑验槽方法

建（构）筑物基坑均应进行施工验槽。基坑挖至基底设计标高并清理后，施工单位必须会同勘察、设计、建设（或监理）等单位共同进行验槽，合格后方能进行基础工程施工。

1. 验槽时必须具备的资料和条件

（1）勘察、设计、建设（或监理）、施工等单位有关负责人及技术人员到场；

（2）基础施工图和结构总说明；

（3）详勘阶段的岩土工程勘察报告；

（4）开挖完毕且槽底无浮土、松土（若分段开挖，则每段条件相同），条件良好的基槽。

2. 验槽方法

验槽通常主要采用观察法，而对于基底以下的不可见部位，要先辅以钎探法配合共同完成。

（1）观察法

1）观察槽壁、槽底的土质情况，验证基槽开挖深度，初步验证槽底土质是否与勘察报告相符，观察槽底土质结构是否被人为破坏。

2）基槽边坡是否稳定，是否有影响边坡稳定的因素存在，如地下渗水、坑边堆载或近距离扰动等（对难于鉴别的土质，应采用洛阳铲等手段挖至一定深度仔细鉴别）。

3）基槽内有无旧的房基、洞穴、古井、掩埋的管道和人防设施等。如存在上述问题，应沿其走向进行追踪，查明其在基槽内的范围、延伸方向、长度、深度及宽度。

4）在进行直接观察时，可用袖珍式贯入仪作为辅助手段。

（2）钎探法

1）工艺流程

绘制钎点平面布置图→放钎点线→核验钎点线→就位打钎→记录锤击数→拔钎→盖孔保护→验收→灌砂。

2）人工（机械）钎探

采用直径 22～25mm 钢筋制作的钢钎，使用人力（机械）使大锤（穿心锤）自由下落规定的高度，撞击钎杆垂直打入土层中，记录其单位进深所需的锤击数，为设计承载力、地勘结果、基土土层的均匀度等质量指标提供验收依据。钎探法是在基坑底进行轻型动力触探的主要方法。

3）作业条件

人工挖土或机械挖土后由人工清底到基础垫层下表面设计标高，表面人工铲平整，基坑（槽）宽度、长度均应符合设计图纸要求，钎杆上预先用钢锯锯出以 300mm 为单位的横线，0 刻度从钎头开始。

4）主要机具

钎杆：用直径为 22～25mm 的钢筋制成，钎头呈 60°尖锥形状，钎长 2.1～2.6m。

大锤：普通锤子，质量为 8～10kg。

穿心锤：钢质圆柱形锤体，在圆柱中心开直径为 28～30mm 的孔，穿于钎杆上部，锤重 10kg。

钎探机械：专用的提升穿心锤的机械，与钎杆、穿心锤配套使用。

5）根据基坑平面图，依次编号绘制钎点平面布置图

按钎点平面布置图放线，孔位撒上白灰点，用盖孔块压在点位上做好覆盖保护。盖孔块宜采用预制水泥砂浆块、陶瓷锦砖、碎磨石块、机砖等。每块盖孔块上面必须用粉笔写明钎点编号。

6）就位打钎

钢钎的打入分人工和机械两种。

人工打钎：将钎尖对准孔位，一人扶正钢钎，一人站在操作凳子上，用大锤打钢钎的顶端；锤举高度一般为 50cm，自由下落，将钎垂直打入土层中。也可使用穿心锤打钎。

机械打钎：将触探杆尖对准孔位，再把穿心锤套在钎杆上，扶正钎杆，利用机械动力拉起穿心锤，使其自由下落，锤距为 50cm，把触探杆垂直打入土层中。

7）记录锤击数

钎杆每打入土层 30cm 时，记录一次锤击数。钎探深度以设计为依据；如设计无规定时，一般钎点按纵横间距 1.5m 呈梅花形布设，深度为 2.1m。

8）拔钎、移位

用麻绳或钢丝将钎杆绑好，留出活套，套内捅入撬棍或钢管，利用杠杆原理，将钎拔出。每拔出一段将绳套往下移一段，依此类推，直至完全拔出为止。然后将钎杆或触探器搬到下一孔位，以便继续拔杆。

9）灌砂

钎探后的孔要用砂灌实，打完的钎孔，经过质量检查人员和有关工长检查孔深与记录无误后，用盖孔块盖住孔眼。当设计、勘察和施工方共同验槽办理完验收手续后，方可灌孔。

（3）验槽注意事项

验槽时应重点观察柱基、墙角、承重墙下或其他受力较大部位；如有异常部位，要会同勘察、设计等有关单位进行处理。

（4）轻型动力触探

遇到下列情况之一时，应在基坑底普遍进行轻型动力触探（现场也可用轻型动力触探替代钎探）：

1）持力层明显不均匀；

2）浅部有软弱下卧层；

3）有浅埋的坑穴、古墓、古井等，直接观察难以发现时；

4）勘察报告或设计文件规定应进行轻型动力触探时。

三、地基处理与基础工程施工技术

地基基础工程施工前，必须具备完备的地质勘察资料及工程附近管线、建筑物、构筑物和其他公共设施的构造情况，必要时应进行施工勘察和调查以确保工程质量及邻近建筑的安全。施工过程中出现异常情况时，应停止施工，由监理或建设单位组织勘察、设计、

施工等有关单位共同分析情况，解决问题，消除质量隐患，并应形成文件资料。

（一）常用的地基处理技术

地基处理就是按照上部结构对地基的要求，对地基进行必要的加固或改良，提高地基土的承载力，保证地基稳定，减少房屋的沉降或不均匀沉降，消除湿陷性黄土的湿陷性及提高其抗液化能力等。常见的地基处理方法有换填地基、夯实地基、挤密桩地基、深层密实地基、高压喷射注浆地基、预压地基、土工合成材料地基等。

1. 换填地基

当建筑物基础下的持力层比较软弱，不能满足上部荷载对地基的要求时，常采用换填地基法来处理浅层软弱地基。换填地基法是先将基础底面以下一定范围内的软弱土层挖去，然后回填强度较高、压缩性较低、没有侵蚀性的材料，如中粗砂、碎石或卵石、灰土、素土、石屑、矿渣等，再分层夯实后作为地基的持力层。换填地基按其回填的材料可分为灰土地基、砂和砂石地基、粉煤灰地基等。

（1）灰土地基

灰土地基是将基础底面下要求范围内的软弱土层挖去，用一定比例的石灰与土，在最优含水量情况下，充分拌合，分层回填夯实或压实而成。适用于加固深 1～4m 的软弱土、湿陷性黄土、杂填土等，还可用作结构的辅助防渗层。

（2）砂和砂石地基

砂和砂石地基（垫层）系采用砂或砂砾石（碎石）混合物，经分层夯（压）实，作为地基的持力层，提高基础下部地基强度，并通过垫层的压力扩散作用，降低地基的压应力，减少变形量；同时，垫层可起排水作用，地基土中的孔隙水可通过垫层快速排出，能加速下部土层的沉降和固结。适用于处理 3.0m 以内的软弱、透水性强的黏性土地基，包括淤泥、淤泥质土；不宜用于加固湿陷性黄土地基及渗透系数小的黏性土地基。

（3）粉煤灰地基

粉煤灰是火力发电厂的工业废料，有良好的物理力学性能，用它作为处理软弱土层的换填材料，已在许多地区得到应用。可用于各种软弱土层换填地基的处理，以及作为大面积地坪的垫层等。

2. 夯实地基

强夯法适用于处理碎石土、砂土、低饱和度的粉土与黏性土、湿陷性黄土、素填土和杂填土等地基。

（1）重锤夯实地基

重锤夯实是利用起重机械将夯锤（2～3t）提升到一定高度，然后自由落下，重复夯击基土表面，使地基表面形成一层比较密实的硬壳层，从而使地基得到加固。适用于地下水位 0.8m 以上、稍湿的黏性土、砂土、饱和度 $S_r \leqslant 60$ 的湿陷性黄土、杂填土以及分层填土地基的加固处理。重锤表面夯实的加固深度一般为 1.2～2.0m。湿陷性黄土地基经重锤表面夯实后，透水性有显著降低，可消除湿陷性，地基土密度增大，强度可提高 30%；对于杂填土地基则可以减少其不均匀性，提高承载力。

（2）强夯地基

强夯法是用起重机械（起重机或起重机配三脚架、龙门架）将大吨位（一般为 8～300t）夯锤起吊到 6～30m 高度后，自由落下，给地基土以强大的冲击能量的夯击，使土中出现冲击波和很大的冲击应力，迫使土层孔隙压缩、土体局部液化，在夯击点周围产生裂隙，形成良好的排水通道，孔隙水和气体逸出，使土料重新排列，经时效压密达到固结，从而提高地基的承载力，降低其压缩性的一种有效的地基加固方法，是我国目前最为常用和最经济的深层地基处理方法之一。

强夯置换法的墩体材料可采用级配良好的块石、碎石或矿渣、建筑垃圾等坚硬粗颗粒材料，粒径＞300mm 的颗粒含量宜≤全重的 30％。强夯处理范围应＞建筑物基础范围，每边超出基础外缘的宽度宜为基底下设计处理深度的 1/2～2/3，并宜≥3m。

3. 挤密桩地基

（1）灰土桩地基

灰土挤密桩法和土挤密桩法适用于处理地下水位以上的湿陷性黄土、素填土和杂填土等地基，可处理地基的深度为 5～15m，当以消除地基土的湿陷性为主要目的时，宜选用土挤密桩法。灰土挤密桩是利用锤击将钢管打入土中侧向挤密成孔，将钢管拔出后，在桩孔中分层回填 2：8 或 3：7 灰土夯实而成，与桩间土共同组成复合地基以承受上部荷载。当地基土的含水量＞24％、饱和度＞65％时，不宜选用灰土挤密桩法或土挤密桩法。

（2）砂石桩地基

砂桩和砂石桩统称为砂石桩，是指用振动、冲击或水冲等方式在软弱地基中成孔后，再将砂或砂卵石（砾石、碎石）挤压到土孔中，形成大直径的砂或砂卵石（碎石）所构成的密实桩体，它是处理软弱地基的一种常用方法。适用于挤密松散砂土、粉土、黏性土、素填土、杂填土等地基，对于建在饱和黏性土地基上主要不以变形控制为目的的工程，也可采用砂石桩作置换处理。砂石桩法也可用于处理可液化地基。

砂石桩的施工顺序，对于砂土地基宜从外围或两侧向中间进行，对于黏性土地基宜从中间向外围或隔排施工，在既有建（构）筑物附近施工时，应背离建（构）筑物方向进行。

（3）水泥粉煤灰碎石桩地基

水泥粉煤灰碎石桩，简称 CFG 桩，是近年发展起来的处理软弱地基的一种新方法。它是在碎石桩的基础上掺入适量石屑、粉煤灰和少量水泥，加水拌合后制成具有一定强度的桩体。CFG 桩是一种低强度混凝土桩，可充分利用桩间土的承载力共同作用，并可将荷载传递到深层地基中去，具有较好的技术性能和经济效果。

水泥粉煤灰碎石桩（CFG 桩）法适用于处理黏性土、粉土、砂土和已自重固结的素填土等地基，桩顶与基础之间应设置褥垫层，材料宜选用中砂、粗砂、级配砂石或碎石等，厚度宜为桩径的 40％～60％。

水泥粉煤灰碎石桩的施工，应根据现场条件选用适合的施工工艺。施工桩顶标高宜高出设计桩顶标高≥0.5m；成桩过程中，抽样做混合料试块，每台机械一天应做一组（3块）试块（边长为 150mm 的立方体），标准养护，测定其立方体抗压强度。

（4）夯实水泥土复合地基

夯实水泥土复合地基系用洛阳铲或螺旋钻机成孔，在孔中分层填入水泥、土混合料经夯实成桩，与桩间土共同组成复合地基。

4. 深层密实地基

（1）振冲地基

振冲法，又称振动水冲法，是以起重机吊起振动器，启动潜水电机带动偏心块，使振动器产生高频振动；同时，启动水泵，通过喷嘴喷射高压水流，在边振边冲的共同作用下，将振动器沉到土中的预定深度，经清孔后，从地面向孔内逐段填入碎石，或不加填料，在振动作用下被挤密实，达到要求的密实度后即可提升振动器，如此重复填料和振密，直至地面，在地基中形成一个大直径的密实桩体与原地基构成复合地基，从而提高地基的承载力，减少沉降和不均匀沉降，是一种快速、经济、有效的加固方法。

（2）水泥土搅拌桩地基

水泥土搅拌桩地基是利用水泥作为固化剂，通过深层搅拌机在地基深部就地将软土和固化剂（浆体或粉体）强制拌合，利用固化剂和软土发生一系列物理、化学反应，使其凝结成具有整体性、水稳定性好和较高强度的水泥加固体，与天然地基形成复合地基。

5. 旋喷注浆桩地基

旋喷注浆桩地基简称旋喷桩地基，是利用钻机，把带有特殊喷嘴的注浆管钻进至土层的预定位置后，用高压脉冲泵，将水泥浆液通过钻杆下端的喷射装置，向四周以高速水平喷入土体，借助流体的冲击力切削土层，使喷流射程内的土体遭受破坏；与此同时，钻杆一边以一定的速度（20r/min）旋转，一边低速（15～30cm/min）徐徐提升，使土体与水泥浆充分搅拌混合，胶结硬化后即在地基中形成直径比较均匀、具有一定强度（0.5～8.0MPa）的圆柱体（称为旋喷桩），从而使地基得到加固。

6. 注浆地基

（1）水泥注浆地基

水泥注浆地基是将水泥浆通过压浆泵、灌浆管均匀地注入土体中，以填充、渗透和挤密等方式，驱走岩石裂隙中或土颗粒间的水分和气体，并填充其位置，硬化后将岩土胶结成一个整体，形成一个强度大、压缩性低、抗渗性高和稳定性良好的新的岩土体，从而使地基得到加固。

（2）硅化注浆地基

硅化注浆地基是将硅酸钠（水玻璃）为主剂的混合溶液（或水玻璃水泥浆），通过注浆管均匀地注入地层，浆液赶走土颗粒间或岩土裂隙中的水分和空气，并将岩土胶结成一个整体，形成强度较大、防水性能好的结石体，从而使地基得到加固。

7. 土工合成材料地基

（1）土工织物地基

土工织物地基又称土工聚合物地基、土工合成材料地基，是在软弱地基中或边坡上埋设土工织物作为加筋，形成弹性复合土体，起到排水、反滤、隔离、加固和补强等方面的作用，以提高土体的承载力，减少沉降和增加地基的稳定。

（2）加筋土地基

加筋土地基是由填土和填土中布置一定量的带状筋体（或称拉筋）以及直立的墙面板三部分组成的一个整体复合结构。

（二）桩基础施工技术

1. 钢筋混凝土预制桩基础施工技术

根据打（沉）桩方法的不同，钢筋混凝土预制桩基础施工有锤击沉桩法、静力压桩法及振动法等，以锤击沉桩法和静力压桩法应用最为普遍。

（1）锤击沉桩法

锤击沉桩法是利用桩锤下落产生的冲击克服土对桩的阻力，使桩沉到设计深度。

1）施工程序：确定桩位和沉桩顺序→桩机就位→吊桩喂桩→校正→锤击沉桩→接桩→再锤击沉桩→送桩→收锤→切割桩头。

2）确定桩位和沉桩顺序

① 根据设计图纸编制工程桩测量定位图，并保证轴线控制点不受打桩时振动和挤土的影响，保证控制点的准确性。

② 工程桩在施工前，应根据施工桩长，在匹配的工程桩或桩架上画出以米为单位的长度标记，并按从下至上的顺序标明桩的长度，以便观察桩入土深度及记录每米沉桩锤击数。

③ 沉桩顺序：

a. 当基坑不大时，打桩应逐排进行或从中间开始分别向四周或两边进行；

b. 对于密集桩群，从中间开始分别向四周或两边对称施打；

c. 当一侧毗邻建筑物时，由毗邻建筑物处向另一方向施打；

d. 当基坑较大时，宜将基坑分为数段，然后在各段范围内分别施打，但打桩应避免自外向内或从周边向中间进行，以避免中间土体被挤密，桩难以打入；或虽勉强打入，但使邻桩侧移或上冒；

e. 对于基础标高不一的桩，宜先深后浅；对于不同规格的桩，宜先大后小、先长后短，可使土层挤密均匀，以防止位移或偏斜。

3）桩机就位：应对准桩位，将桩机调至水平，保证桩机的稳定性。

4）吊桩喂桩和校正：吊桩喂桩，一般利用桩架附设的起重钩借桩机上的卷扬机吊桩就位，或配一台起重机吊桩就位，并用桩架上的夹具或桩帽固定位置，调整桩身、桩锤、桩帽的中心线重合，使插入地面时桩身的垂直度偏差≤0.5%。

5）打桩：正常打桩宜采用"重锤低击，低锤重打"，可取得良好效果。

6）接桩：当桩需接长时，接头个数宜≤3个，尽量避免桩尖落在厚黏性土层中接桩。常用的接桩方法主要有焊接法、法兰螺栓连接法和硫黄胶泥锚接法。

7）桩的入土深度的控制，对于承受轴向荷载的摩擦桩，以标高为主，以贯入度作为参考；端承桩则以贯入度为主，以标高作为参考。

8）施工时，应注意做好施工记录；同时，还应注意观察打桩入土的速度、打桩架的垂直度、桩锤回弹情况、贯入度变化情况等；发现异常，应立即通知有关单位和人员及时处理。

（2）静力压桩法

静力压桩是通过静力压桩机的压桩机构，将预制钢筋混凝土桩分节压入地基土层中成桩。一般都采取分段压入、逐段接长的方法。

施工程序：测量定位→压桩机就位→吊桩、插桩→桩身对中调直→静力压桩→接桩→再静力压桩→送桩→终止压桩→检查验收→转移桩机。

压桩时，用起重机或汽车将预制桩吊运桩机附近，再利用桩机自身设置的起重机将其吊入夹持器中，夹持油缸将桩从侧面夹紧，调正位置即可开动压桩油缸，先持桩压入土中1m左右后停止，校正桩垂直度后，压桩油缸继续伸程动作，把桩压入土层中。伸长完后，夹持油缸回程松夹，压桩油缸回程。重复上述动作，可实现连续压桩操作，直至把桩压入预定深度土层中。

压同一根（节）桩时应连续进行，当压力表读数达到预先规定值时，便可停止压桩。

压桩过程中应检查压力、桩垂直度、接桩间歇时间、桩的连接质量及压入深度。对承受反力的结构应加强观测。

压桩用压力表必须标定合格方能使用，压桩时桩的入土深度和压力表数值是判断桩的质量和承载力的依据，也是指导压桩施工的一项重要参数，必须认真记录。

2. 钢筋混凝土灌注桩基础施工技术

钢筋混凝土灌注桩是一种直接在现场桩位上就地成孔，然后在孔内浇筑混凝土或安放钢筋笼后再浇筑混凝土而成的桩。按其成孔方法不同，可分为钻孔灌注桩、沉管灌注桩、人工挖孔灌注桩和挖孔扩底灌注桩等。

（1）钻孔灌注桩

钻孔灌注桩是指利用钻孔机械钻出桩孔，并在孔中浇筑混凝土（或先在孔中吊放钢筋笼）而成的桩。根据工程性质、地下水位及工程土质性质的不同，钻孔灌注桩又可分为冲击钻成孔灌注桩、回转钻成孔灌注桩、潜水电钻成孔灌注桩及钻孔压浆灌注桩等。除钻孔压浆灌注桩外，其他三种均为泥浆护壁钻孔灌注桩。

1）施工工艺流程

泥浆护壁钻孔灌注桩施工工艺流程为：场地平整→桩位放线→开挖浆池、浆沟→护筒埋设→钻机就位、孔位校正→成孔、泥浆循环、清除废浆和泥渣→清孔换浆→终孔验收→下钢筋笼和钢导管→二次清孔→浇筑水下混凝土→成桩。

2）泥浆护壁钻孔灌注桩施工，在冲孔时应随时测定和控制泥浆密度，如遇较好土层可采取自成泥浆护壁。

3）灌注桩的质量检验较其他桩种更为严格，因此，现场施工对监测手段要事先落实。

4）灌注桩的沉渣厚度应在钢筋笼放入后、混凝土浇筑前测定，成孔结束后，放钢筋笼、混凝土导管都会造成土体跌落，增加沉渣厚度。因此，沉渣厚度应是二次清孔后的结果。沉渣厚度的检查目前均采用重锤，但因人为因素影响很大，应专人负责，采用专一的重锤，有些地方采用较先进的沉渣仪，这种仪器应预先做标定。

（2）沉管灌注桩

沉管灌注桩是指利用锤击打桩法或振动打桩法，将带有活瓣式桩尖或预制钢筋混凝土桩靴的钢套管沉入土中，然后边浇筑混凝土（或先在管内放入钢筋笼）边锤击或振动边拔管而成的桩。前者称为锤击沉管灌注桩及套管夯扩灌注桩，后者称为振动沉管灌注桩。

1）沉管灌注桩成桩过程为：桩机就位→锤击（振动）沉管→上料→边锤击（振动）边拔管，并继续浇筑混凝土→下钢筋笼，继续浇筑混凝土及拔管→成桩。

2）锤击沉管灌注桩劳动强度大，要特别注意安全。该种施工方法适合在黏性土、淤泥、淤泥质土、稍密的砂石及杂填土层中使用，但不能在密实的中粗砂、砂砾石、漂石层中使用。

3）套管夯扩灌注桩简称夯压桩，是在普通锤击沉管灌注桩的基础上加以改进发展起来的一种新型桩。它是在桩管内增加了一根与外桩管长度基本相同的内夯管，以代替钢筋混凝土预制桩靴，与外桩管同步打入设计深度，并作为传力杆，将桩锤击力传至桩端夯扩成大头形，并且增大了地基的密实度；同时，利用内夯管和桩锤的自重将外桩管内的现浇桩身混凝土压密成型，使水泥浆压入桩侧土体并挤密桩侧的土，从而使桩的承载力大幅度提高。

4）振动沉管灌注桩适合在一般黏性土、淤泥、淤泥质土、粉土、湿陷性黄土、稍密及松散的砂土及填土中使用，在坚硬砂土、碎石土及有硬夹层的土层中，由于容易损坏桩尖，不宜采用。根据承载力的不同要求，拔管方法可分别采用单打法、复打法、反插法。

（3）人工挖孔灌注桩

人工挖孔灌注桩是指采用人工挖掘方法进行成孔，然后安放钢筋笼、浇筑混凝土而成的桩。为了确保人工挖孔灌注桩施工过程中的安全，施工时必须考虑预防孔壁坍塌和流砂现象发生，制定合理的护壁措施。护壁方法可以采用现浇混凝土护壁、喷射混凝土护壁、砖砌体护壁、沉井护壁、钢套管护壁、型钢或木板桩工具式护壁等。以应用较广的现浇混凝土分段护壁为例，说明人工挖孔灌注桩的施工工艺流程。

人工挖孔灌注桩的施工程序为：场地整平→放线、定桩位→挖第一节桩孔土方→支模浇筑第一节混凝土护壁→在护壁上二次投测标高及桩位十字轴线→安装活动井盖、垂直运输架、起重卷扬机或电动葫芦、活底吊土桶及排水、通风、照明设施等→第二节桩身挖土→清理桩孔四壁、校核桩孔垂直度和直径→拆上节模板，支第二节模板，浇筑第二节混凝土护壁→重复第二节挖土、支模、浇筑混凝土护壁工序，循环作业直至设计深度→进行扩底（当需要扩底时）→清理虚土、排除积水，检查尺寸和持力层→吊放钢筋笼就位→浇筑桩身混凝土。

（三）混凝土基础施工技术

混凝土基础的主要形式有条形基础、独立基础、筏形基础和箱形基础等。混凝土基础工程中，分项工程主要有钢筋、模板、混凝土、后浇带混凝土及混凝土结构缝处理等。高层建筑筏形基础和箱形基础长度超过40m时，宜设置贯通的后浇施工缝（后浇带），后浇带宽度宜≥80cm，在后浇施工缝处，钢筋必须贯通。

浇筑混凝土前，对地基应事先按设计标高和轴线进行校正，并应清除淤泥和杂物；同时，注意基坑降排水，以防冲刷新浇筑的混凝土。

1. 独立基础浇筑

（1）台阶式基础施工，可按台阶分层一次浇筑完毕（预制柱的高杯口基础的高台部分应另行分层），不允许留设施工缝。每层混凝土要一次浇筑，顺序是先边角后中间，务必使砂浆充满模板。

（2）浇筑台阶式柱基时，为防止垂直交角处出现吊脚（上层台阶与下口混凝土脱空）现象，可采取如下措施：

1）在第一级混凝土捣固下沉2～3cm后暂不填平，继续浇筑第二级。先用铁锹沿第二级模板底圈做成内外坡，然后再分层浇筑，外圈边坡的混凝土于第二级振捣过程中自动摊平，待第二级混凝土浇筑后，再将第一级混凝土齐模板顶边拍实抹平。

2）振捣完第一级后拍平表面，在第二级模板外先压以200mm×100mm的压角混凝土并加以捣实后，再继续浇筑第二级。

3）如条件许可，宜采用柱基流水作业方式，即顺序先浇筑一排杯基第一级混凝土，再回转依次浇筑第二级。这样对已浇筑好的第一级将有一个下沉的时间，但必须保证每个柱基混凝土在初凝之前连续施工。

（3）为保证杯形基础杯口底标高的正确性，宜先将杯口底混凝土振实并稍停片刻，再浇筑振捣杯口模板四周的混凝土，振动时间尽可能缩短；同时，还应特别注意杯口模板的位置，应在两侧对称浇筑，以免杯口模板挤向另一侧或由于混凝土泛起而使芯模上升。

（4）高杯口基础，由于短柱这一级台阶较高且配置钢筋较多，可采用后安装杯口模板的方法，即当混凝土浇捣到接近杯口底时，再安装杯口模板后继续浇捣。

（5）锥式基础，应注意斜坡部位混凝土的捣固质量，在振捣器振捣完毕后，人工将斜坡表面拍平，使其符合设计要求。

（6）为提高杯口芯模的周转利用率，可在混凝土初凝后终凝前将芯模拔出，并将杯壁划毛。

（7）现浇柱下基础时，要特别注意连接钢筋的位置，防止移位和倾斜，发生偏差时要及时要纠正。

2. 条形基础浇筑

浇筑前，应根据混凝土基础顶面的标高在两侧木模上弹出标高线；如采用原槽土模时，应在基槽两侧的土壁上交错打入长 100mm 左右的标杆，并露出 20～30mm，标杆面与基础顶面齐平，标杆之间的距离约 3m。

根据基础深度宜分段分层连续浇筑混凝土，一般不留施工缝。各段各层间应相互衔接，每段间浇筑长度控制在 2～3m 距离，做到逐段逐层呈阶梯形向前推进。

3. 设备基础浇筑

（1）一般应分层浇筑，并保证上下层之间不留施工缝，每层混凝土的厚度为 200～300mm。每层浇筑顺序应从低处开始，沿长边方向自一端向另一端浇筑，也可采取中间向两端或两端向中间浇筑的顺序。

（2）对于特殊部位，如地脚螺栓、预留螺栓孔、预埋管等，浇筑混凝土时要控制好混凝土的上升速度，使其均匀上升；同时，防止碰撞，以免发生位移或歪斜。对于大直径地脚螺栓，在混凝土浇筑过程中，应用经纬仪随时观测，发现偏差及时纠正。

4. 大体积混凝土工程

大体积混凝土工程施工应符合《大体积混凝土施工标准》GB 50496—2018 的规定。

（1）大体积混凝土的浇筑方案

大体积混凝土浇筑时，可以选择整体分层连续浇筑施工方式或推移式连续浇筑施工方式，以保证结构的整体性。

混凝土浇筑宜从低处开始，沿长边方向自一端向另一端进行。当混凝土供应量有保证时，亦可多点同时浇筑。

（2）大体积混凝土的振捣

1）混凝土应采用取振捣棒振捣。

2）在振动界限以前对混凝土进行二次振捣，排除混凝土因泌水在粗骨料、水平钢筋下部生成的水分和空隙，提高混凝土与钢筋的握裹力，防止因混凝土沉落而出现的裂缝，减少内部微裂，增加混凝土的密实度，使混凝土抗压强度提高，从而提高抗裂性。

（3）大体积混凝土的养护

1）大体积混凝土应进行保温保湿养护，在每次混凝土浇筑完毕后，除应按普通混凝土进行常规养护外，尚应及时按温控技术措施的要求进行保温养护。

2）保湿养护的持续时间应≥14d，应经常检查塑料薄膜或养护剂涂层的完整情况，保持混凝土表面湿润。

（4）大体积混凝土防裂技术措施

宜采取以保温保湿养护为主体，抗放兼施为主导的大体积混凝土温控措施。由于水泥水化热引起混凝土浇筑体内部温度剧烈变化，使混凝土浇筑体早期塑性收缩和混凝土硬化过程中的收缩增大，使混凝土浇筑体内部的温度-收缩应力剧烈变化，从而导致混凝土浇筑体或构件发生裂缝。因此，应在大体积混凝土工程设计、设计构造要求、混凝土强度等级选择、混凝土后期强度利用、混凝土材料选择、配合比的设计、制备、运输、施工、混凝土的保温保湿养护以及在混凝土浇筑硬化过程中浇筑体内温度及温度应力的监测和应急预案的制定等技术环节，采取一系列的技术措施。

1）大体积混凝土工程施工前，宜对施工阶段大体积混凝土浇筑体的温度、温度应力及收缩应力进行试算，并确定施工阶段大体积混凝土浇筑体的升温峰值、里表温差及降温速率的控制指标，制定相应的温控技术措施。温控指标应符合下列规定：

① 混凝土浇筑体入模温度不宜大于 30℃，混凝土浇筑体最大温升值不宜大于 50℃。

② 在覆盖养护或带模养护阶段，混凝土浇筑体表面以内 40～100mm 位置处的温度与混凝土浇筑体表面温度的差值不应大于 25℃；结束覆盖养护或拆模后，混凝土浇筑体表面以内 40～100mm 位置处的温度与环境温度的差值不应大于 25℃。

③ 混凝土浇筑体内部相邻两测温点的温度差值不应大于 25℃。

④ 混凝土的降温速率不宜大于 2.0℃/d；当有可靠经验时，降温速率要求可适当放宽。

2）大体积混凝土配合比的设计除应符合工程设计所规定的强度等级、耐久性、抗渗性、体积稳定性等要求外，尚应符合大体积混凝土施工工艺特性的要求，并应符合合理使用材料、减少水泥用量、降低混凝土绝热温升值的要求。

3）在确定混凝土配合比时，应根据混凝土的绝热温升、温控施工方案的要求等，提出混凝土制备时粗细骨料和拌合用水及入模温度控制的技术措施。如降低拌合用水温度（拌合用水中加冰屑或采用地下水）；骨料用水冲洗降温、避免暴晒等。

4）在制备混凝土之前，应进行常规配合比试验，并应进行水化热、泌水率、可泵性等控制大体积混凝土裂缝所需的技术参数的试验；必要时其配合比设计应当通过试泵送。

5）大体积混凝土应选用中、低热硅酸盐水泥或低热矿渣硅酸盐水泥，大体积混凝土施工所用水泥的 3d 水化热宜≤240kJ/kg，7d 水化热宜≤270kJ/kg。

6）配制大体积混凝土可掺入缓凝剂、减水剂、微膨胀剂等外加剂，外加剂应符合现行国家标准《混凝土外加剂》GB 8076—2008、《混凝土外加剂应用技术规范》GB 50119—2013 和有关环境保护的规定。

7）及时覆盖保温保湿材料进行养护，并加强测温管理。

8）超长大体积混凝土应留置变形缝、后浇带或采取跳仓法施工，以控制结构不出现有害裂缝。

9）结合结构配筋，配置控制温度收缩的构造钢筋。

10）大体积混凝土浇筑宜采用二次振捣工艺，浇筑面应及时进行二次抹压处理，减少表面收缩裂缝。

四、主体结构施工技术

（一）混凝土结构施工技术

混凝土结构具有许多优点，如：强度较高，钢筋和混凝土两种材料的强度都能充分利用；可模性好，适用面广，耐久性和耐火性较好，维护费用低；现浇混凝土结构的整体性和延性好，适用于抗震抗爆结构，同时防振性和防辐射性能较好，适用于防护结构，易于就地取材等。因此，混凝土结构适用于各种结构形式，在房屋建筑中得到了广泛应用。

混凝土结构的缺点：自重大、抗裂性较差、施工过程复杂、受环境影响大、施工工期较长。

1. 模板工程

（1）模板工程概述

模板工程包括模板和支架系统两大部分。模板质量的好坏，直接影响到混凝土成型的质量；支架系统的好坏，直接影响到其他施工的安全。

（2）常见模板及其特性

1）木模板：优点是较适用于外形复杂或异形混凝土构件及冬期施工的混凝土工程；缺点是制作量大、木材资源浪费大等。

2）组合钢模板：主要由钢模板、连接体和支撑体三部分组成。优点是轻便灵活、拆装方便、通用性强、周转率高等；缺点是接缝多且严密性差，导致混凝土成型后外观质量差。

3）钢框木（竹）胶合板模板：它是以热轧异形钢为钢框架，以覆面胶合板作板面，并加焊若干钢肋承托面板的一种组合式模板。与组合钢模相比，其特点为自重轻、用钢量少、面积大、模板拼缝少、维修方便等。

4）大模板：它由板面结构、支撑系统、操作平台和附件等组成。是现浇墙、壁结构施工的一种工具式模板。其特点是以建筑物的开间、进深和层高为大模板尺寸，由于面板由钢板组成，其优点是模板整体性好、抗震性强、无拼缝等；缺点是模板重量大，移动安装需起重机械吊运。

5）散支散拆胶合板模板：所用胶合板为高耐气候、耐水性的Ⅰ类木胶合板或竹胶合板。优点是自重轻、板幅大、板面平整、施工安装方便简单等。

6）早拆模板体系：在模板支架立柱的顶端，采用柱头的特殊构造装置来保证在满足国家现行标准所规定的拆模原则的前提下，达到尽早拆除部分模板的体系。优点是部分模板可早拆、加快周转、节约成本。

7）其他还有滑升模板、爬升模板、飞模、模壳模板、胎模及永久性压型钢板模板和各种配筋的混凝土薄板模板等。

（3）模板工程设计的主要原则

1）实用性：模板要保证构件形状尺寸和相互位置的正确，且构造简单、支拆方便、表面平整、接缝严密不漏浆等。

2）安全性：要具有足够的强度、刚度和稳定性，保证施工中不变形、不破坏、不倒塌。

3）经济性：在确保工程质量、安全和工期的前提下，尽量减少一次性投入，增加模板周转，减少支拆用工，实现文明施工。

（4）模板工程的安装要点

1）模板及其支架的安装必须严格按照施工技术方案进行，其支架必须有足够的支承面积，底座必须有足够的承载力。模板的木杆、钢管、门架等支架立柱不得混用。

2）模板的接缝不应漏浆；在浇筑混凝土前，木模板应浇水润湿，但模板内不应有积水。

3）模板与混凝土的接触面应清理干净并涂刷隔离剂，但不得采用影响结构性能或妨碍装饰工程的隔离剂。

4）浇筑混凝土前，模板内的杂物应清理干净。

5）对清水混凝土工程及装饰混凝土工程，应使用能达到设计效果的模板。

6）用作模板的地坪、胎模等应平整、光洁，不得产生影响构件质量的下沉、裂缝、起砂或起鼓。

7）对于跨度≥4m的现浇钢筋混凝土梁、板，其模板应按设计要求起拱；当设计无具体要求时，起拱高度应为跨度的1/1000～3/1000。

8）模板安装应与钢筋安装配合进行，梁柱节点的模板宜在钢筋安装后安装。

9）后浇带的模板及支架应独立设置。

（5）模板的拆除

1）现浇混凝土结构模板及支架拆除时的混凝土强度，应符合设计要求。当无设计要求时，应符合下列要求：

① 底模及支架拆除时的混凝土强度应符合表3-7的规定。

底模及支架拆除时的混凝土强度要求　　　　　　　　　　表3-7

构件类型	构件跨度	达到设计的混凝土立方体抗压强度标准值的百分率
板	≤2m	≥50%
	>2m，≤8m	≥75%
	>8m	≥100%
梁拱壳	≤8m	≥75%
	>8m	≥100%
悬臂构件		≥100%

② 不承重的侧模板，包括梁、柱、墙的侧模板，只要混凝土强度保证其表面、棱角不因拆模而受损坏，即可拆除。一般墙体大模板在常温条件下，混凝土强度达到$1N/mm^2$，即可拆除。

2）模板的拆除顺序：一般按后支先拆、先支后拆，先拆除非承重部分后拆除承重部分的拆模顺序进行。

3）快拆支架体系的支架立柱间距应≤2m，拆模时应保留立杆并顶托支撑楼板，拆模时的混凝土强度可取构件跨度为2m按表3-7的规定确定。

2.钢筋工程

（1）普通钢筋

混凝土结构用的普通钢筋，可分为热轧钢筋和冷加工钢筋两类。

热轧钢筋按屈服强度（MPa）分为300级、335级、400级和500级。

纵向受力普通钢筋宜采用HRB400、HRB500、HRBF400、HRBF500钢筋，也可采用 HPB300、HRB335、HRBF335、RRB400 钢筋。梁、柱纵向受力普通钢筋应采用 HRB400、HRB500、HRBF400、HRBF500 钢筋。箍筋宜采用 HRB400、HRBF400、HPB300、HRB500、HRBF500 钢筋，也可采用 HRB335、HRBF335 钢筋。

冷加工钢筋可分为冷轧带肋钢筋、冷轧扭钢筋和冷拔螺旋钢筋等（冷拉钢筋和冷拔低碳钢丝已逐渐淘汰）。

（2）钢筋的性质

钢筋的力学性能，可通过钢筋拉伸过程中的应力-应变图加以说明。热轧钢筋具有软钢性质，有明显的屈服性；冷轧带肋钢筋呈硬钢性质，无明显的屈服点，一般将对应于塑性应变为 0.2% 时的应力定为屈服强度，并用 $\sigma_{0.2}$ 表示。

钢筋的延性通常用拉伸试验测得的伸长率表示。钢筋的伸长率一般随钢筋（强度）等级的提高而降低。

钢筋冷弯是考核钢筋塑性的指标，也是钢筋加工所需的。钢筋的冷弯性能一般随着强度等级的提高而降低。低强度热轧钢筋的冷弯性能较好，强度较高的稍差，冷加工钢筋的冷弯性能最差。

钢材的可焊性常用碳当量来估计。可焊性随碳当量百分比的增高而降低。

钢筋的化学成分中，硫（S）、磷（P）为有害物质，应严格控制。

（3）钢筋配料

钢筋配料是根据构件配筋图，先绘出各种形状和规格的单根钢筋简图并加以编号，然后分别计算钢筋的下料长度、根数及重量，填写钢筋配料单，作为申请、备料、加工的依据。为使钢筋满足设计要求的形状和尺寸，需要对钢筋进行弯折，而弯折后钢筋各段的长度总和并不等于其在直线状态下的长度，所以，要对钢筋剪切下料长度加以计算。各种钢筋下料长度计算如下：

直钢筋下料长度＝构件长度－保护层厚度＋弯钩增加长度；

弯起钢筋下料长度＝直段长度＋斜段长度－弯曲调整值＋弯钩增加长度；

箍筋下料长度＝箍筋周长＋箍筋调整值。

上述钢筋如需搭接，还要增加钢筋搭接长度。

（4）钢筋代换

1）代换原则：等强度代换或等面积代换。

当构件配筋受强度控制时，按钢筋代换前后强度相等的原则进行代换。

当构件按最小配筋率配筋时，或同钢号钢筋之间的代换，按钢筋代换前后面积相等的原则进行代换。

当构件受裂缝宽度或挠度控制时，代换前后应进行裂缝宽度和挠度验算。

2）钢筋代换时，应征得设计单位的同意，相应费用按有关合同规定（一般应征得业主同意）并办理相应手续。代换后钢筋的间距、锚固长度、最小钢筋直径、数量等构造要求和受力、变形情况均应符合相应规范的要求。

（5）钢筋连接

1）钢筋的连接方法有焊接、机械连接和绑扎连接三种。

2）钢筋焊接：常用的焊接方法有闪光对焊、电弧焊（包括帮条焊、搭接焊、熔槽焊、剖口焊、预埋件角焊和塞孔焊等）、电渣压力焊、气压焊、埋弧压力焊和电阻点焊等。直接承受动力荷载的结构构件中，纵向钢筋不宜采用焊接接头。

3）钢筋机械连接：有钢筋套筒挤压连接、钢筋锥螺纹套筒连接和钢筋直螺纹套筒连接（包括钢筋镦粗直螺纹套筒连接、钢筋剥肋滚压直螺纹套筒连接）等方法。

目前最常见、采用最多的方式是钢筋剥肋滚压直螺纹套筒连接。其适用的钢筋级别通常为 HRB335、HRB400、RRB400；适用的钢筋直径范围通常为 16～50mm。

4）钢筋绑扎连接（或搭接）：钢筋搭接长度应符合规范要求。

当受拉钢筋直径＞25mm、受压钢筋直径＞28mm 时，不宜采用绑扎搭接接头。轴心受拉及小偏心受拉杆件（如桁架和拱架的拉杆等）的纵向受力钢筋和直接承受动力荷载结构中的纵向受力钢筋均不得采用绑扎搭接接头。

5）钢筋接头位置宜设置在受力较小处。同一纵向受力钢筋不宜设置两个或两个以上接头。接头末端至钢筋弯起点的距离应≥钢筋直径的 10 倍。构件同一截面内钢筋接头数应符合设计和规范要求。

6）在施工现场，应按国家现行标准抽取钢筋机械连接接头、焊接接头试件做力学性能检验，其质量应符合有关规程的规定。

（6）钢筋加工

1）钢筋加工包括调直、除锈、下料切断、接长、弯曲成型等。

2）钢筋宜采用无延伸功能的机械设备进行调直，也可采用冷拉调直。当采用冷拉调直时，HPB300 光圆钢筋的冷拉率宜≤4%；HRB335、HRB400、HRB500、HRBF335、HRBF400、HRBF500 及 RRB400 带肋钢筋的冷拉率宜≤1%。

3）钢筋除锈：一是在钢筋冷拉或调直过程中除锈；二是可采用机械除锈机除锈、喷砂除锈、酸洗除锈和手工除锈等。

4）钢筋下料切断可采用钢筋切断机或手动液压切断器进行。钢筋的切断口不得有马蹄形或起弯等现象。

5）钢筋加工宜在常温状态下进行，加工过程中不应加热钢筋。钢筋弯曲成型可采用钢筋弯曲机、四头弯筋机及手工弯曲工具等进行。钢筋弯折应一次完成，不得反复弯折。

（7）钢筋安装

1）准备工作

① 现场弹线并剔槽，清理接头处表面混凝土浮浆、松动石子、混凝土块等，整理接头处插筋。

② 核对需绑扎钢筋的规格、直径、形状、尺寸和数量等是否与料单、料牌和图纸相符。

③ 准备绑扎用的钢丝、工具和绑扎架等。

2）柱钢筋绑扎

① 柱钢筋的绑扎应在柱模板安装前进行。

② 每层柱第一个钢筋接头位置距楼地面高度宜≥500mm、柱高的 1/6 及柱截面长边（或直径）中的较大值。

③ 框架梁、牛腿及柱帽等钢筋，应放在柱子纵向钢筋内侧。

④ 柱中竖向钢筋搭接时，角部钢筋的弯钩应与模板成 45°（多边形柱为模板内角的平分角，圆形柱应与模板切线垂直），中间钢筋的弯钩应与模板成 90°。

⑤ 箍筋的接头（弯钩叠合处）应交错布置在四角纵向钢筋上；箍筋转角与纵向钢筋交叉点均应扎牢（箍筋平直部分与纵向钢筋交叉点可间隔扎牢），绑扎箍筋时绑扣之间应呈八字形。

⑥ 如设计无特殊要求，当柱中纵向受力钢筋直径>25mm时，应在搭接接头两个端面外100mm范围内各设置2个箍筋，其间距宜为50mm。

3）墙钢筋绑扎

① 墙钢筋的绑扎也应在模板安装前进行。

② 墙（包括水塔壁、烟囱筒身、池壁等）的垂直钢筋每段长度宜≤4m（钢筋直径≤12mm）或6m（钢筋直径>12mm）或层高加搭接长度，水平钢筋每段长度宜≤8m，以利于绑扎。钢筋的弯钩应朝向混凝土内。

③ 采用双层钢筋网时，在两层钢筋间应设置撑铁或绑扎架，以固定钢筋间距。

4）梁、板钢筋绑扎

① 连续梁、板的上部钢筋接头位置宜设置在跨中1/3跨度范围内，下部钢筋接头位置宜设置在梁端1/3跨度范围内。

② 当梁的高度较小时，梁的钢筋架空在梁模板顶上绑扎，然后再落位；当梁的高度较大（≥1.0m）时，梁的钢筋宜在梁底模上绑扎，其两侧模板或一侧模板后装。板的钢筋在模板安装后绑扎。

③ 梁的纵向受力钢筋采用双层排列时，两排钢筋之间应垫以直径≥25mm的短钢筋，以保持其设计距离。箍筋的接头（弯钩叠合处）应交错布置在两根架立钢筋上，其余同柱。

④ 板的钢筋网绑扎，四周两行钢筋交叉点应每点扎牢，中间部分交叉点可相隔交错扎牢，但必须保证受力钢筋不发生位移。双向主筋的钢筋网，则须将全部钢筋相交点扎牢。采用双层钢筋网时，在上层钢筋网下面应设置钢筋撑脚（马凳），以保证钢筋位置正确。绑扎时应注意相邻绑扎点的钢丝扣要呈八字形，以免网片歪斜变形。

⑤ 应注意板上部的负筋，要防止被踩下；特别是雨篷、挑檐、阳台等悬臂板，要严格控制负筋位置，以免拆模后断裂。

⑥ 板、次梁与主梁交叉处，板的钢筋在上，次梁的钢筋居中，主梁的钢筋在下；当有圈梁或垫梁时，主梁的钢筋在上。

⑦ 框架节点处钢筋穿插十分稠密时，应特别注意梁顶面主筋间的净距要达到30mm，以利于浇筑混凝土。

⑧ 梁板钢筋绑扎时，应防止水电管线影响钢筋位置。

3. 混凝土工程

（1）普通混凝土

普通混凝土是以胶凝材料（水泥）、水、细骨料（砂）、粗骨料（石子）为主要原料，需要时掺入外加剂和矿物掺合料，按适当比例配合，经过均匀拌制，密实成型及养护硬化而成的人工石材。

1）水泥：普通混凝土常用水泥有硅酸盐水泥、普通硅酸盐水泥、矿渣硅酸盐水泥、火山灰质硅酸盐水泥、粉煤灰硅酸盐水泥和复合硅酸盐水泥。

水泥进场时应对其品种、级别、包装或散装仓号、出厂日期等进行检查，并应对其强度、安定性及其他必要的性能指标进行复验，其质量必须符合国家现行标准的规定。

当在使用中对水泥质量有怀疑或水泥出厂超过三个月（快硬硅酸盐水泥超过一个月）时，应进行复验，并按复验结果使用。

水泥储存应采取防潮措施，避免水泥受潮。不同品种的水泥不得混掺使用。水泥不得与石灰石、石膏、白垩等粉状物料混放在一起。

2）砂：按其产源可分为天然砂（河砂、湖砂、海砂和山砂）和人工砂；按其粒径（或细度模数）可分为粗砂、中砂和细砂。

3）石子：普通混凝土用石子可分为碎石和卵石。石子粒径>5mm。

4）水：拌制混凝土宜采用饮用水。当采用其他水源时，水质应符合《混凝土用水标准》JGJ 63—2006 的规定。

5）矿物掺合料：通常有粉煤灰、磨细矿渣（高炉矿渣）、沸石粉、硅粉、复合矿物掺合料及其他矿物掺合料等。

在混凝土中掺入矿物掺合料可以代替部分水泥，改善混凝土的物理力学性能与耐久性。通常在混凝土中掺入适量的磨细矿物掺合料后，可以起到降低温升、改善和易性、增进后期强度、改善混凝土内部结构、提高耐久性、代替部分水泥、节约资源等作用。掺加某些磨细矿物掺合料还能起到抑制碱-骨料反应的作用。

6）外加剂：混凝土外加剂按其主要功能可分为四类。

第一类：改善混凝土拌合物流动性能的外加剂，包括各种减水剂、引气剂和泵送剂等。

第二类：调节混凝土凝结时间、硬化性能的外加剂，包括缓凝剂、早强剂和速凝剂等。

第三类：改善混凝土耐久性的外加剂，包括引气剂、防水剂和阻锈剂等。

第四类：改善混凝土其他性能的外加剂，包括膨胀剂、着色剂和防冻剂等。

外加剂的选用应根据设计和施工要求，并通过试验及技术经济比较确定。不同品种外加剂复合使用时，应注意其相容性及对混凝土性能的影响，使用前应进行试验，满足要求方可使用。

为了预防混凝土碱-骨料反应所造成的危害，应控制外加剂的碱总量满足国家标准要求（防水类应$\leqslant0.7kg/m^3$，非防水类应$\leqslant1.0kg/m^3$）。

为了防止外加剂对混凝土中钢筋锈蚀产生不良影响，应控制外加剂中氯离子含量满足国家标准要求（预应力混凝土限制在 $0.02kg/m^3$ 以下，普通钢筋混凝土限制在 $0.02\sim0.2kg/m^3$，无筋混凝土限制在 $0.2\sim0.6kg/m^3$）。

混凝土外加剂中含有的游离甲醛、游离萘等有害身体健康的成分，含量应控制在国家有关标准规定的范围内。对于含有尿素、氨类等有刺激性气味成分的外加剂，不得用于房屋建筑工程中。

（2）普通混凝土配合比

普通混凝土配合比应根据原材料的性能及对混凝土的技术要求（强度等级、耐久性和工作性等），由具有资质的试验室进行计算，并经试配调整后确定。混凝土配合比应为质量比。

（3）混凝土的搅拌与运输

1）混凝土搅拌一般宜由场外商品混凝土搅拌站或现场搅拌站进行，应严格掌握混凝土配合比，确保各种原材料合格，计量偏差符合标准规定要求，投料顺序、搅拌时间合理、准确，最终确保混凝土搅拌质量满足设计、施工要求。当掺有外加剂时，搅拌时间适当延长。

2）混凝土在运输中不宜发生分层、离析现象；否则，应在浇筑前进行二次搅拌。

3）要尽量减少混凝土的运输时间和转运次数，确保混凝土在初凝前运至现场并浇筑完毕。

（4）泵送混凝土

1）泵送混凝土是利用混凝土泵的压力将混凝土通过管道输送到浇筑地点，一次完成水平运输和垂直运输。泵送混凝土具有输送能力大、效率高、连续作业、节省人力等优点。

2）泵送混凝土配合比设计：

① 泵送混凝土的入泵坍落度宜≥100mm；

② 宜选用硅酸盐水泥、普通水泥、矿渣水泥和粉煤灰水泥；

③ 粗骨料中针片状颗粒含量不宜大于10%，粒径与管径之比≤1：（3～4）；

④ 用水量与胶凝材料总量之比（水灰比）宜≤0.6；

⑤ 泵送混凝土的胶凝材料总量宜≥300kg/m³；

⑥ 泵送混凝土宜掺加适量粉煤灰或其他活性矿物掺合料，掺粉煤灰的泵送混凝土配合比设计，必须经过试配确定，并应符合相关规范的要求；

⑦ 泵送混凝土掺加的外加剂品种和掺量宜由试验确定，不得随意使用；当掺加引气型外加剂时，其含气量宜≤4%。

3）泵送混凝土搅拌时，应按规定顺序进行投料，并且粉煤灰宜与水泥同步投加，外加剂的添加宜滞后于水和水泥。

4）混凝土泵或泵车设置处，场地应平整、坚实，具有通车行走条件。混凝土泵或泵车应尽可能靠近浇筑地点，浇筑时由远至近进行。

5）混凝土供应要保证混凝土泵能连续工作。输送管线宜直，转弯宜缓，接头应严密，并要注意预防输送管线堵塞。

（5）混凝土浇筑

1）混凝土浇筑前应根据施工方案认真交底，并做好浇筑前的各项准备工作，尤其应对模板、支撑、钢筋、预埋件等进行认真细致的检查，合格并做好相关隐蔽验收后，才可浇筑混凝土。

2）浇筑混凝土前，应清除模板内或垫层上的杂物。表面干燥的地基、垫层、模板上还应洒水湿润；现场环境温度高于35℃时宜对金属模板进行洒水降温；洒水后不得留有积水。

3）混凝土输送宜采用泵送方式。混凝土粗骨料最大粒径≤25mm时，可采用内径≥125mm的输送泵管；混凝土粗骨料最大粒径≤40mm时，可采用内径≥150mm的输送泵管。输送泵管安装接头应严密，输送泵管转向宜平缓。输送泵管应采用支架固定，支架应与结构牢固连接，输送泵管转向处支架应加密。

4）在浇筑竖向结构的混凝土前，应先在底部填以30mm厚与混凝土内砂浆成分相同的水泥砂浆；浇筑过程中混凝土不得发生离析现象。

5）浇筑柱、墙模板内的混凝土时，当无可靠措施保证混凝土不产生离析时，其自由倾落高度应符合如下规定，当不能满足时，应加设串筒、溜管、溜槽等装置。

① 粗骨料粒径＞25mm 时，宜≤3m；

② 粗骨料粒径≤25mm 时，不宜超过 6m。

6) 混凝土浇筑应连续进行。当必须间歇时，其间歇时间宜尽量缩短，并应在前层混凝土初凝之前，将次层混凝土浇筑完毕；否则，应留置施工缝。

7) 混凝土宜分层浇筑、分层振捣。每一振点的振捣延续时间，应使混凝土不再往上冒气泡、表面呈现浮浆和不再沉落为止。当采用插入式振捣器振捣普通混凝土时，应快插慢拔，移动间距宜≤振捣器作用半径的 1.4 倍，与模板的距离应≤其作用半径的 0.5 倍，并应避免碰撞钢筋、模板、芯管、吊环、预埋件等，振捣器插入下层混凝土内的深度应≥50mm。当采用表面平板振动器时，其移动间距应保证振动器的平板能覆盖已振实部分的边缘。

8) 混凝土浇筑过程中，应经常观察模板、支架、钢筋、预埋件和预留孔洞的情况；当发现有变形、移位时，应及时采取措施进行处理。

9) 在浇筑与柱和墙连成整体的梁和板时，应在柱和墙浇筑完毕后停歇 1～1.5h，再继续浇筑。

10) 梁和板宜同时浇筑混凝土，有主次梁的楼板宜顺着次梁方向浇筑，单向板宜沿着板的长边方向浇筑；拱和高度＞1m 的梁等结构，可单独浇筑混凝土。

(6) 施工缝

1) 施工缝的位置应在混凝土浇筑之前确定，并宜留置在结构受剪力较小且便于施工的部位。施工缝的留置位置应符合下列规定：

① 柱：宜留置在基础、楼板、梁的顶面，梁和吊车梁牛腿、无梁楼板柱帽的下面；

② 与板连成整体的大截面梁（高度超过 1m），留置在板底面以下 20～30mm 处；当板下有梁托时，留置在梁托下部；

③ 单向板：留置在平行于板的短边的任何位置；

④ 有主次梁的楼板，应留置在次梁跨中 1/3 范围内；

⑤ 墙：留置在门洞口过梁跨中 1/3 范围内，也可留置在纵横墙的交接处；

⑥ 双向受力板、大体积混凝土结构、拱、穹拱、薄壳、蓄水池、斗仓、多层钢架及其他结构复杂的工程，应按设计要求留置。

2) 在施工缝处继续浇筑混凝土时，应符合下列规定：

① 已浇筑的混凝土，其抗压强度应≥1.2N/mm²；

② 在已硬化的混凝土表面上，应清除水泥薄膜和松动石子以及软弱混凝土层，并加以充分湿润和冲洗干净，且不得积水；

③ 在浇筑混凝土前，宜先在施工缝处刷一层水泥浆（可掺加适量界面剂）或铺一层与混凝土内成分相同的水泥砂浆；

④ 混凝土应细致捣实，使新旧混凝土紧密结合。

(7) 后浇带的设置和处理

后浇带是为了克服现浇钢筋混凝土结构施工过程中，由于温度、收缩等而可能产生有害裂缝而设置的临时施工缝。后浇带通常根据设计要求留设，并保留一段时间（若设计无要求，则至少保留 28d）后再浇筑，将结构连成整体。

填充后浇带可采用微膨胀混凝土，其强度等级比原结构强度等级提高一级，并保持至少 14d 的湿润养护。后浇带接缝处按施工缝的要求处理。

（8）混凝土的养护

1）混凝土的养护方法有自然养护和加热养护两大类。现场施工一般采用自然养护。自然养护又可分为覆盖浇水养护、塑料薄膜布养护和养生液养护等。

2）对已浇筑完毕的混凝土，应在混凝土终凝前（通常为混凝土浇筑完毕后 8～12h 内），开始进行自然养护。

3）混凝土采用覆盖浇水养护的时间：采用硅酸盐水泥、普通硅酸盐水泥或矿渣硅酸盐水泥拌制的混凝土≥7d；利用火山灰质硅酸盐水泥、粉煤灰硅酸盐水泥拌制的混凝土≥14d；掺加缓凝型外加剂、矿物掺合料或有抗渗性要求的混凝土≥14d。浇水次数应能保持混凝土处于润湿状态，混凝土的养护用水应与拌制用水相同。

4）当采用塑料薄膜布养护时，其外表面应全部覆盖包裹严密，并应保持塑料薄膜布内有凝结水。

5）当采用养生液养护时，应按产品使用要求，均匀喷刷在混凝土外表面，不得漏喷刷。

6）在已浇筑的混凝土强度达到 $1.2N/mm^2$ 以前，不得在其上踩踏或安装模板及支架等。

（9）冬期施工

1）冬期施工混凝土搅拌时间应比常温搅拌时间延长 30～60s。混凝土拌合物的出机温度宜≥10℃，入模温度应≥5℃（低于 0℃混合料中部分水开始结冰，低于 5℃水泥停止水化热反应，混凝土强度不发展）；对于预拌混凝土或需远距离输送的混凝土，混凝土拌合物的出机温度可根据运输和输送距离经热工计算确定，但宜≥15℃。大体积混凝土的入模温度可根据实际情况适当降低。

2）混凝土运输、输送机具及泵管应采取保温措施。当采用泵送工艺浇筑时，应采用水泥浆或水泥砂浆对泵和泵管进行润滑、预热。

3）混凝土分层浇筑时，分层厚度应≥400mm。在被上一层混凝土覆盖前，已浇筑层的温度应满足热工计算要求，且不得低于 2℃。

4）冬期浇筑的混凝土，其受冻临界强度（受冻前必须达到的最低强度）应符合下列规定：

① 当采用蓄热法、暖棚法、加热法施工时，采用硅酸盐水泥、普通硅酸盐水泥配制的混凝土受冻临界强度应≥设计混凝土强度等级值的 30%；采用矿渣硅酸盐水泥、粉煤灰硅酸盐水泥、火山灰质硅酸盐水泥、复合硅酸盐水泥配制的混凝土受冻临界强度应≥设计混凝土强度等级值的 40%；

② 当室外最低气温≥-15℃时，采用综合蓄热法、负温养护法施工的混凝土受冻临界强度应≥4.0MPa；当室外最低气温≥-30℃时，采用负温养护法施工的混凝土受冻临界强度应≥5.0MPa；

③ 强度等级≥C50 的混凝土受冻临界强度宜≥设计混凝土强度等级值的 30%；

④ 对于有抗冻耐久性要求的混凝土，受冻临界强度宜≥设计混凝土强度等级值的 70%。

5）模板和保温层应在混凝土达到要求强度，且混凝土表面温度冷却到 5℃后再拆除。

对于墙、板等薄壁结构构件，宜延长模板拆除时间。当混凝土表面温度与环境温度之差＞20℃时，拆模后的混凝土表面应立即进行保温覆盖。混凝土强度未达到受冻临界强度和设计要求时，应继续进行养护。工程越冬期间，应编制越冬维护方案并进行保温维护。

6）冬期施工混凝土强度试件的留置除应符合现行国家标准《混凝土结构工程施工质量验收规范》GB 50204—2015 的有关规定外，尚应增设与结构同条件养护试件，养护试件应≥2 组。同条件养护试件应在解冻后进行试验。

（10）高温施工

1）高温施工混凝土配合比设计应考虑原材料温度、环境温度、混凝土运输方式与时间对混凝土初凝时间、坍落度损失等性能指标的影响，根据环境温度、湿度、风力和采取温控措施的实际情况，对混凝土配合比进行调整。高温施工混凝土宜采用低水泥用量的原则，并可采用粉煤灰取代部分水泥。宜选用水化热较低的水泥；混凝土坍落度宜≥70mm。

2）混凝土宜采用白色涂装的混凝土搅拌运输车运输；对混凝土输送管应进行遮阳覆盖，并应洒水降温。混凝土浇筑入模温度应≤35℃。

3）混凝土浇筑前，施工作业面宜采取遮阳措施，并应对模板、钢筋和施工机具采用洒水等降温措施，但浇筑时模板内不得有积水。混凝土浇筑完成后，应及时进行保湿养护。侧模拆除前宜采用带模湿润养护。

（11）雨期施工

1）雨期施工期间，对水泥和掺合料应采取防水和防潮措施，并应对粗、细骨料含水率进行实时监测，及时调整混凝土配合比。

2）雨期施工期间，对混凝土搅拌、运输设备和浇筑作业面应采取防雨措施，并应加强施工机械检查维修及接地接零检测工作。

3）除采取防护措施外，小雨、中雨天气不宜进行混凝土露天浇筑，且不应开始大面积作业面的混凝土露天浇筑；大雨、暴雨天气不应进行混凝土露天浇筑。

4）雨后应检查地基面的沉降，并应对模板及支架进行检查。

5）混凝土浇筑过程中，对因雨水冲刷致使水泥浆流失严重的部位，应采取补救措施后再继续施工。

6）在雨天进行钢筋焊接时，应采取挡雨等安全措施。

7）混凝土浇筑完毕后，应及时采取覆盖塑料薄膜等防雨措施。

8）台风来临前，应对尚未浇筑混凝土的模板及支架采取临时加固措施；台风结束后，应检查模板及支架，已验收合格的模板及支架应重新办理验收手续。

（二）砌体结构施工技术

1. 砌筑砂浆

（1）原材料要求

1）水泥：水泥进场使用前应有出厂合格证和复试合格报告。水泥的强度等级应根据砂浆品种及强度等级要求进行选择，M15 及以下强度等级的砌筑砂浆宜选用 32.5 级通用硅酸盐水泥或砌筑水泥；M15 以上强度等级的砌筑砂浆宜选用 42.5 级普通硅酸盐水泥。

2）砂：宜采用中砂，其中毛石砌体宜采用粗砂。砂浆用砂不得含有有害杂物。砂浆的含泥量应满足规范要求。

3）石灰膏：生石灰熟化成石灰 14d 时，用孔径≤3mm×3mm 的网过筛，熟化时间

≥7d；磨细生石灰粉的熟化时间不小于2d。配制水泥石灰砂浆时，不得采用脱水硬化的石灰膏。消石灰粉不得直接用于砌筑砂浆中。

4）黏土膏：采用黏土或粉质黏土制备黏土膏时，宜用搅拌机加水搅拌，通过孔径≤3mm×3mm的网过筛。用比色法鉴定黏土中的有机物含量时应浅于标准色。

5）电石膏：制作电石膏的电石渣应用孔径≤3mm×3mm的网过筛，检验时应加热至70℃并保持20min，没有乙炔气味后，方可使用。

6）粉煤灰：应采用Ⅰ、Ⅱ、Ⅲ级粉煤灰。

7）水：宜采用自来水，水质应符合现行行业标准《混凝土用水标准》JGJ 63—2006的规定。

8）外加剂：均应经检验和试配符合要求后，方可使用。有机塑化剂应有砌体强度的型式检验报告。

（2）砂浆配合比

1）砌筑砂浆配合比应通过有资质的试验室，根据现场实际情况进行计算和试配确定，并同时满足稠度、保水率、分层度和抗压强度的要求。

2）砌筑砂浆的稠度（流动性）宜按表3-8选用。

砌筑砂浆的稠度（流动性）　　　　　　　　　　　表3-8

序号	砌体种类	砂浆稠度（mm）
1	烧结普通砖砌体，蒸压粉煤灰砖砌体	70～90
2	混凝土实心砖、混凝土多孔砖砌体，普通混凝土小型空心砌块砌体，蒸压灰砂砖砌体	50～70
3	烧结多孔砖、空心砖砌体，轻骨料混凝土小型空心砖砌体，蒸压加气混凝土砌块砌体	60～80
4	石砌体	30～50

当砌筑材料为粗糙多孔且吸水量较大的块料或在干热条件下砌筑时，应选用较大稠度值的砂浆；反之，应选用较小稠度值的砂浆。

① 砌筑砂浆的分层度应≤30mm，确保砂浆具有良好的保水性。

② 施工中不应采用强度等级<M5的水泥砂浆替代同强度等级的水泥混合砂浆，如需替代，应将水泥砂浆提高一个强度等级。

（3）砂浆的拌制及使用

1）现场拌制砂浆时，各组分材料应采用重量计量。

2）砂浆应采用机械搅拌，搅拌时间自投料完算起，应为：

① 水泥砂浆和水泥混合砂浆≥2min；

② 水泥粉煤灰砂浆和掺加外加剂的砂浆≥3min；

③ 干混砂浆及加气混凝土砌块专用砂浆宜按掺加外加剂的砂浆确定搅拌时间或按产品说明书采用。

3）砂浆应随拌随用，水泥砂浆和水泥混合砂浆应分别在拌成后3h内使用完毕；当施工期间最高气温超过30℃时，应分别在拌成后2h内使用完毕。预拌砂浆及加气混凝土砌块专用砂浆的使用时间应按照厂家提供的说明书确定。

（4）砂浆强度

由边长为7.07cm的正方体试件，经过28d标准养护，测得一组三块的抗压强度值来评定。

砂浆试块应在搅拌机出料口随机取样、制作，同盘砂浆只应制作一组试块。

每一检验批且不超过 250m³ 砌体的各种类型及强度等级的砌筑砂浆，每台搅拌机应至少抽验一次。

2. 砖砌体工程

（1）砌筑用砖

1）常用砌筑用砖有烧结普通砖、煤渣砖、烧结多孔砖、烧结空心砖、蒸压灰砂砖等种类。烧结普通砖按主要原料分为黏土砖、页岩砖、煤矸石砖和粉煤灰砖。

2）烧结普通砖根据尺寸偏差、外观质量、泛霜和石灰爆裂分为优等品、一等品、合格品三个质量等级。优等品适用于清水墙，一等品、合格品可用于混水墙。

3）烧结普通砖的外形为直角六面体，其公称尺寸为：长 240mm、宽 115mm、高 53mm。

（2）烧结普通砖砌体

1）砌筑烧结普通砖、烧结多孔砖、蒸压灰砂砖、蒸压粉煤灰砖砌体时，应提前 1～2d 适度湿润，严禁采用干砖或处于吸水饱和状态的砖砌筑，块体湿润程度应符合下列规定：

① 烧结类块体的相对含水率为 60%～70%；

② 混凝土多孔砖及混凝土实心砖不需浇水湿润，但在气候干燥炎热的情况下，宜在砌筑前对其喷水湿润。其他非烧结类块体的相对含水率为 40%～50%。

2）砌筑方法有"三一"砌筑法、挤浆法（铺浆法）、刮浆法和满口灰法四种。通常宜采用"三一"砌筑法，即一铲灰、一块砖、一揉压的砌筑方法。当采用铺浆法砌筑时，铺浆长度应≤750mm，施工期间气温超过 30℃时，铺浆长度应≤500mm。

3）设置皮数杆：在砖砌体转角处、交接处应设置皮数杆，皮数杆上标明砖皮数、灰缝厚度以及竖向构造的变化部位。皮数杆间距应≤15m。在相对两皮数杆上砖上边线处拉水准线。

4）砖墙砌筑形式：根据砖墙厚度不同，可采用全顺、两平一侧、全丁、一顺一丁、梅花丁或三顺一丁等形式。通常情况下宜采用一顺一丁、梅花丁或三顺一丁方式组砌。

5）一砖厚承重墙的每层墙的最上一皮砖、砖墙阶台水平面上及挑出层，应整砖丁砌。砖墙挑出层每次挑出宽度应≤60mm。

6）砖墙灰缝宽度宜为 10mm，允许误差应≤±2mm。

7）砖墙的水平灰缝砂浆饱满度应≥80%；垂直灰缝宜采用挤浆或加浆方法，不得出现透明缝、瞎缝和假缝。不得用水冲浆灌缝。

8）在砖墙上留置临时施工洞口时，洞口侧边距交接处墙面应≥500mm，洞口净宽应≤1m。抗震设防烈度为 9 度以上地区的建筑物的施工洞口位置，应会同设计单位确定。临时施工洞口应做好补砌。

9）不得在下列墙体或部位设置脚手眼：

① 120mm 厚墙、清水墙、料石墙、独立柱和附墙柱；

② 过梁上与过梁成 60°的三角形范围及过梁净跨度 1/2 的高度范围内；

③ 宽度＜1m 的窗间墙；

④ 门窗洞口两侧石砌体 300mm、其他砌体 200mm 范围内，转角处石砌体 600mm、

其他砌体 450mm 范围内；

⑤ 梁或梁垫下及其左右 500mm 范围内；

⑥ 设计不允许设置脚手眼的部位；

⑦ 轻质墙体；

⑧ 夹心复合墙外叶墙。

10）脚手眼补砌时，应清除脚手眼内掉落的砂浆、灰尘；脚手眼处砖及填塞用砖应湿润，并应填实砂浆，不得用干砖填塞。

11）砖墙的转角处和交接处应同时砌筑，严禁无可靠措施的内外墙分砌施工。在抗震设防烈度为 8 度及以上地区，对不能同时砌筑而又必须留置的临时间断处应砌成斜槎，普通砖砌体的斜槎水平投影长度应≥高度的 2/3，多孔砖砌体的斜槎长高比应≥1/2。斜槎高度≤一步脚手架的高度。

12）非抗震设防地区及抗震设防烈度为 6 度、7 度地区的临时间断处，当不能留斜槎时，除转角处外，可留直槎，但直槎必须做成凸槎。留直槎处应加设拉结钢筋，拉结钢筋的数量为墙厚每增加 120mm 应多放置 1φ6 拉结钢筋（120mm 厚墙放置 2φ6 拉结钢筋），间距沿墙高应≤500mm，且竖向间距偏差应≤100mm；埋入长度从留槎处算起每边均应≥500mm，抗震设防烈度 6 度、7 度地区应≥1000mm；末端应有 90°弯钩。

13）设有钢筋混凝土构造柱的抗震多层砖房，应先绑扎钢筋，而后砌砖墙，最后浇筑混凝土。墙与柱应沿高度方向每 500mm 设 2φ6 钢筋（一砖墙），每边伸入墙内应≥1m；构造柱应与圈梁连接；砖墙应砌成马牙槎，每一马牙槎沿高度方向的尺寸不超过 300mm，马牙槎从每层柱脚开始，应先退后进。该层构造柱混凝土浇筑完之后，才能进行上一层的施工。

14）砖墙工作段的分段位置，宜设在变形缝、构造柱或门窗洞口处；相邻工作段的砌筑高度≤一个楼层高度，也宜≤4m。

15）正常施工条件下，砖砌体每日砌筑高度宜控制在 1.5m 或一步脚手架高度内。尚未施工楼板或屋面的墙或柱，当可能遇到大风时，其允许自由高度不得超过规范规定，否则，必须采取临时支撑等有效措施。

（3）砖柱

1）砖柱应选用整砖砌筑。砖柱断面宜为方形或矩形。

2）砖柱砌筑应保证砖柱外表面上下皮垂直灰缝相互错开 1/4 砖长，砖柱不得采用包心砌法。

（4）砖垛

砖垛应与所附砖墙同时砌筑。砖垛应隔皮与砖墙搭砌，搭砌长度应≥1/4 砖长。砖垛外表面上下皮垂直灰缝应相互错开 1/2 砖长。

（5）多孔砖

多孔砖的孔洞应垂直于受压面砌筑。

（6）空心砖墙

空心砖墙砌筑时，空心砖孔洞应沿墙呈水平方向，上下皮垂直灰缝相互错开 1/2 砖长。空心砖墙底部宜砌 3 皮烧结普通砖。

空心砖墙与烧结普通砖墙交接处，应以烧结普通砖墙引出≥240mm 长与空心砖墙相接，并每隔 2 皮空心砖高在交接处的水平灰缝中设置 2φ6 拉结钢筋，拉结钢筋在空心砖墙中的长度≥空心砖长加 240mm。

空心砖墙的转角处及交接处应同时砌筑，不得留直槎；留斜槎时，其高度不宜大于 1.2m。

空心砖墙砌筑不得留槎，中途停歇时，应将墙顶砌平。

外墙采用空心砖时，应采取防雨水渗漏措施。

3. 混凝土小型空心砌块砌体工程

（1）混凝土小型空心砌块分为普通混凝土小型空心砌块和轻骨料混凝土小型空心砌块两种。

（2）普通混凝土小型空心砌块砌体，不需对小砌块浇水湿润；如遇天气干燥炎热，宜在砌筑前对其喷水湿润。对于轻骨料混凝土小型空心砌块，应提前浇水湿润，块体的相对含水率宜为 40%～50%。雨天及小砌块表面有浮水时，不得施工。

（3）小砌块施工时，必须与砖砌体施工一样设立皮数杆、拉水准线。

（4）小砌块墙体应孔对孔、肋对肋错缝搭砌。单排孔小砌块的搭接长度应为块体长度的 1/2；多排孔小砌块的搭接长度可适当调整，但不宜小于小砌块长度的 1/3，且不应小于 90mm。墙体的个别部位不能满足上述要求时，应在灰缝中设置拉结钢筋或钢筋网片，但竖向通缝仍不得超过两皮小砌块。

（5）小砌块砌筑应从转角或定位处开始，内外墙同时砌筑，纵横交错搭砌。外墙转角处应使小砌块隔皮露端面；T 字交接处应使横墙小砌块隔皮露端面。

（6）小砌块施工应对孔错缝搭砌，灰缝应横平竖直，宽度宜为 8～12mm。砌体水平灰缝的砂浆饱满度，按净面积计算不得低于 90%，不得出现瞎缝、透明缝等。

4. 填充墙砌体工程

（1）填充墙砌体工程通常采用烧结空心砖、蒸压加气混凝土砌块、轻骨料混凝土小型空心砌块等。

（2）砌筑填充墙时，轻骨料混凝土小型空心砌块和蒸压加气混凝土砌块的产品龄期应≥28d，蒸压加气混凝土砌块的含水率宜＜30%。

（3）烧结空心砖、蒸压加气混凝土砌块、轻骨料混凝土小型空心砌块等在运输、装卸过程中，严禁抛掷和倾倒。进场后应按品种、规格堆放整齐，堆置高度宜≤2m。蒸压加气混凝土砌块在运输及堆放中应防止雨淋。

（4）吸水率较小的轻骨料混凝土小型空心砌块及采用薄灰砌筑法施工的蒸压加气混凝土砌块，砌筑前不应对其浇（喷）水湿润。

（5）轻骨料混凝土小型空心砌块墙或蒸压加气混凝土砌块墙如无切实有效措施，不得用于下列部位：

1）建筑物防潮层以下部位。

2）长期浸水或化学侵蚀环境。

3）长期处于有振动源的环境。

4）砌块表面经常处于 80℃以上的高温环境。

（6）在厨房、卫生间、浴室等处采用轻骨料混凝土小型空心砌块、蒸压加气混凝土砌块砌筑墙体时，墙底部宜现浇混凝土坎台，其高度宜为 200mm。

（7）填充墙拉结筋处的下皮小砌块宜采用盲孔小砌块或用混凝土灌实孔洞的小砌块。

薄灰砌筑法施工的蒸压加气混凝土砌块砌体，拉结筋应放置在砌块上表面设置的沟槽内。

（8）蒸压加气混凝土砌块、轻骨料混凝土小型空心砌块不应与其他块体混砌，不同强度等级的同类块体也不得混砌。

（9）蒸压加气混凝土砌块墙上不得留设脚手眼。每一楼层内的砌块墙应连续砌完，不留接槎。如必须留槎时，应留斜槎。

（10）砌筑填充墙时应错缝搭砌，蒸压加气混凝土砌块搭砌长度应≥砌块长度的1/3。轻骨料混凝土小型空心砌块搭砌长度应≥90mm。竖向通缝应≤2皮砌块。

（三）钢结构施工技术

1. 钢结构材料

（1）钢结构工程中，常用钢材有普通碳素钢、优质碳素结构钢、普通低合金钢三种。

（2）钢材的品种、规格、性能等应符合现行国家产品标准和设计要求。进口钢材产品的质量应符合设计和合同规定标准的要求。

（3）钢材进场正式入库前必须严格执行检验制度，经检验合格的钢材方可办理入库手续。

（4）钢材的堆放要便于搬运，要尽量减少钢材的变形和锈蚀，钢材端部应树立标牌，标牌应标明钢材的规格、钢号、数量和材质验收证明书。

2. 钢结构构件的制作加工

（1）准备工作

钢结构构件加工前，应先进行详图设计、审查图纸、提料、备料、工艺试验和工艺规程的编制（工艺过程卡）、技术交底等工作。

（2）钢结构构件生产的工艺流程和加工

1）放样：包括核对图纸的安装尺寸和孔距，以1:1大样放出节点，核对各部分的尺寸，制作样板和样杆作为下料、弯制、铣、刨、制孔等加工的依据。

2）号料：包括检查核对材料，在材料上画出切割、铣、刨、制孔等加工位置，打冲孔，标出零件编号等。号料应注意以下问题：

① 根据配料表和样板进行套裁，尽可能节约材料。

② 应有利于切割和保证零件质量。

③ 当工艺有规定时，应按规定取料。

3）切割下料：包括氧割（气割）、等离子切割等高温热源的方法及使用机切、冲模落料和锯切等机械力的方法。

4）平直矫正：包括型钢矫正机的机械矫正和火焰矫正等。

5）边缘及端部加工：方法有铲边、刨边、铣边、碳弧气刨、半自动和自动气割机、坡口机加工等。

6）滚圆：可选用对称三轴滚圆机、不对称三轴滚圆机和四轴滚圆机等机械进行加工。

7）煨弯：根据不同规格材料可选用型钢滚圆机、弯管机、折弯压力机等机械进行加工。当采用热加工成型时，一定要控制好温度，满足规定要求。

8）制孔：包括铆钉孔、普通连接螺栓孔、高强度螺栓孔、地脚螺栓孔等。制孔通常采用钻孔的方法，有时在较薄的不重要的节点板、垫板、加强板等上制孔时也可采用冲孔的方法。钻孔通常在钻床上进行，不便用钻床时，可用电钻、风钻和磁座钻加工。

9）钢结构组装：采用地样法、仿形复制装配法、专用设备装配法、胎模装配法等。

10）焊接：是钢结构加工制作中的关键步骤，要选择合理的焊接工艺和方法，严格按要求操作。

11）摩擦面的处理：可采用喷砂、喷丸、酸洗、打磨等方法，严格按设计要求和有关规定进行施工。

12）涂装：严格按设计要求和有关规定进行施工。

3. 钢结构构件的连接

钢结构构件的连接方法有焊接、普通螺栓连接、高强度螺栓连接和铆接，具体如下：

（1）焊接

1）建筑工程中钢结构常用的焊接方法：按焊接的自动化程度一般分为手工焊接、半自动焊接和全自动焊接三种，具体如图 3-3 所示。

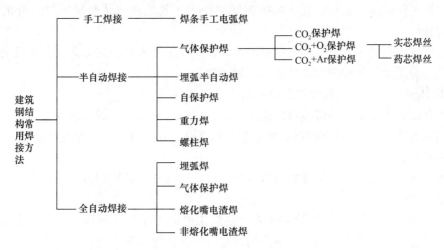

图 3-3　建筑工程中钢结构常用的焊接方法分类

2）钢材的可焊性：是指在适当的设计和工作条件下，材料易于焊接和满足结构性能的程度。可焊性常常受钢材的化学成分、轧制方法和板厚等因素影响。为了评价化学成分对可焊性的影响，一般用碳当量（C_{eq}）表示，C_{eq} 越小，钢材的淬硬倾向越小，可焊性就越好；反之，C_{eq} 越大，钢材的淬硬倾向越大，可焊性就越差。

3）根据焊接接头的连接部位，可将熔化焊接头分为对接接头、角接接头、T 形及十字接头、搭接接头和塞焊接头等。

4）焊工应经考试合格并取得资格证书，在认可范围内进行焊接作业，严禁无证上岗。

5）施工单位首次采用的钢材、焊接材料、焊接方法、接头形式、焊接位置、焊后热处理等各种参数及参数的组合，应在钢结构制作及安装前进行焊接工艺评定试验。

6）根据设计要求、接头形式、钢材牌号和等级等合理选择、使用和保管好焊接材料及焊剂、焊接气体。

7）对于全熔透焊接接头中的 T 形接头、十字形接头、角接接头，全焊透结构应特别注意 Z 向撕裂问题，尤其在板厚较大的情况下，为了防止 Z 向层状撕裂，必须对接头处的焊缝进行补强角焊，补强焊脚尺寸一般应＞$t/4$（t 为较厚板的板厚）且＜10mm。当其翼缘板厚度≥40mm 时，设计宜采用抗层状撕裂的钢板，钢板厚度方向的性能级别应根据工程的结构类型、节点形式及板厚和受力状态等具体情况选择。

8）焊缝缺陷通常分为六类：裂纹、孔穴、固体夹杂、未熔合、未焊透、形状缺陷和上述以外的其他缺陷。其主要产生原因和处理方法为：

① 裂纹：通常有热裂纹和冷裂纹之分。

产生热裂纹的主要原因是母材抗裂性能差、焊接材料质量不好、焊接工艺参数选择不当、焊接内应力过大等。

产生冷裂纹的主要原因是焊接结构设计不合理、焊缝布置不当、焊接工艺措施不合理，如焊前未预热、焊后冷却快等。

处理办法是在裂纹两端钻止裂孔或铲除裂纹处的焊缝金属，进行补焊。

② 孔穴：通常分为气孔和弧坑缩孔两种。

产生气孔的主要原因是焊条药皮损坏严重、焊条和焊剂未烘烤、母材有油污或锈和氧化物、焊接电流过小、弧长过长、焊接速度太快等。其处理方法是铲去气孔处的焊缝金属，然后补焊。

产生弧坑缩孔的主要原因是焊接电流太大、焊接速度太快、熄弧太快、未反复向熄弧处补充填充金属等。其处理方法是在弧坑处补焊。

③ 固体夹杂：有夹渣和夹钨两种缺陷。

产生夹渣的主要原因是焊接材料质量不好、焊接电流太小、焊接速度太快、熔渣密度太大、阻碍熔渣上浮、多层焊时熔渣未清除干净等。其处理方法是铲除夹渣处的焊缝金属，然后补焊。

产生夹钨的主要原因是氩弧焊时钨极与熔池金属接触。其处理方法是挖去夹钨处缺陷金属，重新补焊。

④ 未熔合、未焊透：产生的主要原因是焊接电流太小、焊接速度太快、坡口角度间隙太小、操作技术不佳等。对于未熔合的处理方法是铲除未熔合处的焊缝金属后补焊。对于未焊透的处理方法是对开敞性好的结构的单面未焊透，可在焊缝背面直接补焊；对于不能直接补焊的重要焊件，应铲去未焊透的焊缝金属，重新焊接。

⑤ 形状缺陷：包括咬边、焊瘤、下塌、根部收缩、错边、角度偏差、焊缝超高、表面不规则等。

产生咬边的主要原因是焊接工艺参数选择不当，如电流过大、电弧过长等；操作技术不正确，如焊枪角度不对、运条不当等；焊条药皮端部的电弧偏吹；焊接零件的位置安放不当等。其处理方法是轻微的、浅的咬边可用机械方法修锉，使其平滑过渡；严重的、深的咬边应进行补焊。

产生焊瘤的主要原因是焊接工艺参数选择不正确、操作技术不佳、焊件位置安放不当等。其处理方法是用铲、锉、磨等手工或机械方法除去多余的堆积金属。

⑥ 其他缺陷：主要有电弧擦伤、飞溅、表面撕裂等。

（2）螺栓连接

钢结构中使用的连接螺栓一般分为普通螺栓和高强度螺栓两种。

1）普通螺栓

① 常用的普通螺栓有六角螺栓、双头螺栓和地脚螺栓等。

② 制孔可采用钻孔、冲孔、铣孔、铰孔、镗孔和锪孔等方法，对于直径较大的孔或

长形孔也可采用气割制孔。严禁气割扩孔。

钻孔、冲孔为一次制孔（其中，冲孔的板厚应≤12mm）。铣孔、铰孔、镗孔和锪孔为二次制孔，即在一次制孔的基础上进行孔的二次加工。实际加工时直径在 80mm 以上的圆孔，钻孔不能实现时可采用气割制孔；另外，对于长圆孔或异形孔一般可采用先行钻孔然后再气割制孔的方法。

③ 普通螺栓作为永久性连接螺栓时，应符合下列要求：

a. 螺栓头和螺母（包括螺栓）应与结构件的表面及垫圈密贴。

b. 螺栓头和螺母下面应放置平垫圈，以增大承压面。

c. 每个螺栓头侧放置的垫圈不应多于 2 个，螺母侧垫圈不应多于 1 个，并不得采用大螺母代替垫圈。螺栓拧紧后，外露丝扣应≥2 扣。

d. 对于设计有防松动要求的螺栓应采用有防松动装置的螺栓（即双螺母）或弹簧垫圈，或用人工方法采取防松动措施（如将螺栓外露丝扣打毛或将螺母与外露螺栓点焊等）。

e. 对于动荷载或重要部位的螺栓连接应按设计要求放置弹簧垫圈，弹簧垫圈必须设置在螺母一侧。

f. 对于工字钢和槽钢翼缘之类上倾斜面的螺栓连接，则应放置斜垫圈垫平，使螺母和螺栓的头部支承面垂直于螺杆。

g. 螺栓等级、规格、长度、材质等应符合设计要求。

④ 普通螺栓常用的连接形式有平接连接、搭接连接和 T 形连接。螺栓排列主要有并列和交错排列两种形式。

⑤ 普通螺栓的紧固：螺栓的紧固应从中间开始，对称向两边进行。螺栓的紧固程度以操作者的手感及连接接头的外形控制为准，对于大型接头应采用复拧，即两次紧固方法，保证接头内各个螺栓能均匀受力。

⑥ 永久性普通螺栓的紧固质量，可采用锤击法检查，即用 0.3kg 小锤，一手扶螺栓头（螺母），另一手用锤敲，要求螺栓头（螺母）不偏移、不颤动、不松动，锤声比较干脆；否则，说明螺栓紧固质量不好，需重新紧固。

2）高强度螺栓

① 高强度螺栓的连接形式有摩擦连接、张拉连接和承压连接等，其中摩擦连接是目前广泛采用的基本连接形式。

② 高强度螺栓连接处的摩擦面的处理方法通常有喷砂（丸）法、酸洗法、砂轮打磨法和钢丝刷人工除锈法等。可根据设计抗滑移系数的要求选择处理工艺，抗滑移系数必须满足设计要求。

③ 经表面处理后的高强度螺栓连接处的摩擦面应符合以下规定：

a. 摩擦面保持干燥、清洁，不应有飞边、毛刺、焊接飞溅物、焊疤、氧化铁皮、污垢等；

b. 经处理后的摩擦面应采取保护措施，不得在摩擦面上作标记；

c. 若摩擦面采用生锈处理方法时，安装前应以细钢丝刷垂直于构件受力方向刷除摩擦面上的浮锈。

④ 高强度大六角头螺栓连接副由一个螺栓、一个螺母和两个垫圈组成，扭剪型高强度螺栓连接副由一个螺栓、一个螺母和一个垫圈组成。

⑤ 安装环境气温宜≥-10℃。当摩擦面潮湿或暴露于雨雪中时，应停止作业。

⑥ 高强度螺栓安装时应先使用安装螺栓和冲钉。安装螺栓和冲钉的数量要保证能承受构件的自重和连接校正时外力的作用，规定每个节点安装的最少个数是为了防止连接后构件位置偏移，同时限制冲钉用量。高强度螺栓不得兼作安装螺栓。

⑦ 高强度螺栓现场安装时应能自由穿入螺栓孔，不得强行穿入。若螺栓不能自由穿入螺栓孔，则可采用铰刀或锉刀修整螺栓孔，不得采用气割扩孔，扩孔数量应征得设计同意，修整后或扩孔后的孔径应≤1.2倍螺栓直径。

⑧ 高强度螺栓超拧应更换，并废弃换下来的螺栓，不得重复使用。严禁用火焰或电焊切割高强度螺栓梅花头。

⑨ 高强度螺栓长度应以螺栓连接副终拧后外露2~3扣为标准计算，应在构件安装精度调整后进行拧紧。扭剪型高强度螺栓终拧检查，以目测尾部梅花头拧断为合格。

⑩ 高强度大六角头螺栓连接副施拧可采用扭矩法或转角法。同一接头中，高强度螺栓连接副的初拧、复拧、终拧应在24h内完成。高强度螺栓连接副的初拧、复拧和终拧原则上应以接头刚度较大的部位向约束较小的方向、螺栓群中央向四周的顺序进行。

⑪ 高强度螺栓和焊接并用的连接节点，当设计文件无规定时，宜按先螺栓紧固后焊接的顺序进行。

4. 钢结构涂装

钢结构涂装通常分为防腐涂料（油漆类）涂装和防火涂料涂装两类。通常情况下，先进行防腐涂料涂装，再进行防火涂料涂装。所用防火底漆、封闭漆、中间漆、面漆成分性能应与防火涂料相容，不应与防火涂料产生化学反应。

（1）防腐涂料涂装

1）施工流程：基面处理→底漆涂装→中间漆涂装→面漆涂装→检查验收。

2）防腐涂装施工前，钢材应按相关规范和设计文件的要求进行表面处理。当设计文件未提出要求时，可根据涂料产品对钢材表面的要求，进行适当的处理。

3）钢构件采用涂料防腐涂装时，可采用机械除锈和手工除锈方法进行处理。经处理的钢材表面不应有焊渣、焊疤、灰尘、油污、水和毛刺等；对于镀锌构件，酸洗除锈后，钢材表面应露出金属色泽，无污渍、锈迹和残留酸液。油漆防腐涂装可采用涂刷法、手工滚涂法、空气喷涂法和高压无气喷涂法。

4）钢结构防腐涂装施工宜在钢构件组装完成和预拼装工程检验批的施工质量验收合格后进行。涂装完毕后，宜在构件上标注构件编号；大型构件应标明重量、重心位置和定位标记。

（2）防火涂料涂装

1）防火涂料按涂层厚度可分为CB、B、H三类。

① CB类：超薄型钢结构防火涂料，涂层厚度≤3mm；

② B类：薄型钢结构防火涂料，涂层厚度>3mm且≤7mm；

③ H类：厚型钢结构防火涂料，涂层厚度>7mm且≤45mm。

2）防火涂料按使用场所可分为室内钢结构防火涂料和室外钢结构防火涂料，分别以汉语拼音首字母作为代号，N和W分别代表室内和室外。

3）主要施工流程：基层处理→调配涂料→涂装施工→检查验收。

4）涂装施工常用方法：通常采用喷涂法施涂，对于薄型钢结构防火涂料的面装饰涂装也可采用刷涂或滚涂等方法施涂。

5）涂料种类、涂装层数和涂层厚度等应根据防火设计要求确定。施涂时，在每层涂层基本干燥或固化后，方可继续喷涂下一层涂料，通常每天喷涂一层。

6）厚型形钢结构防火涂料，在下列情况之一时，宜在涂层内设置与钢构件相连的钢丝网或采取其他相应的措施：

① 承受冲击、振动荷载的钢梁；

② 涂层厚度≥40mm 的钢梁和桁架；

③ 涂料粘结强度≤0.05MPa 的钢构件；

④ 钢铜墙和腹板高度超过 1.5m 的钢梁。

（3）防腐涂料和防火涂料的涂装

防腐涂料和防火涂料的涂装油漆工属于特殊工种。施涂时，操作者必须有特殊工种作业操作证（上岗证）。

施涂环境温度、湿度，应按产品说明书和规范规定执行，要做好施工操作面的通风，并做好防火、防毒、防爆措施。

防腐涂料和防火涂料应具有相容性。

5.单层钢结构安装

（1）安装准备工作

包括技术准备、机具准备、构件材料准备、现场基础准备和劳动力准备等。

（2）安装方法和顺序

单层钢结构安装工程施工时，对于柱子、柱间支撑和吊车梁一般采用单件流水法吊装，即一次性将柱子安装并校正后再安装柱间支撑、吊车梁等，此种方法尤其适合移动较方便的履带式起重机；当采用汽车式起重机时，考虑到移动不方便，可以以 2～3 个轴线为一个单元进行节间构件安装。

对于屋盖系统安装通常采用"节间综合法"吊装，即吊车一次安装完一个节间的全部屋盖构件后，再安装下一个节间的屋盖构件。

（3）钢柱安装

一般钢柱的刚性较好，吊装时通常采用一点起吊。常用的吊装方法有旋转法、滑行法和递送法。对于重型钢柱也可采用双机抬吊。

钢柱吊装回直后，慢慢插进地脚锚固螺栓找正平面位置。经过平面位置校正、垂直度初校，柱顶四面拉上临时缆风钢丝绳，地脚锚固螺栓临时固定后，起重机方可脱钩。再次对钢柱进行校正，可优先采用缆风绳校正；对于不便采用缆风绳校正的钢柱，可采用调撑杆或千斤顶校正。在复校的同时柱脚底板与基础间间隙垫紧垫铁，复校后拧紧锚固螺栓，并将垫铁点焊固定，然后拆除缆风绳。

（4）钢屋架安装

钢屋架侧向刚度较差，安装前需进行吊装稳定性验算，稳定性不足时应进行吊装临时加固，通常可在钢屋架上下弦处绑扎杉木杆加固。

钢屋架吊点必须选择在上弦节点处，并符合设计要求。吊装就位时，应以屋架下弦两端的定位标记和柱顶的轴线标记严格定位并临时固定。为使屋架起吊后不致发生摇摆而碰撞其他构件，起吊前宜在支座节间附近用麻绳系牢，随吊随放松，控制屋架位置。第一榀屋架吊装就位后，应在屋架上弦两侧对称设缆风绳固定；第二榀屋架就位后，每坡宜用一个屋架间调整器进行屋架垂直度校正。然后固定两端支座，并安装屋架间水平及垂直支撑、檩条及屋面板等。

如果吊装机械性能允许，屋面系统结构可采用扩大拼装后进行组合吊装，即在地面上将两榀屋架及其上的天窗架、檩条、支撑等拼装成整体后一次吊装。

6. 高层钢结构安装

（1）准备工作：包括钢构件预检和配套、定位轴线及标高和地脚螺栓的检查、钢构件现场堆放、安装机械的选择、安装流水段的划分和安装顺序的确定、劳动力的进场等。

（2）多层及高层钢结构吊装，在分片区的基础上，多采用综合吊装法，其吊装程序一般是：平面从中间或某一对称节间开始，以一个节间的柱网为一个吊装单元，按钢柱—钢梁—支撑顺序吊装，并向四周扩展；垂直方向由下至上组成稳定结构，同节钢柱范围内的横向构件通常由上向下逐层安装。采用对称安装、对称固定的工艺，有利于将安装误差积累和节点焊接变形降低到最小。

安装时，一般按吊装程序先划分吊装作业区域，按划分的区域、平等顺序同时进行。当一个片区吊装完毕后，即进行测量、校正、高强度螺栓初拧等工序，待几个片区安装完毕后，再对整体结构进行测量、校正、高强度螺栓终拧、焊接。接着，进行下一节钢柱的吊装。

（3）高层建筑的钢柱通常以 2～4 层为一节，吊装一般采用一点正吊。钢柱安装到位、对准轴线、校正垂直度、临时固定牢固后才能松开吊钩。

安装时，每节钢柱的定位轴线应从地面控制轴线直接引测，不得从下层钢柱的轴线引测。在每一节钢柱范围内的全部构件安装、焊接、栓接完成并验收合格后，才能从地面控制轴线引测上一节钢柱的定位轴线。

（4）同一节钢柱、同一跨范围内的钢梁，宜从上向下安装。钢梁安装完毕后，宜立即安装本节钢柱范围内的各层楼梯及楼面压型钢板。

（5）结构安装时，应注意日照、焊接等温度变化引起的热影响对构件伸缩和弯曲引起的变化，并应采取相应应对措施。

7. 压型钢板安装

（1）准备工作

包括压型钢板的板型确认，选定符合设计规定的材料（主要是考虑用于楼承板制作的镀锌钢板的材质、板厚、力学性能、防火能力、镀锌量、价格等经济技术要求）；绘制压型钢板排布图（标准层压型钢板排布图、非标准层压型钢板排布图、标准节点做法详图、个别节点的做法详图、压型钢板编号、材料清单等）；完成已经安装完毕的钢结构安装、焊接、接点处防腐等工程的隐蔽验收。

（2）压型钢板与上下工序间的衔接

压型钢板与其他相关联的工序应按下列工序流程进行施工：

钢结构隐蔽验收→搭设支顶架→压型钢板安装焊接→堵头板和封边板安装→压型板锁口→栓钉焊→清扫、施工批交验→设备管道安装、电器线路施工、钢筋绑扎→混凝土浇筑。

（3）施工质量控制技术要点

1）压型钢板在装、卸、安装过程中严禁用钢丝绳捆绑直接起吊，运输及堆放应有足够的支点，以防变形。

2）铺设前对弯曲变形者应矫正好。

3）钢梁顶面要保持清洁，严防潮湿及涂刷的油漆未干。

4）下料、切孔采用等离子弧切割机操作，严禁用氧气乙炔切割。大孔洞四周应补强。

5）是否需搭设临时的支顶架由施工组织设计确定，如搭设应待混凝土达到一定强度后方可拆除。

6）压型钢板按图纸放线安装、调直、压实并点焊牢靠，要求如下：

① 波纹对直，以便钢筋在波内通过；

② 与梁搭接在凹槽处，以便施焊；

③ 每个凹槽处必须焊接牢靠，每个凹槽焊接点≥1处，焊接点直径≥1cm。

7）压型钢板铺设完毕且调直固定后应及时用锁口机具进行锁口，防止由于堆放施工材料或人员通行，造成压型钢板咬口分离。

8）安装完毕后，应在钢筋安装前及时清扫施工垃圾，剪切下来的边角料应收集到地面上集中堆放。

9）加强成品保护，铺设人员通行马道以减少在压型钢板上的人员走动，严禁在压型钢板上堆放重物。

（四）预应力混凝土工程施工技术

1. 预应力混凝土的分类

按预加应力的方式可分为先张法预应力混凝土和后张法预应力混凝土。

先张法是在台座或钢模上先张拉预应力筋并用夹具临时固定，再浇筑混凝土，待混凝土达到一定强度后，放张并切断构件外预应力筋的方法。特点是：先张拉预应力筋后，再浇筑混凝土；预应力是靠预应力筋与混凝土之间的粘结力传递给混凝土，并使其产生预压应力。

后张法是先浇筑构件或结构混凝土，待混凝土达到一定强度后，在构件或结构上张拉预应力筋，然后用锚具将预应力筋固定在构件或结构上的方法。特点是：先浇筑混凝土，达到一定强度后，再在其上张拉预应力筋；预应力是靠锚具传递给混凝土，并使其产生预压应力。在后张法中，按预应力筋的粘结状态又可分为：有粘结预应力混凝土和无粘结预应力混凝土。

2. 预应力筋

按材料可分为钢丝、钢绞线、钢筋、非金属预应力筋等。金属类预应力筋下料应采用砂轮锯或切断机切断，不得采用电弧切割。

3. 预应力筋用锚具、夹具和连接器

按锚固方式不同，可分为夹片式（单孔与多孔夹片锚具）、支撑式（墩头锚具、螺母锚具等）、锥塞式（钢质锥形锚具等）和握裹式（挤压锚具、压花锚具等）四类。

4. 预应力筋用张拉设备

有液压张拉设备和电动简易张拉设备。较常用的是液压张拉设备，其由液压张拉千斤顶、电动油泵和外接油管等组成。张拉设备要按规定定期维护和校验。

液压张拉千斤顶按机型不同可分为：拉杆式、穿心式、锥锚式和台座式等类型。

张拉设备的校准期限不得超过半年，且不得超过 200 次张拉作业。

张拉设备应配套校准、配套使用。

5. 预应力筋的下料长度

预应力筋的下料长度应通过计算确定，计算时应考虑结构的孔道长度或台座长度、锚（夹）具长度、千斤顶工作长度、焊接接头或镦头预留量、弹性回缩值、冷拉伸长值、张拉伸长值和预应力筋外露长度等因素。

6. 预应力损失

根据预应力筋应力损失发生的时间可分为：瞬间损失和长期损失。张拉阶段瞬间损失包括孔道摩擦损失、锚固损失、弹性压缩损失等；张拉以后长期损失包括预应力筋应力松弛损失和混凝土收缩徐变损失等。对于先张法施工，有时还有热养护损失；对于后张法施工，有时还有锚口摩擦损失、变角张拉损失等；对于平卧重叠生产的构件，还有叠层摩阻损失等。

7. 先张法预应力施工

（1）台座在先张法生产中，承受预应力筋的全部张拉力。因此，台座应有足够的强度、刚度和稳定性。台座按构造形式可分为墩式和槽式两类。

（2）长线台座台面（或胎模）要平整，在铺设预应力筋前应涂刷非油质类模板隔离剂，隔离剂的隔离层效果要好，以减少台面的咬合力、粘结力与摩擦力。隔离剂不应沾污预应力筋，以免影响预应力筋与混凝土的粘结。

（3）在先张法中，施加预应力宜采用一端张拉工艺，张拉控制应力和程序按图纸设计要求进行。当设计无具体要求时，一般采用 $0 \rightarrow 1.03\sigma_{con}$。张拉时，根据构件情况可采用单根、多根或整体一次进行张拉。当采用单根张拉时，其张拉顺序宜由下向上、由中到边（对称）进行。

全部张拉工作完成后，应立即浇筑混凝土。超过 24h 尚未浇筑混凝土时，必须对预应力筋进行再次检查；如检查的应力值与允许之差超过误差范围时，必须重新张拉。

（4）先张法预应力筋张拉后与设计位置的偏差应≤5mm，且应≤构件界面短边边长的 4%。在浇筑混凝土前，发生断裂或滑脱的预应力筋必须予以更换。

（5）预应力筋放张时，混凝土强度应符合设计要求；当设计无要求时，应≥设计的混凝土立方体抗压强度标准值的 75%。放张时宜缓慢放松锚固装置，使各根预应力筋同时缓慢放松。

8. 后张法预应力（有粘结）施工

（1）预应力筋孔道形状有直线、曲线和折线三种类型。孔道的留设可采用预埋金属螺旋管留孔、预埋塑料波纹管留孔、抽拔钢管留孔和胶管充气抽芯留孔等方法。在留设预应力筋孔道的同时，尚应按要求合理留设灌浆孔、排气孔和泌水管。

留孔位置要准确，通常按设计位置固定在钢筋骨架、定位筋和网片筋上。

（2）按要求进行预应力筋下料、编束（单根穿孔的预应力筋不编束），并穿入孔道（简称穿束）。穿束可在混凝土浇筑之前进行，也可在混凝土浇筑之后进行。

（3）预应力筋张拉时，混凝土强度必须符合设计要求；当设计无具体要求时，应≥设计的混凝土立方体抗压强度标准值的 75%。采用消除应力钢丝或钢绞线作为预应力筋的先张法构件，尚应不低于 30MPa。放张时宜缓慢放松锚固装置，使各根预应力筋同时缓慢放松。

（4）张拉程序和方式要符合设计要求；通常预应力筋张拉有一端张拉、两端张拉、分批张拉、分阶段张拉、分段张拉和补偿张拉等方式。张拉程序通常为：普通松弛预应力筋采用 $0 \rightarrow 1.03\sigma_{con}$ 或 $0 \rightarrow 1.05\sigma_{con}$（持荷 2min）$\rightarrow \sigma_{con}$；低松弛预应力筋采用 $0 \rightarrow \sigma_{con}$ 或 $0 \rightarrow 1.01\sigma_{con}$。张拉顺序：采用对称张拉的原则。对于平卧重叠构件宜先上后下逐层进行张拉，每层对称张拉，为了减少因上下层之间摩擦引起的预应力损失，可逐层适当加大张拉力。

（5）若混凝土构件遇有孔洞、露筋、管道串通、裂缝等缺陷或构件端支承板变形、板面与管道中心不垂直等缺陷时，均应采取有效措施处理，并达到设计要求后才能进行预应力筋张拉。

（6）预应力筋的张拉以控制张拉力值（预先换算成油压表读数）为主，以预应力筋张拉伸长值作校核。对于后张法预应力结构构件，断裂或滑脱的预应力筋数量严禁超过同一截面上预应力筋总数的 3％，且每束钢丝≤1 根。

（7）预应力筋张拉完毕后应及时进行孔道灌浆。宜采用由 52.5 级硅酸盐水泥或普通硅酸盐水泥调制的水泥浆，水灰比应≤0.45，强度应≥30N/mm² （即 30MPa 或 C30）。

9. 无粘结预应力施工

无粘结预应力是近年来发展起来的新技术，其做法是在预应力筋表面涂敷防腐润滑油脂，并外包塑料护套制成无粘结预应力筋后，如同普通钢筋一样先铺设在支好的模板内，然后浇筑混凝土，待混凝土强度达到设计要求后再张拉锚固。它的特点是不需预留孔道和灌浆、施工简单等。

在无粘结预应力施工中，主要工作是无粘结预应力筋的铺设、张拉和锚固区的处理。

（1）无粘结预应力筋的铺设：一般在普通钢筋绑扎后期开始铺设无粘结预应力筋，并与普通钢筋绑扎穿插进行。无粘结预应力筋的铺设位置应严格按设计要求就位，用间距为 1～2m 的支撑钢筋或钢筋马凳控制并固定位置，用钢丝绑扎牢固，确保混凝土浇筑中无粘结预应力筋不移位。

（2）无粘结预应力筋端头承压板应严格按设计要求的位置用钉子固定在端模板上或用点焊固定在钢筋上，确保无粘结预应力曲线筋或折线筋末端的切线与承压板相垂直，并确保就位安装牢固、位置准确。

（3）无粘结预应力筋的张拉应严格按设计要求进行。通常，在预应力混凝土楼盖中的张拉顺序是先张拉楼板、后张拉楼面梁。板中的无粘结预应筋可依次张拉，梁中的无粘结预应筋可对称张拉。

当曲线无粘结预应力筋长度超过 35m 时，宜采用两端张拉；当长度超过 70m 时，宜采用分段张拉。正式张拉之前，宜用千斤顶将无粘结预应力筋先往复抽动 1～2 次后再张拉，以降低摩擦阻力。

张拉验收合格后，按设计要求及时做好封锚处理工作，确保锚固区密封，严防水汽进入、锈蚀预应力筋和锚具等。

（五）型钢混凝土结构施工技术

1. 型钢混凝土结构的特点与应用

由混凝土包裹型钢做成的结构称为型钢混凝土结构。其特征是在型钢结构的外面有一层混凝土外壳。型钢混凝土中的型钢，除采用轧制型钢外，还广泛采用焊接型钢，配合使用钢筋和钢箍。型钢混凝土可做成多种构件，能组成各种结构，可代替钢结构和钢筋混凝土结构应用于工业与民用建筑中。型钢混凝土梁和柱是最基本的构件。

型钢分为实腹式和空腹式两类。实腹式型钢可由型钢或钢板焊成，常用截面形式为I、工、[、T、十等及矩形和圆形钢管。空腹式构件的型钢由缀板或缀条连接角钢或槽钢组成。实腹式型钢制作简便，承载能力大，近年来在日本和西方国家普遍采用。空腹式型钢较节省材料，但其制作费用较多。型钢混凝土结构的混凝土强度等级宜≥C30。

型钢混凝土结构具有下述优点：

（1）型钢混凝土中型钢不受含钢率的限制，型钢混凝土构件的承载能力可以高于同样外形的钢筋混凝土构件的承载能力1倍以上，因而可以减小构件截面。对于高层建筑，构件截面减小，可以增加使用面积和层高，经济效益很大。

（2）型钢在混凝土浇筑之前已形成钢结构，具有较大的承载能力，能承受构件自重和施工荷载，可将模板悬挂在型钢上，模板不需设支撑，简化支模，加快施工速度。在高层建筑中型钢混凝土不必等待混凝土达到一定强度就可继续施工上层，可缩短工期。由于无临时立柱，为进行设备安装提供了可能。

（3）型钢混凝土结构的延性比钢筋混凝土结构明显提高，尤其是实腹式型钢，因而此种结构具有良好的抗震性能。

（4）型钢混凝土结构较钢结构在耐久性、耐火性等方面均胜一筹。最初人们把钢结构用混凝土包起来，目的是为了防火和防腐蚀，后来经过试验研究才确认混凝土外壳能与钢结构共同受力。型钢混凝土框架较钢框架可节省钢材50%或者更多。

2. 型钢混凝土结构施工

型钢混凝土结构目前在我国还是一种新结构，型钢混凝土结构是钢结构与混凝土结构的组合体，这二者的施工方法都可以应用到型钢混凝土结构中来。但由于二者同时并存，因此也有一些独到的特点，充分利用这些特点就能使施工效率提高。

（1）型钢和钢筋施工

型钢骨架施工应遵守钢结构的有关规范和规程。

安装柱的型钢骨架时，先在上下型钢骨架连接处进行临时连接，纠正垂直偏差后再进行焊接或高强度螺栓固定，然后在梁的型钢骨架安装后，要再次观测和纠正因荷载增加、焊接收缩或螺栓松紧不一而产生的垂直偏差。

施工中应确保现场型钢柱拼接和梁柱节点连接的焊接质量，其焊缝质量应满足一级焊缝质量等级要求。

对一般部位的焊缝，应进行外观质量检查，并应达到二级焊缝质量等级要求。

工字形和十字形型钢柱的腹板与翼缘、水平加劲肋与翼缘的焊接应采用坡口熔透焊缝，水平加劲肋与腹板的焊接可采用角焊缝。

箱形柱隔板与柱的焊接宜采用坡口熔透焊缝。

栓钉焊接前，应将构件焊接面的油、锈清除；焊接后栓钉高度的允许偏差应在±2mm以内，同时按有关规定抽样检查其焊接质量。

在梁柱接头处和梁的型钢翼缘下部，由于浇筑混凝土时有部分空气不易排出，或因梁的型钢翼缘过宽妨碍浇筑混凝土（见图3-4），为此要在一些部位预留排除空气的孔洞和混凝土浇筑孔（见图 3-5）。

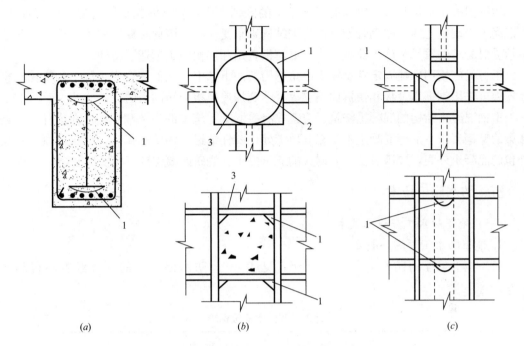

(a)　　　　　　　　　(b)　　　　　　　　　(c)

图 3-4　混凝土不易充分填满的部位
1—混凝土不易充分填满的部位；2—混凝土浇筑孔；3—柱内加劲肋板

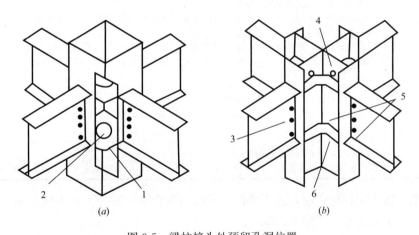

(a)　　　　　　　　　(b)

图 3-5　梁柱接头处预留孔洞位置
1—柱内加劲肋板；2—混凝土浇筑孔；3—箍筋通过孔；4—梁主筋通过孔；5—排气孔；6—柱腹板加劲肋

　　型钢混凝土结构的钢筋绑扎与钢筋混凝土结构的钢筋绑扎基本相同。由于柱的纵向钢筋不能穿过梁的翼缘，因此柱的纵向钢筋只能设在柱截面的四角或无梁的部位。

　　在梁柱节点部位，柱的箍筋要从型钢梁腹板上已留好的孔中穿过，由于整根箍筋无法穿过，只好将箍筋分段，再用电弧焊焊接。不宜将箍筋焊在梁的腹板上，因为节点处受力较复杂。

　　腹板上开孔的大小和位置不合适时，征得设计者的同意后，再用电钻补孔或用铰刀扩孔，不得用气割开孔。

（2）模板与混凝土浇筑

型钢混凝土结构与普通钢筋混凝土结构的区别在于：型钢混凝土结构中有型钢骨架，在混凝土未硬化之前，型钢骨架可作为钢结构来承受荷载。因此，施工中可利用型钢骨架来承受混凝土的重量和施工荷载，为降低模板费用和加快施工创造了条件。

可将梁底模用螺栓固定在型钢梁或角钢桁架的下弦上，从而完全省去梁下的支撑。楼盖模板可采用钢框木模板和快拆体系支撑，达到加速模板周转的目的。

型钢混凝土结构的混凝土浇筑，应遵守有关混凝土施工的规范和规程。在梁柱接头处和梁的型钢翼缘下部等混凝土不易充分填满处，要仔细进行浇筑和捣实。型钢混凝土结构外包的混凝土外壳，要满足受力和耐火的双重要求，浇筑时要保证其密实度和防止开裂。

五、防水施工技术

（一）地下防水工程施工技术

1. 地下防水工程的一般要求

（1）地下工程的防水等级分为四级，见表 3-9。防水混凝土的环境温度不得高于 80℃。

地下工程防水等级标准 表 3-9

防水等级	标　准
1 级	不允许渗水，结构表面无湿渍
2 级	不允许漏水，结构表面可有少量湿渍； 房屋建筑地下工程：总湿渍面积≤总防水面积（包括顶板、墙面、地面）的 1‰，任意 100m² 防水面积不超过 2 处，单个湿渍面积≤0.1m²； 其他地下工程：总湿渍面积≤总防水面积的 2‰，任意 100m² 防水面积不超过 3 处，单个湿渍面积≤0.2m²；其中隧道工程平均渗水量≤0.05L/(m²·d)，任意 100m² 防水面积的渗水量≤0.15L/(m²·d)
3 级	有少量漏水点，不得有线流和漏泥砂； 任意 100m² 防水面积上的漏水或湿渍点数不超过 7 处，单个漏水点的漏水量≤2.5L/d，单个湿渍面积≤0.3m²
4 级	有漏水点，不得有线流和漏泥砂 整个工程平均漏水量≤2L/(m²·d)，任意 100m² 防水面积的平均漏水量≤4L/(m²·d)

（2）地下防水工程施工前，施工单位应进行图纸会审，掌握工程主体及细部构造的防水技术要求，编制防水工程施工方案。

（3）地下防水工程必须由具备相应资质的专业防水施工队伍进行施工，主要施工人员应持有建设行政主管部门或其指定单位颁发的执业资格证书。

2. 防水混凝土施工

（1）防水混凝土可通过调整配合比，或掺加外加剂、掺合料等措施配制而成，其抗渗等级≥P6。其试配混凝土的抗渗等级应比设计要求提高 0.2MPa。

（2）用于防水混凝土的水泥宜采用硅酸盐水泥、普通硅酸盐水泥，当采用其他品种水泥时应经试验确定。宜选用坚固耐久、粒形良好的洁净石子，其最大粒径宜≤40mm。宜选用坚硬、抗风化性强、洁净的中粗砂，不宜使用海砂。用于拌制混凝土的水，应符合相关标准规定。

（3）防水混凝土胶凝材料总用量宜≥320kg/m³，在满足混凝土抗渗等级、强度等级和耐久性的条件下，水泥用量宜≥260kg/m³；砂率宜为35％～40％，泵送时可增至45％；水胶比≤0.50，有侵蚀性介质时宜≤0.45；防水混凝土宜采用预拌商品混凝土，其入泵坍落度宜控制在120～160mm，坍落度每小时损失值应≤20mm，总损失值应≤40mm；掺引气剂或引气型减水剂时，混凝土含气量应控制在3％～5％；预拌混凝土的初凝时间宜为6～8h。

（4）防水混凝土拌合物应采用机械搅拌，搅拌时间宜≥2min。

（5）防水混凝土应分层连续浇筑，分层厚度≤500mm。并应采用机械振捣，避免漏振、欠振和超振。

（6）防水混凝土应连续浇筑，宜少留施工缝。当留设施工缝时，应符合下列规定：

1）墙体水平施工缝不应留在剪力最大处或底板与侧墙的交接处，应留在高出底板表面≥300mm的墙体上。拱（板）墙结合的水平施工缝，宜留在拱（板）墙接缝线以下150～300mm处。墙体有预留孔洞时，施工缝距孔洞边缘应≥300mm。

2）垂直施工缝应避开地下水和裂隙水较多的地段，并宜与变形缝相结合。

（7）施工缝应按设计及规范要求做好防水构造。施工缝的施工应符合下列规定：

1）水平施工缝浇筑混凝土前，应将其表面的浮浆和杂物清除，然后铺设净浆或涂刷混凝土界面处理剂、水泥基渗透结晶型防水涂料等材料，再铺30～50mm厚的1∶1水泥砂浆，并应及时浇筑混凝土。

2）垂直施工缝浇筑混凝土前，应将其表面清理干净，再涂刷混凝土界面处理剂或水泥基渗透结晶型防水涂料，并应及时浇筑混凝土。

3）遇水膨胀止水条（胶）应与接缝表面密贴；选用的遇水膨胀止水条（胶）应具有缓胀性能，7d的净膨胀率宜≤最终膨胀率的60％，最终膨胀率宜＞220％。

4）采用中埋式止水带或预埋式注浆管时，应定位准确、固定牢靠。

（8）大体积防水混凝土宜选用水化热低和凝结时间长的水泥，宜掺入减水剂、缓凝剂等外加剂和粉煤灰、磨细矿渣粉等掺合料。在设计许可的情况下，掺粉煤灰混凝土设计强度等级的龄期宜为60d或90d。高温期施工时，入模温度应≤30℃。混凝土内部预埋管道，进行水冷散热。大体积防水混凝土应采取保温保湿养护，混凝土中心温度与表面温度的差值应≤25℃，表面温度与大气温度的差值应≤20℃，养护时间≥14d。

（9）地下室外墙穿墙管必须采取止水措施，单独埋设的管道可采用套管式穿墙防水。当为集中的多管时，可采用穿墙群管的防水方法。

3. 水泥砂浆防水层施工

（1）水泥砂浆的品种和配合比设计应根据防水工程要求确定。

（2）水泥砂浆防水层可用于地下工程主体结构的迎水面或背水面，不应用于受持续振动或温度高于80℃的地下工程防水。

（3）聚合物防水水泥砂浆厚度单层施工宜为6～8mm，双层施工宜为10～12mm；掺外加剂或掺合料的防水水泥砂浆厚度宜为18～20mm。

（4）水泥砂浆应使用硅酸盐水泥、普通硅酸盐水泥或特种水泥。砂宜采用中砂，含泥量应≤1％。拌制用水、聚合物乳液、外加剂等的质量要求应符合国家现行标准的有关规定。

（5）水泥砂浆防水层施工的基层表面应平整、坚实、清洁，并应充分湿润、无明水。基层表面的孔洞、缝隙，应采用与防水层相同的防水砂浆堵塞并抹平。

（6）水泥砂浆防水层应在基础垫层、初期支护、围护结构及内衬结构验收合格后施工。施工前应将预埋件、穿墙管预留凹槽内嵌填密封材料后，再施工水泥砂浆防水层。

（7）防水砂浆宜采用多层抹压法施工。应分层铺抹或喷射，铺抹时应压实、抹平，最后一层表面应提浆压光。

（8）水泥砂浆防水层各层应紧密粘合，每层宜连续施工；必须留设施工缝时，应采用阶梯坡形槎，但离阴阳角处的距离≥200mm。

（9）水泥砂浆防水层不得在雨天、5级及以上大风中施工。冬期施工时，气温应≥5℃。夏季不宜在30℃以上或烈日照射下施工。

（10）水泥砂浆防水层终凝后，应及时进行养护，养护温度宜≥5℃，并应保持砂浆表面湿润，养护时间≥14d。

（11）聚合物水泥防水砂浆拌合后应在规定时间内用完，施工中不得任意加水。聚合物水泥防水砂浆未达到硬化状态时，不得浇水养护或直接受雨水冲刷，硬化后应采用干湿交替的养护方法。潮湿环境中，可在自然条件下养护。

4. 卷材防水层施工

（1）卷材防水层宜用于经常处于地下水环境，且受侵蚀介质作用或受振动作用的地下工程。

（2）铺贴卷材严禁在雨天、雪天、5级及以上大风中施工；冷粘法、自粘法施工的环境气温宜≥5℃，热熔法、焊接法施工的环境气温宜≥-10℃。施工过程中下雨或下雪时，应做好已铺卷材的防护工作。

（3）卷材防水层应铺设在混凝土结构主体的迎水面上。用于建筑地下室时，应铺设在结构底板垫层至墙体防水设防高度的结构基面上；用于单建式的地下工程时，应从结构底板垫层铺设至顶板基面，并应在外围形成封闭的防水层。

（4）卷材防水层的基面应坚实、平整、清洁、干燥，阴阳角处应做成圆弧或45°坡角，其尺寸应根据卷材品种确定。并应涂刷基层处理剂；当基面潮湿时，应涂刷湿固化型胶粘剂或潮湿界面隔离剂。

（5）在阴阳角等特殊部位，应铺设卷材加强层，如设计无要求时，加强层宽度宜为300~500mm。

（6）结构底板垫层混凝土部位的卷材可采用空铺法或点粘法施工，侧墙采用外防外贴法的卷材及顶板部位的卷材应采用满粘法施工。铺贴立面卷材防水层时，应采取防止卷材下滑的措施。

（7）铺贴双层卷材时，上下两层和相邻两幅卷材的接缝应错开1/3~1/2幅宽，且两层卷材不得相互垂直铺贴。

（8）弹性体改性沥青防水卷材和改性沥青聚乙烯胎防水卷材采用热熔法施工应加热均匀，不得加热不足或烧穿卷材，搭接缝部位应溢出热熔的改性沥青。

（9）采用外防外贴法铺贴卷材防水层时，应符合下列规定：

1）先铺平面，后铺立面，交接处应交叉搭接。

2）临时性保护墙宜采用石灰砂浆砌筑，内表面宜做找平层。

3）从底面折向立面的卷材与永久性保护墙的接触部位，应采用空铺法施工；卷材与临时性保护墙或围护结构模板的接触部位，应将卷材临时贴附在该墙上或模板上，并应将顶端临时固定。当不设保护墙时，从底面折向立面的卷材接槎部位应采取可靠的保护措施。

4）混凝土结构完成，铺贴立面卷材时，应先将接槎部位的各层卷材揭开，并将其表面清理干净，如卷材有损伤应及时修补。卷材接槎的搭接长度应符合表 3-10 的要求；当使用两层卷材时，卷材应错槎接缝，上层卷材应盖过下层卷材。

防水卷材的搭接长度　　　　　　　　　　　　　　表 3-10

卷材品种	搭接长度（mm）
弹性体改性沥青防水卷材	100
改性沥青聚乙烯胎防水卷材	100
自粘聚合物改性沥青防水卷材	80
三元乙丙橡胶防水卷材	100/60（胶粘剂/胶粘带）
聚氯乙烯防水卷材	60/80（单面焊/双面焊）
	100（胶粘剂）
聚乙烯丙纶复合防水卷材	100（粘结料）
高分子自粘胶膜防水卷材	70/80（自粘胶/胶粘带）

（10）采用外防内贴法铺贴卷材防水层时，应符合下列规定：

1）混凝土结构的保护墙内表面应抹厚度为 20mm 的 1：3 水泥砂浆找平层，然后铺贴卷材。

2）卷材宜先铺立面，后铺平面；铺贴立面时，应先铺转角，后铺大面。

（11）卷材防水层经检查合格后，应及时做保护层。顶板卷材防水层上的细石混凝土保护层采用人工回填土时厚度宜≥50mm，采用机械碾压回填土时厚度宜≥70mm，防水层与保护层之间宜设置隔离层。底板卷材防水层上的细石混凝土保护层厚度应≥50mm。侧墙卷材防水层宜采用软质保护材料或铺抹 20mm 厚的 1：2.5 水泥砂浆层。

5. 涂料防水层施工

（1）无机防水涂料宜用于结构主体的背水面，有机防水涂料可用于结构主体的迎水面。用于背水面的有机防水涂料应具有较高的抗渗性，且与基层有较强的粘结性。

（2）涂料防水层严禁在雨天、雾天、5 级及以上大风时施工，不得在施工环境温度低于 5℃及高于 35℃或烈日暴晒时施工。涂膜固化前如有降雨可能时，应及时做好已完涂层的保护工作。

（3）有机防水涂料基层表面应基本干燥，不应有气孔、凹凸不平、蜂窝麻面等缺陷。涂料施工前，基层阴阳角应做成圆弧形，阴角直径宜＞50mm，阳角直径宜＞10mm，在底板转角部位应增加胎体增强材料，并应增涂防水涂料。铺贴胎体增强材料时，应使胎体层充分浸透防水涂料，不得有露槎及褶皱。

（4）防水涂料应分层刷涂或喷涂，涂层应均匀，不得漏刷漏涂。涂刷应待前一遍涂层干燥成膜后进行，每遍涂刷时应交替改变涂层的涂刷方向，同层涂膜的先后搭接宽度宜为 30～50mm。甩槎处搭接宽度应≥100mm，接涂前应将其甩槎表面处理干净。

（5）采用有机防水涂料时，基层阴阳角处应做成圆弧；在转角、变形缝、施工缝、穿墙管等部位应增加胎体增强材料和增涂防水涂料，宽度应≥50mm。胎体增强材料的搭接宽度应≥100mm，上下两层和相邻两幅胎体的接缝应错开 1/3 幅宽，且上下两层胎体不得相互垂直铺贴。

（6）涂料防水层完工并经验收合格后应及时做保护层。底板、顶板应采用 20mm 厚的 1∶2.5 水泥砂浆层和 40～50mm 厚的细石混凝土保护层，防水层与保护层之间宜设置隔离层。侧墙背水面保护层应采用 20mm 厚的 1∶2.5 水泥砂浆。侧墙迎水面保护层宜选用软质保护材料或 20mm 厚的 1∶2.5 水泥砂浆。

（二）屋面防水工程施工技术

1. 屋面防水等级和设防要求

屋面防水工程应根据建筑物的类别、重要程度、使用功能要求确定防水等级，并应按相应等级进行防水设防；对防水有特殊要求的建筑屋面，应进行专项防水设计。屋面防水等级和设防要求应符合表 3-11 的规定。

屋面防水等级和设防要求　　　　　　　　　　　　　　　表 3-11

防水等级	建筑类别	设防要求
Ⅰ级	重要建筑和高层建筑	两道防水设防
Ⅱ级	一般建筑	一道防水设防

2. 防水材料选择的基本原则

（1）外露使用的防水层，应选用耐紫外线、耐老化、耐候性好的防水材料；

（2）上人屋面，应选用耐霉变、拉伸强度高的防水材料；

（3）长期处于潮湿环境的屋面，应选用耐腐蚀、耐霉变、耐穿刺、耐长期水浸等性能好的防水材料；

（4）薄壳、装配式结构、钢结构及大跨度建筑屋面，应选用耐候性好、适应变形能力强的防水材料；

（5）倒置式屋面应选用适应变形能力强、接缝密封保证率高的防水材料；

（6）坡屋面应选用与基层粘结力强、感温性小的防水材料；

（7）屋面接缝密封防水，应选用与基材粘结力强和耐候性好、适应位移能力强的密封材料；

（8）基层处理剂、胶粘剂和涂料，应符合现行行业标准《建筑防水涂料中有害物质限量》JC 1066—2008 的有关规定。

3. 屋面防水的基本要求

（1）屋面防水应以防为主、以排为辅。在完善设防的基础上，应选择正确的排水坡度，将水迅速排走，以减少渗水的机会。

混凝土结构层宜采用结构找坡，坡度不应小于 3%；当采用材料找坡时，宜采用质量轻、吸水率低和有一定强度的材料，坡度宜为 2%。找坡应按屋面排水方向和设计坡度要求进行，找坡层最薄处厚度宜≥20mm。

（2）保温层上的找平层应在水泥初凝前压实抹平，并应留设分格缝，缝宽宜为 5～20mm，纵横缝的间距宜≤6m。水泥终凝前完成收水后应二次压光，并应及时取出分格条。养护时间≥7d。卷材防水层的基层与凸出屋面结构的交接处，以及基层的转角处，找平层均应做成圆弧形，且应整齐平顺。

（3）严寒和寒冷地区的屋面热桥部位，应按设计要求采取节能保温等隔断热桥措施。

（4）找平层设置的分格缝可兼作排汽道，排汽道的宽度宜为40mm；排汽道应纵横贯通，并应与大气连通的排汽孔相通，排汽孔可设在檐口下或纵横排汽道的交叉处；排汽道纵横间距宜为6m，屋面面积每36m²宜设置一个排汽孔，排汽孔应作防水处理；在保温层下也可铺设带支点的塑料板。

（5）涂膜防水层的胎体增强材料宜采用无纺布或化纤无纺布；胎体增强材料长边搭接宽度应≥50mm，短边搭接宽度应≥70mm；上下层胎体增强材料的长边搭接缝应错开，且≥幅宽的1/3；上下层胎体增强材料不得相互垂直铺设。

4．卷材防水层屋面施工

（1）卷材防水层铺贴顺序和方向应符合下列规定：

1）卷材防水层施工时，应先进行细部构造处理，然后由屋面最低标高向上铺贴；

2）檐沟、天沟卷材施工时，宜顺檐沟、天沟方向铺贴，搭接缝应顺流水方向；

3）卷材宜平行于屋脊铺贴，上下层卷材不得相互垂直铺贴。

（2）立面或大坡面铺贴卷材时，应采用满粘法，并宜减少卷材短边搭接。

（3）卷材搭接缝应符合下列规定：

1）平行于屋脊的搭接缝应顺流水方向，搭接缝宽度应符合《屋面工程质量验收规范》GB 50207—2012的规定；

2）同一层相邻两幅卷材短边搭接缝错开应≥500mm；

3）上下层卷材长边搭接缝应错开，且应≥1/3幅宽；

4）叠层铺贴的各层卷材，在天沟与屋面的交接处，应采用叉接法搭接，搭接缝应错开；搭接缝宜留在屋面与天沟侧面，不宜留在沟底。

（4）合成高分子卷材搭接部位采用胶粘带粘结时，粘合面应清理干净，必要时可涂刷与卷材及胶粘带材性相容的基层胶粘剂，撕去胶粘带隔离纸后应及时粘合接缝部位的卷材，并应辊压粘贴牢固；低温施工时，宜采用热风机加热。搭接缝口用密封材料封严。

（5）热粘法铺贴卷材应符合下列规定：

1）熔化热熔型改性沥青胶结料时，宜采用专用导热油炉加热，加热温度应≤200℃，使用温度宜≥180℃；

2）粘贴卷材的热熔型改性沥青胶结料厚度宜为1.0～1.5mm；

3）采用热熔型改性沥青胶结料铺卷材时，应随刮随滚铺，并应展平压实。

（6）厚度＜3mm的高聚物改性沥青防水卷材，严禁采用热熔法施工。搭接缝部位宜以溢出热熔的改性沥青胶结料为度，溢出的改性沥青胶结料宽度宜为8mm，并宜均匀顺直。当接缝处的卷材上有矿物粒或片料时，应用火焰烘烤及清除干净后再进行热熔和接缝处理。

（7）机械固定法铺贴卷材应符合下列规定：

1）固定件应与结构层连接牢固；

2）固定件间距应根据抗风揭试验和当地的使用环境与条件确定，并宜≤600mm；

3）卷材防水层周边800mm范围内应满粘，卷材收头应采用金属压条钉压固定并做密封处理。

5. 涂膜防水层屋面施工

（1）涂膜防水层的基层应坚实、平整、干净，应无孔隙、起砂和裂缝。基层的干燥程度应根据所选用的防水涂料特性确定；当采用溶剂型、热熔型和反应固化型防水涂料时，基层应干燥。

（2）涂膜防水层施工应符合下列规定：

1）防水涂料应多遍均匀涂布，涂膜总厚度应符合设计要求；

2）涂膜间夹铺胎体时，宜边涂布边铺胎体；胎体应铺贴平整，应排除气泡，并应与涂料粘结牢固；在胎体上涂布涂料时，应使涂料浸透胎体，并应覆盖完全，不得有胎体外露现象；最上面的涂膜厚度应≥1.0mm；

3）涂膜施工应先做好细部处理，再进行大面积涂布；

4）屋面转角及立面的涂膜应薄涂多遍，不得流淌和堆积。

（3）涂膜防水层施工工艺应符合下列规定：

1）水乳型及溶剂型防水涂料宜选用滚涂或喷涂施工；

2）反应固化型防水涂料宜选用刮涂或喷涂施工；

3）热熔型防水涂料宜选用刮涂施工；

4）聚合物水泥防水涂料宜选用刮涂施工；

5）所有防水涂料用于细部构造时，宜选用刷涂或喷涂施工。

6. 保护层和隔离层施工

（1）施工完的防水层应进行雨后观察、淋水或蓄水试验，并应在合格后再进行保护层和隔离层的施工。

（2）块体材料、水泥砂浆、细石混凝土保护层表面的坡度应符合设计要求，不得有积水现象。块体材料保护层铺设应符合下列规定：

1）在砂结合层上铺设块体时，砂结合层应平整，块体间应预留10mm的缝隙，缝内应填砂，并应用1∶2水泥砂浆勾缝；

2）在水泥砂浆结合层上铺设块体时，应先在防水层上做隔离层，块体间应预留10mm的缝隙，缝内应用1∶2水泥砂浆勾缝；

3）块体表面应洁净、色泽一致，应无裂纹、掉角和缺楞等缺陷。

（3）水泥砂浆及细石混凝土保护层铺设应符合下列规定：

1）水泥砂浆及细石混凝土保护层铺设前，应在防水层上做隔离层；

2）细石混凝土铺设不宜留施工缝；当施工间隙超过时间规定时，应对接槎进行处理；

3）水泥砂浆及细石混凝土表面应抹平压光，不得有裂纹、脱皮、麻面、起砂等缺陷。

7. 檐口、檐沟、天沟、水落口等细部的施工

（1）卷材防水屋面檐口800mm范围内的卷材应满粘，卷材收头应采用金属压条钉压，并应用密封材料封严。檐口下端应做鹰嘴和滴水槽。

（2）檐沟和天沟的防水层下应增设附加层，附加层伸入屋面的宽度应≥250mm；檐沟防水层和附加层应由沟底翻上至外侧顶部，卷材收头应采用金属压条钉压，并应用密封材料封严，涂膜收头应用防水涂料多遍涂刷。女儿墙泛水处的防水层下应增设附加层，附加层在平面和立面的宽度均应≥250mm。

（3）水落口杯应牢固地固定在承重结构上，水落口周围500mm范围内坡度应≥5%，

防水层下应增设涂膜附加层；防水层和涂膜附加层伸入水落口杯内应≥500mm，并应粘结牢固。

（4）虹吸式排水的水落口防水构造应进行专项设计。

（三）室内防水工程施工技术

室内防水工程指的是建筑室内厕浴间、厨房、浴室、水池、游泳池等防水工程。室内防水工程的基本要求为：

1. 施工流程

防水材料进场复试→技术交底→清理基层→结合层→细部附加层→防水层→试水试验。

2. 防水混凝土施工

（1）防水混凝土必须按配合比准确配料。当拌合物出现离析现象时，必须进行二次搅拌后使用。当坍落度损失后不能满足施工要求时，应加入原水灰比的水泥浆或二次掺加减水剂进行搅拌，严禁直接加水。

（2）防水混凝土应采用高频机械分层振捣密实，振捣时间宜为10～30s。当采用自密实混凝土时，可不进行机械振捣。

（3）防水混凝土应连接浇筑，少留施工缝。当留设施工缝时，宜留置在受剪力较小、便于施工的部位。墙体水平施工缝应留置在高出楼板表面≥300mm的墙体上。

（4）防水混凝土终凝后应立即进行养护，养护时间≥14d。

（5）防水混凝土冬期施工时，其入模温度应≥5℃。

3. 防水水泥砂浆施工

（1）基层表面应平整、坚实、清洁，并应充分湿润，无积水。

（2）防水水泥砂浆应采用抹压法施工，分遍成活。各层应紧密结合，每层宜连续施工。当需留槎时，上下层接槎位置应错开100mm以上，离转角200mm内不得留槎。

（3）防水水泥砂浆施工环境温度应≥5℃。终凝后应及时进行养护，养护温度应≥5℃，养护时间应≥14d。

（4）聚合物防水水泥砂浆未达到硬化状态时，不得浇水养护或直接受水冲刷，硬化后应采用干湿交替的养护方法。潮湿环境中可在自然条件下养护。

4. 涂膜防水层施工

（1）基层应平整牢固，表面不得出现孔洞、蜂窝麻面、缝隙等缺陷；基面必须干净、无浮浆，基层干燥度应符合产品要求。

（2）施工环境温度：溶剂型涂料宜为0～35℃，水乳型涂料宜为5～35℃。

（3）涂料施工时应先对阴阳角、预埋件、穿墙（楼板）管等部位进行加强或密封处理。

（4）涂膜防水层应多遍成活，后一遍涂料施工应待前一遍涂层实干后再进行，前后两遍的涂刷方向应相互垂直，并宜先涂刷立面，后涂刷平面。

（5）铺贴胎体增强材料时应充分浸透防水涂料，不得露胎及褶皱。胎体增强材料长短边搭接应≥50mm，相邻短边接头应错开≥500mm。

（6）涂膜防水层施工完毕验收合格后，应及时做保护层。

5.卷材防水层施工

（1）基层应平整牢固，表面不得出现孔洞、蜂窝麻面、缝隙等缺陷；基面必须干净、无浮浆，基层干燥度应符合产品要求。采用水泥基胶粘剂的基层应先充分湿润，但不得有明水。

（2）卷材铺贴施工环境温度：冷粘法施工应≥5℃，热熔法施工应≥-10℃。低于规定要求时应采取技术措施。

（3）以粘贴法施工的防水卷材，其与基层应采用满粘法铺贴。

（4）各种卷材最小搭接宽度应符合表3-12的要求。

室内防水卷材最小搭接宽度（mm）　　　　表3-12

卷材种类		使用环境	
		常规	长期浸水
高聚物改性沥青防水卷材		80	100
自粘聚合物改性沥青防水卷材	胶面-覆膜搭接	80	100
	混合搭接	60，其中胶面-胶面搭接≥30	80，其中胶面-胶面搭接≥40
合成高分子防水卷材	胶粘剂	80	100
	胶粘带	50	60
	单缝焊	50，有效焊接宽度≥30	
	双缝焊	80，有效焊接宽度10×2+空腔宽	
	水泥基胶粘剂	100	

（5）卷材接缝必须粘贴严密。接缝部位应进行密封处理，密封宽度应≥10mm。搭接缝位置距阴阳角应＞300mm。

（6）防水卷材施工宜先铺立面，后铺平面。卷材防水层施工完毕验收合格后，方可进行其他层面的施工。

6.密封防水施工

（1）密封防水部位的基层应牢固、干净、干燥，表面平整、密实，不得有裂缝、起皮和起砂现象。

（2）密封防水施工前，应检查留槽接缝尺寸，符合设计要求后方可进行密封防水施工。

（3）基层处理剂应配比准确、搅拌均匀。基层处理剂涂刷应均匀，不得漏涂。待基层处理剂表面干燥后，应立即嵌填密封材料。

（4）密封材料施工环境气温：溶剂型宜为0~35℃，乳胶型及反应固化型宜为5~35℃。当产品有技术说明时，应根据技术说明的要求施工。

参 考 文 献

[1] 于英. 建筑力学 [M]. 北京：中国建筑工业出版社，2007.

[2] 黄政宇. 土木工程材料 [M]. 北京：高等教育出版社，2012.

[3] 赵明华. 土力学与基础工程 [M]. 武汉：武汉理工大学出版社，2014.

[4] 沈蒲生. 混凝土结构设计原理 [M]. 北京：高等教育出版社，2012.

[5] 尚守平. 结构抗震设计 [M]. 北京：高等教育出版社，2010.

[6] 唐岱新. 砌体结构 [M]. 北京：高等教育出版社，2010.

[7] 戴国欣. 钢结构基本原理 [M]. 武汉：武汉理工大学出版社，2007.

[8] 毛鹤琴. 土木工程施工 [M]. 武汉：武汉理工大学出版社，2008.

[9] 李必瑜. 房屋建筑学 [M]. 武汉：武汉理工大学出版社，2014.

[10] 吴胜兴. 土木工程建设法规 [M]. 北京：高等教育出版社，2010.

[11] 建筑工程抗震设防分类标准 GB 50223—2008 [S]. 北京：中国建筑工业出版社，2008.

[12] 冷弯薄壁型钢结构技术规范 GB 50018—2002 [S]. 北京：中国标准出版社，2003.

[13] 中华人民共和国住房和城乡建设部. 超限高层建筑工程抗震设防专项审查技术要点 [EB/OL]. https://max. book118. com/html/2018/0826/5232202220001311. shtm.

[14] 建筑工程绿色施工评价标准 GB/T 50640—2010 [S]. 北京：中国计划出版社，2011.

[15] 中国建筑标准设计研究院有限公司. 混凝土结构施工图平面整体表示方法制图规则和构造详图（现浇混凝土框架、剪力墙、梁、板）16G101-1 [S]. 北京：中国计划出版社，2016.

[16] 北京市建筑设计研究院. 建筑物抗震构造详图（多层和高层钢筋混凝土房屋）11G329-1 [S]. 北京：中国建筑标准设计研究院，2011.

[17] 中国建筑西北设计研究院有限公司. 建筑物抗震构造详图（多层砌体房屋和底部框架砌体房屋）11G329-2 [S]. 北京：中国建筑标准设计研究院，2011.

[18] 自保温混凝土复合砌块墙体应用技术规程 JGJ/T 323—2014 [S]. 北京：中国建筑工业出版社，2014.

[19] 中华人民共和国住房和城乡建设部办公厅. 危险性较大的分部分项工程安全管理规定 [EB/OL]. http://www. mohurd. gov. cn/wjfb/201805/t20180522_236168. html.

[20] 中华人民共和国住房和城乡建设部办公厅. 关于实施《危险性较大的分部分项工程安全管理规定》的有关问题的通知 [EB/OL]. http://www. mohurd. gov. cn/wjfb/201805/t20180522_236168. html.

[21] 建筑施工扣件式钢管脚手架安全技术规范 JGJ 130—2011 [S]. 北京：中国建筑工业出版社，2011.

[22] 建筑节能工程施工质量验收规范 GB 50411—2007 [S]. 北京：中国建筑工业出版社，2007.